U0915020

安全生产史料选辑（二）

（1979.1—2000.12）

中国安全生产协会史志委员会　编

应 急 管 理 出 版 社

·北　京·

图书在版编目（CIP）数据

安全生产史料选辑．二，1979. 1—2000. 12/中国安全生产协会史志委员会编．--北京：应急管理出版社，2022

ISBN 978-7-5020-8525-4

Ⅰ.①安… Ⅱ.①中… Ⅲ.①安全生产—史料—中国—1979-2000 Ⅳ.①X93-092

中国版本图书馆CIP数据核字(2022)第004523号

安全生产史料选辑（二）（1979. 1—2000. 12）

编　　者 中国安全生产协会史志委员会
责任编辑 尹忠昌
编　　辑 王　晨
责任校对 张艳蕾
封面设计 罗针盘

出版发行 应急管理出版社（北京市朝阳区芍药居35号　100029）
电　　话 010-84657898（总编室）　010-84657880（读者服务部）
网　　址 www. cciph. com. cn
印　　刷 北京建宏印刷有限公司
经　　销 全国新华书店

开　　本 710mm×1000mm 1/16　**印张** 29　**字数** 437千字
版　　次 2022年2月第1版　2022年2月第1次印刷
社内编号 20201708　**定价** 98.00元

版权所有　违者必究

本书如有缺页、倒页、脱页等质量问题，本社负责调换，电话:010-84657880

中国安全生产协会史志委员会

主　　任　赵铁锤

主　　编　朱义长　滕　飞

编审人员　朱义长　滕　飞　杨国顺　李克方

　　　　　陈　哲　尹忠昌

编 辑 说 明

为便于从事安全生产工作的人员和关注安全生产工作的各界人士查阅安全生产历史资料，中国安全生产协会史志委员会决定继续编辑出版《安全生产史料选辑》第二册。接续第一册的时间将1979年1月至2000年底这一期间党中央国务院有关安全生产政策文件、党和国家领导人关于安全生产工作的重要讲话和指示批示、国务院有关部门关于安全生产工作的相关文件和部门领导人关于安全生产工作的讲话，加以收集整理、编撰成册。

本书所收集的史料，主要源于国家图书馆、应急管理部档案馆、化工档案馆、消防档案馆等，同时查阅了《人民日报》《中国劳动》《劳动保护》《工业安全与环保》等报纸杂志，也选用了一些公开发行的文件汇编、书籍和一些老同志个人收集保存的资料。既可以作为相关机构和人士开展安全生产历史研究的基础性资料，也可为做好新时期的安全生产工作提供参考和借鉴。

本书的编辑和出版发行，得到了中国安全生产协会秘书处办公室、资产财务工作部和应急管理出版社的积极支持和大力协助，在此一并表示感谢。

由于种种原因，该书的收集整理和编辑工作难免存在一些不足和疏漏之处，希望得到各有关方面的批评指正。

编 者

2021年6月

目　　次

第 一 部 分

国务院有关安全生产的政 策 文 件

1. 国务院关于转发国家劳动总局卫生部《关于加强厂矿企业防尘防毒工作的报告》的通知

各省、市、自治区革命委员会，国务院各部委、各直属机构：

国务院同意国家劳动总局、卫生部《关于加强厂矿企业防尘防毒工作的报告》，现转发给你们。报告所反映的情况是非常严重的，所提的各项措施是切实可行的，各地区、各部门必须高度重视，认真贯彻执行。不断改善劳动条件，保护职工的安全健康，做到安全生产、文明生产，这不仅是反映企业管理水平的一个重要标志，也是实现“四个现代化”的要求。各级领导，特别是各级计委、经委和企业主管部门负责生产的领导同志，要十分注意做好这项工作。劳动、卫生部门要经常进行监督检查。对不符合安全卫生要求的，令其限期改进；尘毒危害严重又长期不解决的，可以令其停产或转产；造成严重恶果的应追究责任。

国务院

一九七九年四月九日

关于加强厂矿企业防尘防毒工作的报告

国务院：

为了贯彻落实《中共中央关于认真做好劳动保护工作的通知》，迅速扭转职业病增多的状况，认真解决当前防尘防毒工作方面存在的问题，我们根据去年召开的全国防尘防毒工作会议研究的意见，提出了一些具体措施，并已征得国家计委、经委、建委、国家物资总局的同意。现报告如下：

建国以来，我国的劳动保护、卫生专业队伍和广大群众在党的领导和毛主席的革命路线指引下，做了大量防尘防毒工作，成绩是主要的，经验是可贵的。但过去十多年来，由于林彪、“四人帮”的严重干扰破坏，把人们的思想搞乱了，制度搞垮了，组织搞散了，使不少厂矿尘毒浓度回升，危害严重，而且还有发展扩大之势。粉碎“四人帮”以后，虽然在这方面做了一些整顿工作，但由于我们思想不够解放，抓得不紧，工作进展不快，尘毒危害仍很严重。

据各地不完全统计，厂矿企业约有百分之七八十的粉尘作业场所的粉尘浓度超过国家规定的卫生标准。有的超过标准几百倍，甚至几千倍。目前全国厂矿企业接触粉尘的职工有五百六十多万人，经过检查，已确诊为矽肺（尘肺）病的有十九万多人，可疑矽（尘）肺病人近三十四万人，比一九六二年增加了五倍。矽肺病人中有一半丧失了劳动能力，由国家养起来，仅工资、医疗费和伙食补助，每年就开支一亿元。至今在全国统配煤矿全岩、半煤岩掘进工作面中，干打眼的占百分之二十二，地方煤矿占百分之五十。北京矿务局检查了一万九千八百七十二人，查出矽肺病患者四千二百四十一人，可疑矽肺病五千七百零二人，两项占职工总数的四分之一，已经死亡七百二十一人。

对从事有毒作业的职工还没有进行普查。据抽查，浓度超过国家卫生标准的作业场所，约占百分之七十到八十。有的超过国家卫生标准成千上万倍。据化工部调查，在一些老化工企业中，百分之五六十的职工，患各种慢性疾病。据九省、市对从事汞作业工人的普查，汞中毒的检出率高达百分之十点二。一机部对全国一百一十七个大小蓄电池厂四万多名职工进行调查，铅中毒发病率达百分之三十以上。如绍兴蓄电池厂车间内铅蒸气和铅粉尘浓度，超过标准一万倍，甚至连食堂、医务室、办公室也超过标准三四十倍，因此，有些职工连续六年进行排铅治疗。“五小工业”问题更大。黑龙江省对五百多个县办企业一千六百多个尘毒作业场所进行了调查测定，尘毒浓度都大大超过标准。有的工人说：“利润上缴了，产品拿走了，尘毒我们吃饱了。”

由于劳动条件的恶化，职业病人数急剧增加。从一九七四年到一九七六年三年中，全国新发现的矽肺病人占全部矽肺病人总数的百分之五十四，北京、陕西、四川、吉林、山东等省、市则占百分之六十以上。这是一个明显的发展趋势。尘毒浓度高，发病率高，出勤率低，劳动生产率低，已成了发展工业生产的严重障碍。云南省冶金局所属企业由于尘毒危害，每年从生产第一线退下来的职工占井下职工总数的百分之七到十。不少单位由于尘毒危害严重，很多企业生产第一线的工人很快退到第二线，有的单位看大门、烧开水的就有八九人。这种情况如不迅速扭转，势必拖“四个现代化”的后腿。

为了扭转厂矿企业尘毒危害严重的状况，保障职工的安全健康，促进国民经济的发展，必须做好下列工作：

一、切实加强对防尘防毒工作的领导。各地区、各部门要把这项工作纳入议事日程，做到有措施，有检查，抓落实，抓效果，切实改变尘毒危害严重的状况。

二、加强社会主义法制，严格执行国家的劳动保护法规。建国以来，国家曾经制订和颁布了一系列的劳动保护和卫生的法规、制度，这是生产实践经验的总结，有些还付出了血的代价，实践证明行之有效，各地区、部门、单位必须继续贯彻执行。劳动、卫生部门和工会组织对贯彻执行情况应进行监督检查。对那些尘毒危害严重，又无有效的防护措施，经检查能够改进而不作改进的，有权要求其停产改进或建议转产。工人有权拒绝操作。对严重违法、情节恶劣并造成恶果的，建议有关部门给予必要的处分，直至追究法律责任。这一点应明确列为企业的管理制度。

三、制定防尘防毒规划，有计划地改善劳动条件。各地区、各部门应根据全国防尘防毒规划的要求，结合各自的实际情况，制定出改善劳动条件的具体规划，纳入各级计委、经委企业改造的长远规划和年度计划，把治理尘毒危害作为企业改造的一项重要内容，结合企业（尤其是大中型重点企业）的挖潜、革新、改造、改组，基本上做到消除尘毒危害。

为了实现改善劳动条件规划的要求，国家已决定每年从集中使用的挖潜改造资金中安排一部分劳动保护技措经费和相应的材料设备，由国家劳动总局掌握，补助各地区、部门解决一些尘毒危害严重的重点企业的问题。各地区、各部门应按一九七七年国家计委、财政部、国家物资总局、国家劳动总局《关于加强有计划改善劳动条件工作的联合通知》的要求，在集中掌握的更新改造资金中规定一定的比例作为劳动保护技措经费，我们认为在目前一段时间内，规定百分之十左右并由劳动部门掌握分配，是必要的。各企业要严格按照国家计委一九七三年《关于加强防止矽尘和有毒物质危害工作的通知》的要求，每年在固定资产更新和技术改造资金中提取百分之十到二十（矿山、化工、金属冶炼企业应大于百分之二十），用于改善劳动条件，不得挪用。没有更新改造资金的事业单位，应从事业费中解决。对劳动保护技术措施所需的设备、材料，各级计委、经委和物资部门应纳入本地区、本部门的物资分配计划，优先安排解决。

四、新的建设项目，要认真做到劳动保护设施与主体工程同时设计、同时施工、同时投产，搞好设计审查和竣工验收工作。各级建委、经委或各企业主管部门在新建、扩建、改建企业和挖潜、革新、改造工程项目的设计审查和竣工验收时，必须同时负责审查验收安全卫生设施，并要有劳动、卫生、环保等部门和工会组织参加，没有这些部门签字盖章的，不准施工和投产。正在建设或准备建设的国家重点项目，都要有有效的防尘防毒设施。引进国外设备时，防尘防毒设备不能随意砍掉。设计、制造新的生产设备，要有符合要求的安全卫生防护设施，并经企业主管部门批准后才准出厂。否则，使用单位有权要求退货。在采用新技术、新工艺时，必须同时研究和采取防护措施，经过试验，安全卫生确有保障的，才能用于生产。

五、加强集体所有制企业防尘防毒工作。城乡集体所有制企业是建设社会主义、支援农业的一支重要力量。但这些企业设备简陋，条件较差，尘毒危害严重，而且很少有人过问。因此，如何保护这部分劳动者是个大事情。在地方革委会的领导下，集体所有制企业的主管部门，应根据“管生产必须管安全”的原则，把防尘防毒工作管起来。要摸清情况，制定规划，树立样板，交流经验，有计划有步骤地改善劳动条件。改变那种只下达任务，分配产品，收缴利润，而不管改善劳动条件和防尘防毒的错误做法。这些企业防尘防毒所需的经费、材料、设备，由各省、市、自治区自己制定统一的办法解决。另外，有些单位在毫无防护措施的情况下，把手纺石棉线和有毒有害的产品外包或扩散给农村、街道工厂去生产，有的甚至安排中、小学生和未成年工从事有毒有害作业，这是不允许的，一定要坚决制止，违者要追究责任。今后，没有防护措施的，不准外包或扩散。已经外包或扩散而没有防护措施的应由承担生产的单位解决，扩散单位要负责技术指导。

六、开展群众性安全卫生大检查。安全卫生大检查是我国劳动保护工作走群众路线的一条基本经验，应该继续坚持下去。省、市、自治区每年要组织一两次，企业可根据情况多检查几次。全国可两三年组织一次互相检查。这些检查一般可安排在春季，与爱国卫生运动结合起来进行。在检查中要广泛开展宣传教育，发动群众查隐患，提措施，搞革新。还要搞好厂区环境卫生，做到文明生产。企业领导要抓好整改，防止走过场，要做到“三定四不推”即定人员，定措施，定期限；凡自己能解决的，班组不推给车间，车间不推给厂部，厂部不推给主管局，主管局不推给省、市、区。

七、建立科学研究机构，积极开展科研工作。按照《中共中央关于认真做好劳动保护工作的通知》要求，抓紧建立、健全劳动保护科研机构，积极开展科研工作。现有的科研部门和理工科院校应承担一些劳动保护科研项目。充分利用现有的技术革新推广站，及时交流推广劳动保护技术革新经验和科研成果。大中型企业也应根据各自的条件，积极建立相当的科研组织，逐步形成科研工作网。各省、市、自治区卫生部门要建立和健全劳动卫生职业病研究所，地区、省辖市要建立劳动卫生职业病防治所，工业集中的城市，应指定若干医院设立职业病科。工交部门要建立本部门的劳动卫生职业病防治研究机构，所属厂矿企业的医疗卫生机构要设立工业卫生职业病科，要有专人从事工业卫生职业病防治工作。各省、市、自治区和工交部门各自形成一个劳动卫生职业病防治网。

八、加强宣传教育工作。为了发动群众做好防尘防毒工作，必须做好宣传教育，既要向群众说明尘毒的危害，又要讲清尘毒危害是可以认识和防止的。有的企业不让群众知道尘毒危害，向群众保密，这是错误的，必须纠正。有关部门应该利用报刊、电影、电视、广播等多种宣传形式，广泛传播这方面的科学知识。

九、恢复和健全工作机构，加强队伍建设。为了适应工作的需要，各有关部门都应该恢复或设立专管劳动保护和工业卫生局（处）级机构，省、市、自治区劳动、卫生部门和企业主管部门应设相当的处（科）；省辖市、县也要有专管机构或专职人员。企业应按职工总数千分之二到五配备专职人员，不满五百人的企业也要配备专（兼）职人员。企业的安全检查人员属生产人员，应保持稳定，不要轻易调动。工科院校应设立劳动保护专业，培养这方面的人才。医学院校和有条件的省市区劳动卫生研究机构，应承担培训工业卫生干部的工作。

十、在贯彻《工业三十条》，加强企业管理和按专业化协作的原则改组工业的过程中，对有尘毒危害的工厂要加以必要的整顿。要把防尘防毒工作作为工业学大庆和社会主义劳动竞赛的一项重要内容。

各地区、各部门都应该树立自己的典型和标兵，通过典型引路，以点带面，做好防尘防毒工作。江西下垄钨矿、江苏无锡县电化厂和北京耐火材料厂等先进单位的经验证明，只要领导重视，依靠群众，措施落实，长期坚持，就会收到显著效果，困难是可以克服的，尘毒危害是可以解决的。我们一定要把这项工作搞上去，为保障职工健康，促进生产发展，实现“四个现代化”贡献力量。

以上报告如无不妥，请批转各地区、各部门研究贯彻执行。

附：关于制定防尘防毒规划的要求

国家劳动总局

卫　生　部

一九七九年三月十日

关于制定防尘防毒规划的要求

一九七三年经国务院领导同志批准，由国家计委发布的《防止企业中矽尘和有毒物质危害的规划》实施以来，有不少地区和部门根据各自具体情况，相继制定了本地区和本部门的防止企业中矽尘和有毒物质危害的规划，对有计划地改善劳动条件起到一定的作用。但是，由于林彪、“四人帮”的干扰破坏，防尘防毒规划的执行受到很大影响。近几年来，有些地区、部门的工业企业中职业病和职业中毒的情况不仅没有根本的改变，有的还在继续发展。为此，我们必须高举毛主席的伟大旗帜，在党的十一届三中全会精神的指引下，遵照华国锋同志关于“认真搞好安全生产和劳动保护”的指示，结合贯彻执行国家计委发布的《防止企业中矽尘和有毒物质危害的规划》和国家计委、财政部、国家物资总局、国家劳动总局发出的《关于加强有计划改善劳动条件工作的联合通知》的要求，根据本地区、本部门当前尘毒危害的状况，重新制定或修订防尘防毒规划。既要有长远的设想，又要有三年、八年必须达到的明确目标。规划要选准主攻方向，要因地制宜，切合实际，还要有扎扎实实的可靠措施，切实做到有计划、有步骤地改善劳动条件，解决尘毒危害问题。

各地区、各部门和企业单位，在制定或修订防尘防毒规划时，应抓住那些尘毒危害比较严重的重点行业和危害严重、涉及面广，而技术措施经验又比较成熟的重点毒物，集中力量打歼灭战，有效地控制其危害，防止职业病的发生，使劳动条件有个较大的改善。为了便于各地区、各部门制定或修订规划，提出如下意见：

1. 防止矽尘及其他粉尘的危害

（1）对于金属和非金属矿山开采、煤矿开拓掘进、开山、凿洞、隧道施工、坑探作业；石英、玻璃、陶瓷、耐火材料的原料破碎、过筛、搅拌以及土坯成型等生产作业；铸造的造型、型砂处理、落砂、清理等作业都必须积极采取综合防尘措施，尽快地把作业场所的矽尘浓度降下来。严禁在没有防尘措施的情况下进行干式凿岩和敞开式干法生产。国务院各工业交通部门和省、市、自治区的重点企业（以下简称重点企业），应争取于一九八〇年底前使作业场所的矽尘浓度达到国家卫生标准；其他企业，也应在一九八五年以前达到国家卫生标准。

（2）石棉产品的加工和水泥生产作业场所的粉尘浓度，重点企业应在一九八〇年底以前，有二分之一以上的作业场所达到国家卫生标准，一九八二年以前全部达到国家卫生标准；其他企业应在一九八五年以前全部达到国家卫生标准。目前分散在农村、街道的手纺石棉生产，应该限期进行技术改造。每年应有三分之一以上的手纺石棉集中起来以机纺代替，到一九八二年底全面解决手纺石棉的问题。

(3) 矿石和其他建筑材料的破碎、筛选、烧结以及冶金、机械系统金属熔炼过程中所产生的粉尘，要根据不同情况，采取有效措施，使作业场所的粉尘浓度大幅度降下来。重点企业在一九八〇年底前，要有三分之二以上的作业场所达到国家卫生标准，一九八二年以前全部达到国家卫生标准；其他企业在一九八五年以前全部达到国家卫生标准。

(4) 对于生产中危害比较严重的其他粉尘，应根据各自的特点，有计划地抓重点、树样板，在一九八〇年以前总结出各自的防尘经验。重点企业到一九八〇年底要有二分之一以上作业场所达到国家卫生标准，一九八二年底以前力争全面达到国家卫生标准；其他企业到一九八五年以前也应达到国家卫生标准。

2. 防止有毒物质的危害

(1) 油漆、浸漆、烘漆作业以及绝缘材料、漆包线、印铁等生产，要尽可能扩大水溶性电泳漆的使用面，积极推广无苯稀料、无溶剂滴漆、热力和催化燃烧以及通风排毒、隔离操作、仪表控制等措施。上述作业场所的苯及其他有机溶剂在空气中的浓度，重点企业每年要有三分之一以上作业场所达到国家卫生标准，一九八一年以前，全部达到国家卫生标准；其他企业，力争在一九八〇年底以前，有三分之二以上达到国家卫生标准，一九八二年以前全部达到国家卫生标准。有关部门和地区目前生产的有毒涂料和溶剂，应做出安排，逐步以无毒或低毒涂料和溶剂来代替。

(2) 所有使用汞的整流器、差压计、流量计以及工业温度计的单位，一九八〇年底以前要求重点企业全部改装无汞仪表；其他企业，也要有三分之二以上改为无汞仪表，到一九八二年基本实现仪表无汞化。生产汞仪表的主管部门和企业，应做出切实的安排，有计划地改为生产无汞仪表；生产无汞仪表企业，除继续提高仪表的质量外，应增大产量，以便逐步以无汞仪表取代有汞仪表。有关部门和地区要加强对医疗用的血压计和体温计的科学研究，统筹安排，提高无汞血压表的质量和产量，在今后三年内，逐步取消汞血压计的生产。无汞体温计的研究，力争在三年内有所突破，五年内能够推广。目前仍生产汞体温计的企业，应采取措施，大幅度地把作业场所的汞蒸气浓度降下来，并在一九八〇年底以前全部达到国家卫生标准。

（3）蓄电池制造业防铅中毒的经验要继续巩固提高，并设法推广到蓄电池修理行业。对全国蓄电池行业的技术改造，一机部和省、市、自治区要有个统筹安排，力争在一九八〇年底以前，有三分之二以上作业场所的铅尘、铅烟浓度达到国家卫生标准，一九八二年以前主要作业场所都要达到国家卫生标准。印刷厂的熔铅、铸版、铸字作业，热处理的铅浴作业以及衬铅、焊铅和集中的熨锡、焊锡等作业，均应推广无毒作业新工艺或其他防护措施。各省、市、自治区要争取每年有三分之一以上作业场所的铅尘和铅烟浓度达到国家卫生标准，一九八二年以前全部达到国家卫生标准。

（4）一切电镀作业，均应有计划地推广无氰电镀和防止铬酸雾危害的经验。各地区、各部门要做出安排，使每年有三分之一以上企业实现电镀无氰化，一九八二年以前全部实现电镀无氰化。对于防护铬酸雾的措施，也应与制定电镀无氰规划统筹安排。

（5）电焊作业的防毒，要以密闭容器和船舱内作业为重点，研究通风排毒和自动化措施，大力开展低毒焊条的研究和生产，积极对氩弧焊、等离子焊的防护技术进行研究，重点企业要在三年内消除电焊尘、锰、臭氧、氧化氮和弧光等对工人的危害。其他企业也要有个安排，争取五年内解决尘、毒危害问题。

（6）炼钢、铸管、炼焦、炼油、油毡、电炭等生产过程中的沥青烟气危害问题，冶金、一机、石油、化工等有关部和地区要组织力量设法在技术上取得突破，并在三年内使操作条件有个显著的改善。在一九八五年以前解决沥青烟气的危害问题。

（7）农药、医药、染料、塑料、化纤、橡胶、火化工、湿法冶炼、试剂、助剂以及其他化工原料生产中，有毒物料的投料、出料、取样、清釜、干燥、过滤、萃取、包装、分装等操作，要尽量采取密闭、机械化和自动化措施，各种反应锅的尾气均应回收或处理。力争消灭跑冒事故，保证泄漏率不超过千分之三，并向更高的标准努力。各地区、各部门要在三年内使一般化工生产企业的防毒工作有个很大改进，在五年内进行比较彻底地解决。

(8) 石油化工及有关气体合成的化工企业，应当重点研究防毒、防火、防爆与净化的综合防治措施。三年内对危害比较严重的工艺过程，总结出防治经验，并把经验配套成龙。

(9) 对于其他专业的防毒问题，如氯碱生产中用其他工艺取代水银电解工艺，人造纤维中的二硫化碳防治，高硫高砷有色矿焙烧的二氧化硫和氧化砷烟气防治、铍冶炼、汞冶炼、铝冶炼和磷肥生产含氟烟气的防治等，有关部门、地区和企业，应结合科学研究，提高现有防治效果，积极解决毒害问题，使作业场所的劳动条件有较显著的改善。

3. 凡危害严重而没有采取防尘防毒措施的干法或敞开式生产，应该首先采取各种有效措施，尽可能使有毒有害物质的浓度大幅度地降下来，然后纳入各部门和地方规划，逐步从根本上解决。

4. 对已经达到国家卫生标准的有毒有害作业场所，应继续巩固，争取做出新的成绩；曾经达到现又回升的，应立即采取有效措施，及早恢复到国家卫生标准。凡有防尘防毒设施，近年来由于管理不善被损坏或者未达到预期效果的，应尽快修复和改进，要在一九七九年内使防尘防毒效果达到历史最好水平。

5. “五小企业”的防尘防毒问题，各地区、各部门要调查研究，摸清情况，树立样板，做出规划，积极解决。对尘毒危害特别严重的企业，要根据生产发展，结合技术改造，考虑迁、并或转产，一时无法迁并改造的，也要采取临时措施，控制尘毒的危害。

6. 各地区、各部门在制定规划时要注意尽可能采用现代化技术，推广无毒无害生产工艺，结合技术革新不断改造旧工艺，要使防尘防毒措施尽可能机械化、自动控制，减轻劳动强度，综合利用结合起来。对于随着生产的发展而产生的新尘毒危害，要在实现“四个现代化”过程中，同时采取措施予以解决。

一九七九年三月十日

2. 国务院关于转发河南省《关于南阳柴油机厂热交换器爆炸事故的调查处理报告》的通知

1979 年 8 月 23 日

各省、自治区、直辖市革命委员会，国务院各部委、各直属机构：

现将河南省劳动局、机械局、总工会《关于南阳柴油机厂热交换器爆炸事故的调查处理报告》和省革委会的批语，一并转发给你们，请结合具体情况认真研究，以引起重视。

近几年来，锅炉、压力容器爆炸事故十分严重。南阳柴油机厂热交换器爆炸事故，是建国以来同类事故中伤亡人数最多的一次。这次事故反映出，一些企业的管理和生产秩序至今还相当混乱，必要的规章制度还没有建立健全起来，企业的个别领导人对安全生产很不重视，对事故造成的人员伤亡和财产损失，置若罔闻。法制观念淡薄。说明继续搞好企业整顿，十分必要。

锅炉、压力容器是一种承受压力、具有爆炸危险的特种设备，用途广泛，遍布许多行业和单位。大量事故的沉痛教训告诉我们，必须在锅炉、压力容器的设计、制造、安装、检验、操作、维修、改造等环节上，建立健全规章制度并严格执行。那种无章可循、有章不循的混乱局面再也不能继续下去了。对锅炉、压力容器制造单位，必须认真进行整顿，择优定点，保证产品质量，绝不允许粗制滥造，凡是不符合技术要求的设计不能投入生产，凡是质量不合格，安全无保证的产品不能出厂和使用。使用单位对操作人员要进行严格的技术培训和安全教育，考核不合格者，不准独立操作。

为了防止锅炉、压力容器爆炸事故，各地区、各部门要在今年对运行中的锅炉、压力容器进行一次普遍的安全检查，切实解决存在的问题，对有爆炸危险的事故隐患，要采取果断措施，迅速排除。通过检查，各单位要认真总结正反两方面的经验教训，对于安全工作搞得好的单位和个人要给予表扬和奖励，对于玩忽职守，造成重大事故的责任者特别是单位领导人，要追究责任，严肃处理，情节严重的要依法惩处。

(《关于南阳柴油机厂热交换器爆炸事故的调查处理报告》和省革委会的批语略)

3. 国务院关于转发国家劳动总局《关于健全锅炉压力容器安全监察机构加强监督检查工作的报告》的通知

1979 年 10 月 20 日

国务院同意国家劳动总局《关于健全锅炉压力容器安全监察机构加强监督检查工作的报告》，现转发给你们，请认真研究执行。

锅炉和压力容器的安全工作，对于保证生产建设正常进行，保障人民的生命安全十分重要。各省、市、自治区革委会（人民政府）必须给予高度重视，加强领导，严格管理，尽快地把机构建立和健全起来。所有使用锅炉、压力容器的单位，要加强对操作人员的技术考核，严格做好水质处理工作，建立健全岗位责任制和定期检验等制度。对锅炉和压力容器实行安全监察是国家授予劳动部门的一项重要任务，各级劳动部门要切实担负起安全监察的责任，严格监督检查，采取有力措施，把当前事故严重的局面迅速扭转过来，以适应社会主义建设事业的需要。

关于健全锅炉压力容器安全监察机构加强监督检查工作的报告

国务院：

锅炉、压力容器是国民经济各个部门和人民生活中广泛使用的特种设备。随着我国国民经济的发展，这类设备增加很快。现在，全国共有蒸汽锅炉十五万台，热水锅炉三万台，比一九六五年增加了一倍。压力容器是一九六三年以后才大量发展的，现在已有七百万台（只）。在对外贸易中，这类设备的进出口数量也在增长。锅炉和压力容器在运行中承受压力，具有爆炸的危险，必须实行严格的技术管理和监督检查制度。否则一旦发生事故，就会造成人身伤亡，使生产受到破坏，国家财产遭到损失。据了解，一些工业发达的国家，除了使用这类设备的单位自行管理和定期检验外，都有政府和经政府承认的专门机构，对这类设备的设计、制造、安装、使用等各个环节，进行严格的监督检查。

我国从一九五六年开始设立锅炉安全监察机构，迄今已二十三年。但是，机构人员一直不稳定，严重影响了这项工作的开展。特别是在“文化大革命”中，由于林彪、“四人帮”的破坏，各级锅炉安全监察机构统统被撤销，专业人员被调走，使这项工作处于无人负责状态达十年之久，事故大幅度上升。一九七六年锅炉、压力容器爆炸事故比“文化大革命”前增加十倍，恶性事故不断发生，造成的经济损失相当惊人。如一九七五年，广州第十二橡胶厂锅炉爆炸，损失六百多万元；同年，内蒙古喇嘛湾电厂锅炉爆炸，造成全地区停产，少发电一百四十八万度，损失一百四十多万元。

打倒“四人帮”以来，锅炉和压力容器的安全监察工作开始恢复。一些地区重新恢复了专管机构。去年九月，国务院批准国家劳动总局恢复了锅炉安全监察局。但是，各地恢复工作进展缓慢，至今尚有三分之一的省、市、自治区没有专管机构，这项工作仍旧无人负责；已经恢复专管机构的，专业人员也很少。这种情况如不改变，安全监察工作很难正常开展。

据统计，一九七八年全国锅炉、压力容器共发生重大事故六百六十起，其中爆炸事故二百五十五起，同一九六五年比较超过了十倍。因事故死亡一百五十三人，伤六百人。锅炉爆炸事故同日本一九七五年（锅炉台数与我相近）比较，高出十三倍，比日本一九六六年至一九七五年十年事故总数高二倍多。今年以来，事故情况仍无好转，已连续发生了三起历史上罕见的恶性爆炸事故。

为了改变我国锅炉、压力容器安全监察工作的落后状态，以适应“四个现代化”的要求，今后除了要求各工交部门企业单位，要有一定数量的专业人员，加强管理以外，省、市、自治区劳动部门应设立专门的安全监察机构，配备专业队伍，对锅炉、压力容器安全运行进行综合管理和监督检查。具体意见是：

一、安全监察机构的任务。主要是制订综合性的安全技术规程、标准；审定有关专业技术标准，并监督有关部门贯彻执行；对锅炉、压力容器的设计、制造、安装、使用、维修、改造等环节实行监督检查，对于制造质量低劣危及安全运行的设备，有权停止其生产和使用；对锅炉、压力容器实行定期检验；调查处理重大事故；研究解决重大安全技术问题；对企业管理人员操作工人，进行宣传教育和培训；对锅炉、压力容器的进出口实行监察检验。

为了保证实现上述任务，监察部门要建立监督检查的技术责任制，保证检验质量。

二、机构设置人员编制。为了对各地的锅炉、压力容器安全监察机构加强指导，提高检验质量，拟在国家劳动总局锅炉安全监察局下办一个检测中心站。

各省、市、自治区劳动局设锅炉、压力容器安全监察处，工业集中的重点城市可设科。全国在现有基础上约增加八百人（包括检测中心站），新增编制请国务院拨给（具体名额分配见附件）。此编制人数各地要集中使用，不得挪用。各省、市、自治区应根据分配的人员名额，统一安排安全监察机构及编制，并将安排的情况抄告国家劳动总局。

锅炉、压力容器安全监察部门的干部配备，技术人员应不少于五分之四。所需技术干部建议从机械、石油、化工、电力行业抽调解决，不足部分从大专毕业生中补充。锅炉安全监察工作技术性较强，专业技术人员要保持稳定。

此外，劳动部门锅炉安全监察机构购置设备仪器、检验工具等所需的经费，属于国家劳动总局的，建议列入国家计划，每年拨给，属于省、市、自治区的，请各地计委列入地方年度计划解决。

以上报告，如无不妥，请批转各地执行。

国家劳动总局

一九七九年九月二十七日

4. 国务院关于转发铁道部《关于严禁旅客携带易燃、易爆危险品进站上车保证春运安全的紧急报告》的通知

1980年2月5日

(前文略)

其中提出做好旅客运输安全工作的措施如下：

一、重申国务院一九六一年一月批准的《关于违反爆炸、易燃、危险物品管理规则的处罚暂行办法》和一九七四年七月国务院、中央军委《关于加强爆炸物品管理的通知》，各地区、各部门要严格贯彻执行。地方、铁路有关部门，要运用各种形式和宣传工具，广泛深入宣传国务院和铁道部、公安部有关易爆、易燃品的管理规定，讲明意义，晓以利害，号召群众互相监督，自觉遵守。为能引起各方面和广大群众的注意，迅速收到效果，可以选择一些典型事例登报，广播和播放电视。

二、为了保证旅客运输的安全，不准任何人携带爆炸、易燃危险品进站上车。对需要外运的，要严格执行交通运输部门的有关规定，搞好包装，到指定车站，负责托运，严禁让买主自行携带。对私自经营和贩卖倒运的，要依法处理。

三、采取宣传教育和查堵相结合的办法，坚决制止携带易爆、易燃危险品进站上车。铁路职工要坚守岗位，认真执行规章制度，严格进行检查。对旅客听到宣传，在上车前自动交出的，允许其自行处理；有意或伪装夹带，以及伪造货物品名、隐瞒货物真实性质托运的，查出后除没收物品外，应给予罚款或处罚；对

造成事故致使人身伤亡和国家财产遭受损失的，要依法追究刑事责任。同时，对认真执行易爆、易燃危险物品管理规定做出成绩的，特别是防止事故有功人员，要给予表扬和物质奖励。

四、各级地方政府要严格控制易爆、易燃危险品的生产，加强管理。未经省、市、自治区主管部门批准和县、市以上公安机关备案的，一律不得生产。经批准生产的单位，在春节前对其生产情况和产品质量要普遍进行一次检查，不合格的要限令改进，不符合安全规定的，应令其停产。检验合格的，要发给合格证明，铁路方能承运。严禁公社、大队和个人制作打火纸、摔炮、拉炮等危险品。鉴于打火纸、摔炮、拉炮性能极不稳定，且有剧毒，稍有摩擦、冲击就容易燃烧爆炸，建议由国家指定工厂生产和专门商店经营，供应文化、体育部门和狩猎使用，铁路不办理托运。

5. 国务院批转国家经济委员会 国家劳动总局　中华全国总工会《关于在工业交通企业加强法制教育严格依法处理职工伤亡事故的报告》

国务院同意国家经济委员会、国家劳动总局、中华全国总工会《关于在工业交通企业加强法制教育严格依法处理职工伤亡事故的报告》，现转发给你们，请认真研究执行。

加强法制教育，严格依法处理伤亡事故，体现了党和政府对国家财产和人民生命安全的高度负责，是保障“四化”建设的重要措施。各地区、各有关部门，一定要对党政干部、工程技术干部和工人加强安全生产方面的法制宣传和教育，增强法制观念。对于那些玩忽职守，不负责任，不遵守安全制度，违章作业以及强迫命令、瞎指挥所造成的重大伤亡事故，要严肃处理。本文下达后，对于负有刑事责任者，必须按照刑法的规定，依法惩处。

一九八〇年四月七日

关于在工业交通企业加强法制教育严格依法处理职工伤亡事故的报告

五届人大二次会议通过的《中华人民共和国刑法》公布以来，全国工业交通系统开展社会主义法制教育，取得了一定成绩。但是，由于林彪、“四人帮”的长期干扰破坏，在一部分企业中，不知法、不守法，有法不依、违法不究的现象相当严重。突出地表现在，由于官僚主义、强迫命令、违章作业以及为了追求产值产量等原因所造成的恶性伤亡事故逐年增多；事故发生后，不是依法严肃处理，而是谎报事实，掩盖事故真相，或拖延不报，企图大事化小，小事化了，以种种借口阻挠对有关干部追究刑事责任，马虎草率处理。以全国工业交通企业的伤亡事故为例，据统计死亡十人以上的特大事故，一九七九年发生了四十八起，比一九七八年上升百分之十二，死亡职工一千零一十一人。从行业看，仅煤炭系统的煤矿瓦斯爆炸事故即达二十四起，占事故总数的百分之五十，死亡四百六十四人，占死亡总人数的百分之四十五点九。从地区看，湖南省最为严重，共十起，死亡一百四十一人；其次是贵州省五起，死亡一百二十九人；河南省四起，死亡九十人；河北省四起，死亡七十九人。尤其是在四十八起特大事故中，处理结案的至今只有八起，仅占百分之十七。绝大部分事故，特别是一些涉及刑事责任的恶性事故，都没有按国家规定及时上报，严肃处理，政治影响很坏。

造成工交企业特大事故上升的原因，除了有些厂矿安全设施差，长期得不到解决，和很多厂矿大批新工人没有受过安全技术训练以外，重要的原因是一部分领导干部和职工的法制观念非常淡薄，他们对于因玩忽职守、不负责任、违章作业以及官僚主义、瞎指挥等给国家和人民生命财产造成的严重损失，并不认为是犯罪行为，应当承担法律责任。往往是在事故发生后，企业领导检讨几句，不了了之，或凭主管单位领导干部的一句话，以言代法，马虎处理。这在很大程度上，助长了一些人不守法、不依法办事的错误思想，更不能从中吸取应有的教训。

为了维护国家法制，保障广大职工的安全和国家经济建设的顺利进行，我们建议：

一、各省、市、自治区，各有关部门在广泛进行法制宣传教育中，今年上半年要结合企业整顿，有针对性地对那些忽视安全生产的官僚主义、命令主义、无政府主义以及粗制滥造设备，违章指挥和违章作业等现象，进行一次严格检查，对照经济方面的法规内容，向干部和群众进行一次深入的法制教育，以增强法制观念。特别是各级领导干部，都要牢固地树立起知法、遵法和依法办事的思想。

二、各省、市、自治区和工交各有关部门，对于一九七九年企业发生的伤亡事故，尚未处理的要在今年上半年以前处理完毕；虽已处理，但处理不当，民愤未平的，要进行复查，尽快地严肃处理；对违法造成严重事故者，要按照法律程序追诉，依法惩处。

三、企业发生伤亡事故，必须遵照一九五六年国务院发布的《工人职员伤亡事故报告规程》的规定办理。发生事故后要及时上报，不准隐瞒不报、虚报或拖延不报。对违法造成严重事故的责任者，要向检察部门提起公诉，依法制裁。

以上报告，如无不妥，请批转各地区、各部门参照执行。

国家经济委员会
国家劳动总局
中华全国总工会
一九八〇年二月十五日

6. 国务院关于处理“渤海 2 号”事故的决定

1980 年 8 月 25 日

石油工业部海洋石油勘探局“渤海 2 号”钻井船，1979 年 11 月 25 日在渤海湾内翻沉，造成船上职工 72 人死亡和国家财产的重大损失。这是严重违章指挥造成的，我国石油工业史上最重大的责任事故。经国家经委、国家劳动总局、中华全国总工会、天津市劳动局、天津市经委、天津市公安局、天津市人民检察院、天津市总工会、塘沽区劳动局、塘沽区公安分局、塘沽区人民检察院共同组成的检查组查明，海洋石油勘探局在接受石油部命令“渤海 2 号”紧急迁移井位的难于完成的任务以后，采取了违反拖航安全的错误做法，冒险降船、拖航，是造成这次不应有的惨痛事故的主要原因。

这一严重事故发生以后，石油部迟迟不认真调查事故的原因，不如实向上级报告情况，也没有采取得力措施处理有关责任人员。事故发生 8 个月以后，石油部仍然没有严肃对待。只是由于党中央和国务院领导同志严格督促，全国总工会和社会舆论同声指责，石油部才作出了比较符合实际情况和比较深刻的检查。

“渤海 2 号”翻沉事故的发生，是由于石油部领导不按客观规律办事，不尊重科学，不重视安全生产，不重视职工意见和历史教训造成的。石油部领导对此负有不可推诿的重大责任。国务院领导对这一严重事故处置不当，也是重要的失职，应当向全国人民承认错误。国务院会议在听取石油部和其他有关各方的报告以后决定：（一）接受宋振明同志的请求，解除他石油部部长的职务，提请人大常委会批准。（二）国务院主管石油工业的副总理康世恩同志，对这一事故没有认真对待和及时处理，在国务院领导工作中负有直接责任，决定给予记大过的处分。（三）国务院对“渤海 2 号”死难的同志表示沉痛的哀悼，对他们的家属致以深切的慰问。

石油部的全体职工，尤其是大庆油田的职工，在艰苦条件下开发我国石油事业，作出了中外周知的光荣贡献。石油部在组织领导方面也作了大量的富有成效的辛勤工作。石油部提倡的“三老四严”作风，“二分法前进”原则，“岗位责任制”等管理制度，对全国工业的进步起了积极作用，今后也仍然适用。但是，由于石油部主要领导同志在成绩面前逐渐骄傲自满，不像过去那样谦虚谨慎，实事求是，以致一些石油企业在取得巨大成绩的同时，多次发生重大事故，而且没有从中得到应有的教训。国务院严肃处理这次事件，既是维护人民和国家的利益所必需，同时也是进一步加强和改善我们的石油工业所必需。希望石油部及所属单位各级负责同志振奋革命精神，切实总结教训，作出改进工作的具体决定。希望石油部门全体职工团结一致，在成绩和荣誉面前不要停步，在困难和挫折面前不要气馁，为完成和超额完成石油勘探和生产任务继续积极努力。石油部海洋石油勘探局和石油部其他企事业单位均应认真吸取“渤海2号”事件的教训，改善领导，尊重科学和民主，尊重技术人员和工人群众，坚持正确指挥，保证在今后的工作中取得显著的进步。

“渤海2号”的事故不仅是对石油部门的一个严重警告，也是对全国其他各部门和各企业事业单位的一个严重警告。安全生产是全国一切经济部门和生产企业的头等大事。各企业和主管机关的行政领导同志和各级工会，都要十分重视安全生产，采取一切可能的措施保障职工的安全，努力防止事故的发生，绝对不应采取任何粗心大意、漫不经心的恶劣态度。在生产斗争中，发生某些确实不能预料和不能抵抗的不幸事故是难以完全避免的，但是这决不能成为任何对职工安全不负责任的行为的借口。我们的社会主义国家和社会主义企业的神圣职责，就是要尽一切努力，在生产劳动中和其他活动中避免一切可以避免的伤亡事故，否则就是违背了我们的工人阶级立场和社会主义的革命人道主义原则。一切重大的责任事故，必须严肃处理，追究行政和法律责任，不得姑息宽容。各级劳动部门和各企业都要大力发挥职工代表大会、工会、保卫机构、纪律检查委员会等组织对安全生产的监督作用。对工人、技术人员和专家关于安全情况安全措施的建议和批评，必须认真对待。对于揭发控告忽视安全生产现象的职工，决不允许打击报复，如有打击报复者必须法办。一切重大事故均应及时如实报道，不得隐瞒和歪曲。国务院相信，通过上述各种措施，全国各部门职工和领导机关，一定能够齐心协力，使我国整个生产安全和劳动保护状况得到巨大转变，从而大大提高全体劳动人民的革命积极性，为实现“四个现代化”的伟大事业作出重要保证。

7. 国务院办公厅转发国家劳动总局 建筑材料工业部 农业部《关于手纺石棉尘危害情况和解决意见的报告》

1981 年 1 月 28 日

现将国家劳动总局、建筑材料工业部、农业部《关于手纺石棉尘危害情况和解决意见的报告》转发给你们，望研究执行。

由于石棉加工技术落后和管理不善，石棉尘对职工和农民的身体健康危害十分严重，石棉尘肺病和疑似石棉尘肺病均有发展趋势，必须引起高度重视。各地人民政府和国务院有关部门要切实加强对这项工作的领导，根据现有财力，采取有效措施，促进石棉加工工业的改造，改变石棉尘危害严重的状况，保障职工和农民的身体健康。

国家劳动总局 建筑材料工业部 农业部 关于手纺石棉尘危害情况和解决意见给国务院的报告

根据国务院领导同志关于解决农村手纺石棉尘危害问题的批示，我们召开了重点石棉制品厂的座谈会，并到农村进行了调查研究。现将了解的情况和研究的意见报告如下：

一、农村手纺石棉分布面广，危害严重。据了解，全国九个省、市、自治区的农村有手纺石棉加工，仅浙江、江苏、山东三省统计，六十七个县的三百多个社队，从事手纺石棉线的就有三十七万多人。其中，社队企业集中手纺的约两万多人，分散到农户手纺的约三十五万人。

据天津、浙江、江苏、山东、河南等省、市不完全统计，对三万多名从事手纺石棉线的农民进行体检，发现患石棉尘肺病的有一千六百八十人，疑似石棉尘肺病的有四百八十七人，合计二千一百六十七人，占受检人数的百分之七以上。天津市武清县有一百一十四个生产大队的一万二千三百多人手纺石棉线，其中，有一千二百多人患石棉尘肺病，已死亡二百一十九人。有一个十口之家，有六人患石棉尘肺病，已死亡四人。有的为了治病把家产全部卖了。有一个女青年患了石棉尘肺病，花了不少钱治疗无效服毒自杀。河南省西峡县丁河公社斜地大队第二生产队，有十九户二十二人参加手纺石棉线，受危害者五十四人，经县社医院诊断有五名未婚女青年患石棉尘肺病，一九七七年已死亡一人。目前，发病和死亡人数还在继续增加。

现在，全国县以上石棉制品企业约四十多个，大部分是五十年代由私营小厂和手工作坊合并建立起来的。一九六三年以来，虽然有些企业开始利用毛纺厂的梳毛机代替手纺石棉线，但因梳毛机等设备不足和国产短纤维石棉较多（这种短纤维石棉不掺长纤维石棉，不能单独机纺），现在多数石棉制品厂主要还是依靠农民和一些城镇居民手纺石棉线。据十一个国营石棉厂统计，一九七九年在农村手纺石棉线达五千五百多吨。另外，五金矿产进出口公司每年出口一部分石棉布和线，也在农村手纺加工。由于石棉制品的利润较高，农村手纺比机纺的成本低，有些国营石棉制品厂为了完成主管部门下达的产值、利润指标，就不断增加农村手纺石棉线的加工数量。一些地区的农村社队也把手纺石棉线作为增加集体和个人收入的一个途径，甚至把农民手纺石棉线看成是“摇钱树”。在这种情况下，有关部门和地区对石棉尘给农民造成的危害重视不够，管理不善，没有进行广泛深入的宣传，使农民缺乏防护知识，也不懂其危害的严重性，致使石棉尘的危害日趋严重。

二、农民手纺石棉设备简陋，个人经济收入低，患石棉尘肺病后治疗困难。

加工石棉的社队企业，绝大部分是手工劳动，用纺棉花线的纺车纺石棉线。有些地区虽已开始采用有简易防尘罩的脚踏式纺车，劳动条件有所改善，但轧花、并线等工艺环节尚无有效防护措施，石棉尘浓度仍然超过国家卫生标准几百倍。有的农民一边纺石棉线，一边看孩子，造成“一人纺线，全家受害”。据浙江、江苏、山东三省统计，每年农村手纺石棉线约一万三千多吨。其中，一部分是县以上石棉制品厂的来料加工，一部分是社队企业到石棉产地自行采购原料，加工销售。手纺石棉线实行包工计件，农民收入较低。有的地区除交税以外，每加工一吨石棉线，委托加工的石棉厂付给社队企业二千至三千元，公社和大队从中各提出部分管理费，余下的分配给农民。每个农民每月约收入二十元，相当于参加农业劳动的一般劳力的收入。在劳动保护和福利方面，有的社队企业每人每月只发一个纱布口罩，个别社队每人每月发给一元钱的医疗费，别无其他待遇。分散到农户手纺的收入更低，每纺一斤线，给四角至七角钱，一手交线，一手交钱，其他什么也不给。

三、为了解决石棉尘对职工和农民的危害，加强工农联盟，促进工农业生产的发展，提出以下意见：

（一）要加强领导，提高认识。各级领导要以高度的责任心，认真采取措施。要对职工和农民进行广泛的宣传教育，使他们懂得石棉尘的危害和防护办法。体检的结果要告诉本人，决不允许搞愚民政策。

（二）县以上重点石棉制品企业，要制定逐步取消农村手纺石棉线的措施计划。

1. 逐步实现石棉湿法纺织的新工艺。湿法生产代替干法生产，是从根本上解决石棉尘危害的有效办法。具有一定技术水平的青岛、上海、沈阳、西安、天津、重庆、鞍山、北京等八个石棉厂要根据财力可能，尽快建设湿法生产线。

2. 采用碳素化学纤维代替石棉制作盘根。这种制造盘根的方法，不用石棉线作原料，消除石棉尘的危害，是今后发展的方向。凡用石棉作原料制作盘根的企业都要逐步改用碳素化学纤维作原料。

3. 通过挖潜、革新、改造，提高现有机纺能力和改善劳动条件。目前，由于缺少配件，维修不好等原因，机纺设备能力只发挥了百分之五十左右。要通过挖潜、革新、改造提高设备利用率，所需技措经费，重点措施项目，纳入挖潜、革新、改造计划；一般措施项目，从企业折旧基金中自行安排。

对那些机纺设备很少，主要依靠农村手纺的石棉制品企业，应该转产或减产。

（三）调整手纺石棉的社队企业，制止农户和居民家庭手纺石棉线。社队石棉加工企业，根据劳动条件、工艺水平、生产能力和供销情况，进行调整。对那些粉尘大、危害严重又无防护措施的，应坚决停产或转产。停产单位的务工人员的工作、生活由社队妥善安排。对那些有传统生产习惯、具有一定规模的社队石棉加工企业，虽有防护措施，但未达到国家卫生标准的，要采取措施改善劳动条件，尽快达到或接近国家卫生标准。

任何石棉制品企业和单位，都不得向农村社员和城镇居民安排手纺加工石棉线，同时教育农民和居民不要从事家庭手纺石棉线。

（四）加强手纺石棉线人员的体检和治疗工作。县、社、队要结合各地的具体情况，根据从事手纺石棉线人员的受害程度、时间长短、数量多少，制定切实可行的体检治疗方案。要有计划、有领导地进行，既防止拖拉，又不要一哄而起。请各地商业部门提供体检胶片，对已患石棉尘肺病者，请卫生部门协助治疗。体检和治疗的费用，社队石棉加工企业，其务工人员由社队企业负担；农民和城镇居民，由分配任务的单位或经济受益单位负担。

关于外贸出口问题，在我国石棉尘危害未得到解决前，要少出口或不出口石棉制品。

以上报告如无不妥，请批转各地区、各部门研究执行。

一九八一年一月二十一日

8. 国务院批转商业部等部门《关于整顿劳动防护用品经营和发放管理的报告》的通知

1981年4月29日

国务院同意商业部、财政部、国家劳动总局、全国总工会《关于整顿劳动防护用品经营和发放管理的报告》，现转发给你们，请研究执行。

近几年来，劳动防护用品的经营和发放管理比较混乱，不仅浪费了国家资财，增大了企业开支，而且助长了不正之风，影响了职工的团结，不利于生产的顺利进行。劳动防护用品经营、发放、管理是一项政策性较强的工作，国家每年用于劳动防护用品的开支占社会集团购买力百分之十以上，把这项工作搞好，对保障职工的安全健康、支持生产、控制集团购买力，具有重要意义。因此，各省、市、自治区要加强领导，并责成有关部门对劳动防护用品的经营和发放管理进行一次认真的检查，切实加以整顿。在此基础上，健全和建立必要的发放管理制度，合理组织经营，既能保证安全生产，又能节约开支。

关于整顿劳动防护用品经营和发放管理的报告

一九六三年，劳动部根据国务院颁布的《工厂安全卫生规程》《建筑安装工程安全技术规程》，制定了《国营企业职工个人防护用品发放标准》。各省、市、自治区根据这一标准的发放原则和范围制定了地区的统一防护用品发放标准。各地厂矿企业相继建立了劳动防护用品的发放管理制度。商业部门也相应成立了经营劳动防护用品的专业机构（以下简称专业商店）。劳动防护用品主要品种的生产和供应逐步纳入了国家或地方计划。粉碎“四人帮”以来，中央、国务院对职工的安全健康非常关心，多次作指示、发通知，对加强劳动保护工作提出了严格的要求。在中央、国务院的关怀下，各地普遍重视了这项工作，劳动防护用品的经营和发放、管理工作也得到加强和改进，对于保障职工的安全健康，保证生产建设的顺利进行，起到了积极作用。

但是，近几年来，劳动防护用品的经营和发放管理仍然存在着一些混乱现象。据十几个省、市的调查，不少工矿企业自行扩大发放范围，任意提高发放标准，把发放防护用品当作福利待遇，求多、求高、求好。有的用呢绒、羊剪绒料制作工作服或防寒大衣；有的把劳动防护用品作为奖金发放；有的违反财经纪律，不坚持凭证限额购买的规定，见货就抓，甚至用买来的布票购进民用服装发给职工。其后果是增加了矛盾，腐蚀了职工、干部的思想，个别的还导致怠工闹事，殴打管理干部的事件。

出现上述混乱现象，在很大程度上同劳动防护用品的经营有关。原来劳动防护用品基本上都由专业商店统一经营，现在是多头经营，争揽生意。除了商业部门跨行业兼营和服装工业部门自销劳动防护用品的情况比较严重外，还有一些集体企业和社队企业，不顾国家对棉花、棉布实行统购统销的政策规定，大量套取各种纺织原料和棉布，生产质量低劣的劳动防护用品（主要是工作服），自订价格，用馈赠土特产品、提回扣、给“奖金”等不正当手段，四处推销。这就使劳动防护用品的供应失去了必要的监督控制，给滥发劳动防护用品提供了条件。既不利于保质保量、统一筹划保障工人安全生产的需要，又不利于节约开支、改善企业的经营管理。

据统计，全国用于劳动防护用品的开支每年约为十三四亿元，占社会集团购买力百分之十以上，关系着一亿职工的切身利益。为了进一步做好劳动防护用品经营和发放管理的工作，提出如下几点意见：

一、恢复健全领发制度。各厂矿企业必须严格执行国家规定的劳动防护用品领发制度，任何单位和个人都不得任意扩大范围，增添项目，提高标准或改发高档品种。防护用品发放标准，由各省、市、自治区统一管理。对用布量大的工作服等的发放标准，如需要修改补充，应报请省、市、自治区人民政府批准。要坚持交旧领新、调离收回的制度，大力开展修旧利废，做到物尽其用。企业财会人员对劳动防护用品的购买要认真审核，严格控制，凡是超过发放标准的不准报销。（注解：劳动防护用品发放标准的制定权限已由国家统管改为下放企业、事业单位。劳动人事部、国家经委、商业部、全国总工会劳人护〔1984〕27号文件《关于改革职工个人劳动防护用品发放标准和管理制度的通知》规定，企业、事业单位可以按照统一规定的范围和原则制订职工个人劳动防护用品的发放标准，报经上级主管部门批准执行。）

二、统一经营渠道，充实经营网点。劳动防护用品有一定的供应对象和使用范围，纯属集团购买商品，专业性和政策性都较强。应由国营商业的专业商店（包括专柜）统一经营，其他行业、企业一律不得经营，已经营的要立即停止经营。各地信托、寄售、废品商店应停止收购个人出售的各种劳动防护用品。外地单位推销劳动防护用品，均由当地专业商店统一接待，使用单位不准直接购买。专业商店必须及时组织进货，改进经营作风，千方百计地保证厂矿企业的需要。对专业商店经营成果的考核，应以严格执行供应政策，及时保证企业需要，帮助使用单位开展修旧利废、节约使用为主要依据，不要单纯以完成销售、利润指标为考核条件。上级单位在确定专业商店的计划时，要从实际出发，实事求是，做到积极可靠，留有余地，改变那种硬压任务的做法，以保护企业、职工的积极性。

工商部门要密切配合，提高劳动防护用品的质量。不符合质量标准的产品，工厂不准出厂，商店不准经营。[注解：关于劳动防护用品的经营问题，根据国务院文件《国务院批转商业部关于当前城市商业体制改革若干问题的报告的通知》中，关于“实行政企分开，建立以国营商业为主导的、多种经济形式，多种经营方式，多种流通渠道的商品流通体制；实行以城市为中心的开放式、多渠道、少环节的批发商业体系”的精神，劳保用品的流通体制也正在按照上述原则进行改革，“由国营商业的专业商店（包括专柜）统一经营”的独家经营的流通方式已被打破。]

三、严格财经纪律，认真执行控制社会集团购买力的有关规定。厂矿企业购买劳动防护用品，要按年分季编制计划，一式两份，一份送当地控办，一份送专业商店，并与专业商店签订供销合同，由专业商店凭合同核实供应。使用单位确需外出采购劳动防护用品时，须经当地专业商店同意并出具证明，无证明者财务部门不予报销，银行的不予划拨结算。其中质量低劣，不能保证生产安全者，不准穿用。

四、加强领导，做好政治思想工作。各级有关领导部门要加强对劳动防护用品的经营和发放管理工作的领导，列入议事日程，及时解决工作中存在的问题。企业防护用品的发放标准和领发制度由企业后勤部门管理，安全技术部门和工会要充分发挥监督检查作用，保证劳动防护用品发放管理制度的实施。工会组织要紧密配合行政领导，教育职工既要重视安全生产，穿用符合规定的劳动防护用品，又要发扬艰苦奋斗的精神，厉行节约，反对浪费。企业对管理使用劳动防护用品好的单位和个人，应予表扬，并给以适当的奖励；对违法乱纪、严重浪费的单位和个人，应给予批评教育，屡教不改的要给予纪律处分。各有关部门要密切配合，相互支持，共同做好这项工作。

五、加强市场管理，取缔倒卖劳动防护用品的违法活动，对投机倒把分子，应根据情节轻重，分别采取劝阻、批评教育、没收物资或罚款等办法，认真加以处理。

以上报告如可行，请批转各省、市、自治区人民政府和国务院各部门研究执行。

商　业　部
财　政　部
国家劳动总局
全国总工会
一九八一年三月二十日

9. 国务院办公厅转发煤炭部《关于做好煤矿安全生产工作的报告》的通知

各省、自治区、直辖市人民政府，国务院各部委、各直属机构：

现将煤炭部《关于做好煤矿安全生产工作的报告》转发给你们，请研究执行。

一九八一年六月二十八日

煤炭工业部关于做好煤矿安全生产工作给国务院的报告

最近，煤炭部和全国煤矿工会在山西省西山矿务局召开了全国煤矿安全生产表彰大会，表彰了三百七十六个先进集体和三百六十二名先进个人。其中有几年没有发生死亡事故的矿（工程处），有二十多年、十多年没有发生死亡事故的采掘队，有在安全生产工作中成绩卓著的基层干部、工程技术员和工人。会议向开滦林西矿等十个单位授予了红旗。

会上提出了今年安全生产工作的三项要求：

坚决防止重大瓦斯、煤尘爆炸事故的发生；

死亡人数在去年的基础上下降百分之十五以上；

控制尘肺病上升的趋势。

今后的目标是，近三年内把全国国营煤矿的百万吨死亡率降到历史最低水平；统配煤矿死亡率在逐年降低，至八十年代末达到世界水平。

参加会议的同志一致认为，这次会议在指导思想上把安全的位置摆正了，安全第一的方针进一步明确了，目标和措施也清楚了。大家满怀信心地说：只要这样坚持下去，煤矿事故就可以大大减少，我国煤炭工业就可以健康的发展。一些长期从事安全工作的老同志说：过去搞安全被人看成是老“右倾”、绊脚石，力气没少花，成效却不大，早就想不干这一行了。这次把指导思想和工作方针摆正了，照这个路子抓下去，我还要多干它几年，非改变煤炭工业的面貌不可！

一、煤炭生产建设必须坚持安全第一的方针

事故多、伤亡大、职业病发病率高，是长期以来煤炭工业一个沉重包袱。据不完全统计，一九五〇年到一九八〇年的三十一年间，煤矿因事故死亡××人，重伤××人。近五年以来，每年因尘肺病死亡的都在××人以上。事故死亡率和职业病发病率不但是世界主要产煤国家中最高的，而且大大高于经济、技术落后的印度。一九八〇年煤炭部重新明确提出安全第一的方针，把安全放在调整工作的首位，采取了一系列措施，才使若干年来事故恶性发展的趋势得到遏制，全国国营煤矿死亡人数比上年减少××人，死亡率降到近八年来最低水平，其中统配煤矿降到了历史最低水平。但是，一九八〇年全国国营煤矿死亡人数仍多达××人，与世界主要产煤国家相比，死亡率仍然是较高的。

干煤矿“不安全、死人多”，已经成为一种社会舆论，影响所及，造成“矿招工难，煤校招生难，工人下井难、井下工人找对象难”，严重妨碍我国煤炭工业的发展。

煤矿为什么事故多？参加会议的同志认为，最主要的一条，是长期以来指导思想上不重视安全工作，没有摆正安全与生产的关系，没有把安全放在应有的位置上，没有下足够的力气、花必要的本钱来搞安全工作。这主要是受“左”的错误影响。大家说，煤矿是井下作业，瓦斯、地压、水、火时刻威胁着安全，稍有疏忽就会酿成大祸，甚至人亡矿毁。煤矿的这一特点，决定了必须把安全工作放在第一位。这是煤矿生产的一个规律，违背了就要受惩罚、吃苦头。历史上我们一再违背它，以至重复受惩罚、吃苦头。“大跃进”“十年动乱”和粉碎“四

人帮”后的头两年，事故之所以那么多，主要是片面追求产量，忽视安全工作的结果。

大家列举的事实证明，三十一年来，什么时候“左”的影响大，煤矿事故就急剧增加。这个教训已多次重复出现，所付的代价够大的了，够痛心的了，现在应当觉悟了。从上到下要下定决心，坚定不移地贯彻执行安全第一的方针。煤矿安全自然条件差，事故是不是一定难免、无法抗拒？大家认为，在我国现有的技术装备和管理水平的条件下，要完全避免事故是做不到的，但是，要说直到现在我们对防止事故仍然无能为力，只能听天由命，就不符合事实了。

从国外来看，一些技术先进的国家已在很大程度上控制了事故，我国不少煤矿也在一定程度上取得了控制事故的主动权。开滦林西矿是个年产三百多万吨的大矿，做到了连续四百八十六天安全生产。年产煤炭一百二十万吨的义马常村矿，三年无死亡事故。淮南谢二矿长期摸索瓦斯规律，采取预防措施，已连续二十年杜绝了瓦斯重大事故。现在我国统配煤矿预防事故的手段比过去强多了，与事故作斗争的经验也比过去丰富得多了。

今后，随着科学技术的发展，对煤矿生产规律的认识越来越深刻、越全面，在安全上的主动权会越来越大。我们不能陷入无能为力、无所作为的消极状态之中，而要树立坚定不移的信念，在摸索煤矿安全生产规律、预防事故发生上下功夫，采取有力的措施，把煤矿事故减少到最低程度。

对煤矿来说，安全与生产究竟是个什么关系？抓了安全会不会影响生产？这是长期以来争论不休的问题。经过讨论，大家认识到，抓好安全，是煤矿进行正常生产的前提。安全和生产的关系，应该是安全好，生产好，产量高。安全不好，影响生产，产量必然少，以往一个很长时期内，习惯于用突击高产的办法来搞生产，打乱了正常的生产秩序，冲击了管理工作，给煤矿造成了很大损害，留下了许多后遗症。不少矿井因此出了大事故，不但死了人，而且破坏了生产条件，长时期恢复不过来。这次会议表彰的三百多个安全生产先进单位，由于安全抓得好，生产任务也都完成得很好。这就清楚地说明了安全和生产的关系。大家表示，要纠正那种把安全与生产割裂开来甚至对立起来的错误认识，在煤矿生产建设中要始终如一地坚持安全第一的方针。

二、搞好安全设施，逐步采用先进技术装备

到会同志认为，安全生产必须建筑在必不可少的物质条件的基础上。

多年来，由于“左”的影响和工作中的失误，特别是“十年动乱”的破坏，许多煤矿安全措施欠账大，隐患多。据去年统计，在统配和重点煤矿的六百五十八处矿井中，通风设施不健全的有三百二十二处，其中通风能力不足的有一百九十处；没有防尘系统或防尘设施不健全的有四百九十一处；在一百一十六处应实行瓦斯抽排的矿井中，没有抽排系统或抽排设施不健全的有八十九处；在二百七十一处应建立消防系统的矿井中，没有消防系统或消防设施不健全的有二百二十处。有些煤矿还在于打眼，尘肺患者年年增加。此外，机电防爆、防水、排水及监测仪表等方面的欠账也很大。安全工程不完善和设施不健全，使我们在防治事故上失去了必要的手段，处于十分被动的地位。

针对这个情况，从去年起我们狠抓了安全方面的调整，努力补还安全工程欠账。向国家贷款四千零一十八万元，国家劳动总局给了一百五十万元，国家经委也拨出经费两千五百万元，安排了重点安全技措工程三百三十二项，到去年底已竣工一百三十项，其余项目大多在今年六月底前竣工。今后，要花更大的力量来抓。考虑到国家资金有限，准备分两步走。第一步，今明两年，重点把对矿井安全威胁最大的隐患消除掉，把必要的瓦斯抽放、消火、防火和防尘系统都建立起来；矿井通风能力达到标准；对瓦斯、煤尘危害严重的矿井，有计划地、分批分期地装备监测系统，防止重大事故的发生。第二步，一九八三到一九八五年再解决其他方面的问题。这次会议上，大家经过讨论分析，认为煤矿还是要坚持走发展机械化的路子。外国一些煤矿事故之所以少，很重要的一条，是他们机械化、自动化的程度高，预防事故的手段多，抗灾能力强。

我国目前使用综采机组采煤的掌子面，事故也大大少于炮采。今后应当根据我们的实际情况和能力，积极发展机械化，尽早改变煤矿机械化水平低、手工劳动多、用人多的状况，为安全生产创造条件。

会议还研究了不断用先进的科学技术手段和装备武装煤矿，提高抗御自然灾害能力的问题。国外防治煤矿事故的先进技术应拿来为我所用，我们自己也要组织研究和攻关。目前我国煤矿还有很多安全技术课题没有完全解决，如对瓦斯、煤尘事故的预测、预防、控制能力还很不够，应积极开展这方面的科研，用先进的科学技术手段来制服煤矿的自然灾害。

大家认为，采用先进的技术手段和装备，提高煤矿的抗灾能力，关系到煤炭工业的健康发展，应作为一项长远的任务来抓。这个问题的解决，不是一朝一夕的事，需要有一个过程。既要积极去搞，又要根据国情，量力而行。

我们应该有一个进取心，有一个积极的态度，从现在起，就下决心积极去做。

三、加强管理工作，建立健全安全生产责任制

大家还认识到，搞好煤矿安全生产，一个不可忽视的方面，是加强管理。管理跟不上，即使有了先进的技术装备和完备的安全条件，也发挥不了作用。反之，管理搞好了，就能在很大程度上弥补技术装备和条件的不足。以往发生的很多事故，分析起来，相当大部分是管理上的原因。管理搞好了，至少可以把一部分能够避免的事故降下来，如顶板塌落砸死人、运输事故死人等。这些事故的发生说明我们主观努力不够，管理不善。今后，应在抓好安全方面的调整的同时，突出地抓好整顿，实行科学的、严格的管理。

整顿安全管理的重点是严格制度。责任制是搞好纪律、制度的核心。《煤矿安全规程》是煤矿安全生产的基本法规。我们打算在今年九月份以前，把各级领导干部的安全生产责任制、技术人员的安全责任制、业务部门的保安责任制和各工种的安全生产岗位责任制健全起来。还要进一步对干部、工人进行遵守《煤矿安全规程》的教育，发动群众同违反规程、危害安全的现象作斗争，坚决制止违章指挥和违章作业，严格做好安全管理的各项工作。

煤矿职工队伍目前的文化技术水平低，新工人、新干部占的比例大，是安全管理中的一个薄弱点。据调查，小学文化水平的职工约占百分之四十八，文盲约

占百分之十六。

据十个重点矿务局的统计，一九七五年以后入矿的采掘工人和区、队干部，分别占总数的百分之八十二和百分之七十一。在这种情况下，搞好职工的全员培训非常重要。我们准备通过煤炭干部学校、各煤矿大中专院校和现有的九十二所煤矿技工学校，开办安全技术训练班，培训在职干部、安全管理人员和特殊工种的工人，并为煤矿输送新的安全技术人员。各企业也要开办脱产或不脱产的安全训练班和技术讲座，对职工进行轮训。使干部、工人懂得煤矿生产的规律，懂得事故发生的原因和条件，懂得如何制服灾害、防治事故。并开展群众性的安全活动，用千百双眼睛盯着安全。地方煤矿、社队煤矿和其他系统开办的煤矿，也要抓好安全培训工作。没有条件办的小矿，可以联合起来，或由大煤矿帮助培训。安全监察工作是煤矿安全的重要保证。去年以来煤矿安全状况有些好转，是和恢复组建安全监察工作分不开的。世界上主要产煤国家百万吨死亡率低的一个原因，是他们有严格的安全法规，有权威的安全监察系统和活跃的安全监察工作。

今后，我们应致力于从上到下建立一个强有力的安全监察系统，支持监察人员开展工作，行使《煤矿安全规程》赋予他们的权力。同时，应发挥各级煤矿工会对安全生产的监督作用，使专业监察和群众监督相结合。大家一致认为，发挥工程技术人员的作用，是搞好安全管理的一个重要方面。以往许多事故都是在工程技术人员无职无权、正确意见得不到重视和采纳的情况下发生的。今后，应当让工程技术人员在技术管理上负起责来，有职有权有责，按技术要求组织生产，把好安全关。同时，积极组织科技人员开展煤矿安全生产的科研和先进经验推广工作，勇于进取，不断摸索，解决安全生产方面的新课题，为搞好安全提供先进的技术和经验。

以上报告如无不当，请批转各省、市、自治区和有关部门，以促进全国各系统的煤矿都来搞好安全工作。

一九八一年六月十日

10. 国务院批转国家城建总局《关于确保民用液化石油气钢瓶使用安全问题的报告》的通知

1982年1月13日

国务院同意国家城市建设总局《关于确保民用液化石油气钢瓶使用安全问题的报告》。现发给你们，望认真贯彻执行。

近几年来，用液化石油气作为城市人民群众的生活燃料，对于改变燃料构成，减少污染，方便人民生活，起了积极作用。液化石油气是一种易燃易爆物质，液化石油气瓶、罐等设备质量的好坏和能否按规定使用，关系到人民群众生命财产的安全，各有关单位必须引起足够重视，采取有力措施，消除隐患，保证安全。

关于确保民用液化石油气钢瓶使用安全问题的报告

目前，我国有五十多个城市及少数城镇的部分居民使用液化石油气。民用液化石油气钢瓶是国家城建总局归口管理、劳动部门监督监察的盛装易燃易爆物质的受压容器。全国制造钢瓶的工厂近二百家，大至千人以上的工厂，小至民办街道、社队工厂。有些单位设备简陋、材质较低、工艺落后、粗制滥造、质量太差，给用户带来隐患。民用液化石油气的经营管理也较混乱，在现有的四百多万只钢瓶中，百分之七十由城市煤气公司统一经营管理，一般安全程度和经济效果较好；百分之三十分散管理，一般事故较多。国务院领导同志对组织钢瓶生产，保证使用安全非常关心，并作了重要批示，指出问题十分严重，要“确实检查一下，质量不合格绝不准出厂”，“绝对不允许发生差错”。为了坚决贯彻国务院领导同志的批示精神，确保民用液化石油气钢瓶使用安全，提出以下改进意见：

一、对钢瓶生产制造应进行调整和整顿。建议在各省、市、自治区人民政府领导下，由城建、劳动和制造钢瓶的主管部门，根据现有制造厂的技术力量、工艺装备、检测手段、管理水平、材料规格、产品质量等情况和就近生产供应的原则择优定点，经审查批准后，报国家城建总局和国家劳动总局备案。工艺不过关、质量不合格、未经批准的单位，不准生产；定点单位产品质量不合格也绝不准出厂。

二、对在用的钢瓶进行一次全面检验。城建和劳动部门应密切配合，组织有关单位，参照国家城建总局一九八〇年制定的《液化石油气钢瓶》部标准，对在用钢瓶认真进行一次检查。凡不符合安全要求的钢瓶，应认真采取措施或停止使用，以保证安全。自发文之日起，要在一年内检验完毕；如有特殊情况，在限期内难以完成者，须经当地政府批准酌情延长检验期限。检验的情况和总结，应及时报省、市、自治区城建和劳动部门备案。

三、城市民用液化石油气的使用，应该实行统一经营管理。在省、市、自治区人民政府领导下，由计划、石化、城建部门协调平衡气源的分配；根据现有液化石油气的资源，确定供应城市民用液化石油气的数量。在城市中，液化石油气的供应和分配业务，应由城建部门负责公用事业的煤气公司统一经营管理。各炼油厂、化工厂不得对外灌装民用液化石油气钢瓶。

四、储气和灌装单位要严格遵守规章制度和充装技术要求，确保安全。所有设备、设施必须认真检查，确定检修周期、责任制度和操作规程。对遵守制度，安全生产的先进单位和个人，应给予表扬；对违反规定，造成事故的要追究责任。

五、建议冶金部定点安排钢瓶专用受压容器钢材的生产，以保证钢瓶质量。建议一机部机械科学研究院将钢瓶使用寿命问题列入科学研究项目，为确定钢瓶的使用年限及判废标准提供技术依据。

六、城市煤气公司要加强经营管理。要经常对钢瓶和灶具严格检验，严禁过量充装，以预防事故消除隐患，保证安全供气。要明确“安全”是供气的首要前提，对职工要认真进行安全责任和技术规程教育；要通过报刊、广播、电视、宣传画等各种方式，广泛宣传民用液化石油气使用须知，做到家喻户晓，老幼皆知。

国家城市建设总局

一九八一年十二月二十一日

11. 国务院对铁道部《关于193次旅客快车发生重大颠覆事故的报告》的批示

1982年6月15日

5月28日，由济南开往佳木斯的193次旅客快车，在沈山线锦州铁路局兴隆店车站发生颠覆重大事故，造成3名旅客死亡，143名旅客和4名列车乘务人员受伤，直接经济损失达170余万元。事故的直接原因是养路工违章作业，将起道机放到钢轨内侧，擅离职守，列车通过时撞上起道机脱轨颠覆。6月10日铁道部向国务院作了关于事故情况和处理结果的报告。6月15日国务院就铁道部的报告作了批示。批示全文如下：

这次重大事故，使国家和人民生命财产遭受了巨大损失，政治上造成了很坏影响，它反映了铁道部领导对铁路系统长期存在的管理不严，纪律松弛的问题，没有引起应有的重视，更没有采取得力措施认真加以解决。如果不进行严格整顿，从根本上解决这方面的问题，就谈不上从这次严重事故中真正吸取教训，就不可能保证安全行车，“安全月”活动就会流于形式。

铁道部6月10日的报告中提出，“要求铁路各部门、各单位必须把安全工作放在第一位，各级领导干部要树立安全第一的思想，并向全体职工进行安全教育，使每个职工都牢固地树立起对国家、对人民极端负责的观念，认真落实岗位责任制，严格遵守劳动纪律，一丝不苟地执行规章制度和操作规程”。这些都对，问题是要切实做到。

铁路系统本来有一套行之有效的规章制度和操作规程，但是，由于“文化大革命”中“四人帮”的干扰破坏，加之近几年新工人比重增加，培训工作没有跟上，铁路管理的基础工作薄弱，而铁道部又领导不力，致使铁路系统过去那种严格遵章守纪的好传统、好作风没有及时得到恢复和发扬，某些歪风邪气不但没有纠正，反而有所滋长。现在已到了非彻底整顿不可的时候了。

这次重大事故的主要责任者，不是一般的违反劳动纪律和操作规程，而是擅离岗位，玩忽职守。这是绝对不能允许的，必须依法追究刑事责任，严加惩处；对与事故有关的锦州铁路局、锦州铁路分局、大虎山工务段和兴隆店养路工区的有关领导人，要分别给予严肃、正确的处理。铁道部领导自请处分也是应当的，鉴于事故发生在新的部领导班子接任不久，故免予处分，以观后效。

国务院的批示和铁道部的报告，要迅速向全国铁路职工传达，做到家喻户晓，人人明白。要发动全路职工，揭露管理不严、纪律松弛的严重现象，并充分认识其危害性。在此基础上，重申或健全各项规章制度，严格岗位责任制，认真执行奖惩条例。各级干部、共产党员、共青团员要以身作则，起模范带头作用，迅速改变目前铁路安全生产不好的状况，切实做到安全正点。

12. 国务院关于加强领导、防止企业继续发生重大伤亡事故的紧急通知

1982 年 7 月 8 日

今年一至五月，工交企业的生产稳步发展，形势是好的。但是，有些部门、地区和企业的安全生产情况很不好，事故大量增加，伤亡人数急剧上升，特别是像 266 号客机撞山、193 次客车颠覆和四川省巫山县航运公司 038 号客轮被撞沉等恶性事故，以及一次死亡十人以上的特大事故频频发生，情况是很严重的，各级人民政府和领导同志必须高度重视。

据劳动人事部不完全统计，今年一至五月，全国发生一次死亡三人以上的重大、特大事故比去年同期上升 33%，其中一次死亡十人以上的特大事故比去年同期上升 68. 8%。死亡人数最多的是黑龙江省，比去年同期有所上升。有的部门和地区死亡人数虽少于黑龙江省，但比去年同期上升的幅度较大，如交通系统上升 227. 2%；广东省上升 78. 5%，湖北省上升 24. 2%，福建省上升 23%，云南省上升 19. 4%。各地社队工交企业的伤亡人数也很严重。

今年所发生的事故，有以下几个特点：

一、历史上罕见的恶性事故多。

二、重复同类事故多。

三、汽车撞车、翻车和沉船事故多。

四、重大火灾事故多。

发生各种事故的原因，大都是由于企业管理混乱，有些领导干部玩忽职守，违章指挥作业造成的；或者明知隐患严重，但领导上熟视无睹，麻木不仁，长期凑合生产造成的。例如，大庆 53 号油轮，由于油舱存有大量可燃气体，在未采

取测试、排气等防火措施的情况下，经政委、轮机长同意，大管轮就布置机匠焊接排污管上的冲洗管而发生事故。又如，福鼎县制药厂冰片车间，是用汽油作溶剂的易燃易爆单位，但车间设备布局违反国家规定（如油槽间距只有 0.25～0.45 米，违反国家不少于 1 米的规定），管理又非常混乱，车间内外都堆放许多盛有汽油的油桶等，没有防火防爆的应急措施，平日也未进行防火训练。这次发生火灾时，由于救火指挥不当和现场灭火器失灵，扩大了灾情，小灾酿成大祸。有些事故是工人明显的违反劳动纪律和安全操作规程造成的。如由于汽车司机强行抢路，酒后开车而发生的撞车、翻车事故；由于船员思想麻痹，违章驾驶而发生的翻船、沉船事故等；也有少数事故是工人缺乏科学知识和无知蛮干造成的。

这些事故都反映了我们某些经济领导部门和企业主管部门对党中央、国务院有关安全生产的规定、指示，并没有认真地贯彻执行。一些领导干部长期存在的只抓生产、不顾安全的片面观点并没有得到改正；对管理不严、纪律松弛的问题没有引起应有的重视，更没有采取得力措施认真加以解决；对工人缺乏认真的、经常的安全技术和劳动纪律的教育。总之，安全第一的思想，在相当一部分领导干部和工人中还没有牢固地树立起来。这种状况必须坚决改变。现在仍有一些领导干部，对企业存在的严重隐患和恶劣的劳动条件，熟视无睹，麻木不仁，对职工的安全健康、人民的生命财产，采取漠不关心的官僚主义态度，这是绝对不能允许的。

全国发生这样多、这样大的事故，不仅影响生产的顺利发展，造成人、财、物的严重损失，而且也是一个严重的政治问题，应当引起各级人民政府和经济领导部门的高度重视。必须加强领导，采取有力措施，迅速改变当前伤亡事故严重的状况，保护职工在生产中的安全健康，促进生产建设事业的顺利发展。为此，特提出以下要求：

一、各级人民政府、企业主管部门和各级领导干部，必须认真贯彻执行党的安全生产方针，牢固树立“安全第一”的思想。保障职工在生产中的安全健康，是我们国家的一项重要政策，是社会主义企业管理的一项基本原则。要坚决克服企业管理混乱、制度不严、工作不负责任和对工人安全漠不关心的现象。各级经委和工交、基建企业主管部门抓生产必须同时抓安全，要把安全工作当头等大事来抓，把它渗透到生产管理各个环节中去，实现“生产必须安全，安全促进生产”的要求。

二、加强领导，有组织、有重点地进行安全大检查。各地区、各部门要在贯彻矿山、锅炉压力容器《条例》和开展“安全月”活动的基础上，领导带头，组织工程技术人员和安全技术干部，对问题多、发生事故危害大的重点企业、车间和岗位，再进行一次深入细致的安全大检查。特别是要重点检查煤炭、铁路、交通等部门的所属企业和集体所有制企业。要认真揭露问题，严格进行整顿，从根本上解决问题，切不可搞形式，走过场。对隐患严重，劳动条件恶劣，发生事故危害重大的企业或生产车间，该停产的要停产，需改善劳动条件或进行技术改造的，要投资改善劳动条件或进行技术改造，决不可掉以轻心，凑合生产。要避免那种省小钱、酿大祸，造成人、财、物重大损失的事故重复发生。有些解决重大隐患的安全措施，当年不能完全解决的，可以把所需费用、物资首先纳入企业和主管部门的计划，特别重大的可纳入地方和国家计划，逐步解决。

现在暑期和大雨季节已经到来，各厂矿企业还要加强检查防暑、防洪和防汛工作，避免发生事故。

三、加强对广大职工的安全教育和安全技术训练工作。各厂矿企业及主管部门都要制订计划，在短期内对现有的职工普遍地分期分批地进行一次有针对性的安全知识和安全技术教育，特别是对新工人，必须坚持进行入厂、车间、岗位“三级教育”，经考试合格后才准上岗位操作。在易燃易爆的单位，对职工还要进行应急措施教育和组织模拟事故抢救演习教育。没有进行过“三级教育”的必须重新补课。对特殊工种的工人，要进行轮训，提高其生产技术水平和安全知识，经考试合格后发给操作合格证，否则一律不允许上岗位操作。

各企业主管部门，要把安全生产作为考核企业成绩、考评职工工作情况和实施奖惩的重要条件之一，要做到经常化、制度化。

四、各地区、各部门对重大、特大的伤亡事故，必须及时处理，凡过去发生至今未处理的，应即组织力量抓紧研究处理，对酿成事故有关的领导干部，该处分的要处分，不能姑息迁就。通过对典型事故的处理，要大张旗鼓地教育广大干部和工人群众，接受血的教训，遵章守纪，消除隐患，防止伤亡事故的发生。今后发生事故，一定要按照国家的规定，及时进行严肃处理。

五、各级劳动部门要认真履行职责，加强监督检查工作。对查出有严重隐患的单位，应明文通知有关单位限期解决问题；对于隐患特别严重，逾期仍不解决的单位，劳动部门有权令其停产改进。同时要注意总结和推广先进经验，督促企业改变落后面貌，在安全生产、文明生产中多作贡献。

请各地区、各部门在今年九月底之前，将执行本通知的情况和安全大检查中发现的问题及改进措施，书面报告国务院。

13. 国务院关于保障民用航空安全的通告

1982 年 12 月 1 日

为保障民用航空的安全，防止劫持、破坏民航飞机和破坏民用航空设施事件的发生，确保公共财产和旅客生命财产的安全，特通告如下：

一、乘坐国际、国内民航班机的中、外籍旅客及其携带的行李物品，除经特别准许者外，在登机前都必须接受安全技术检查：旅客须通过安全检查门，携带的行李物品须经仪器检查；也可以进行人身检查和开箱检查。拒绝检查者，不准登机。

二、严禁旅客携带枪支、弹药、凶器和易爆、易燃、剧毒、放射性物品以及其他危害民用航空安全的危险品进入机场和乘坐飞机。

三、严禁攀越机场围墙、界沟、铁丝网等设施。严禁在机场范围内打猎、鸣枪、射击和任意穿行。

四、严禁无关人员和车辆靠近停机坪和客机坪。所有接近飞机的人员必须接受监护人员或警卫人员的管理和检查。

五、严禁未经安全检查的人员进入候机楼隔离区。因工作需要经批准进入隔离区者，也必须接受安全检查。

六、使用暴力或其他手段劫持飞机，使用爆炸或其他手段破坏飞机、民用航空设施的罪犯，由司法机关依法严惩。

七、对阴谋策划劫持飞机和其他破坏民用航空安全的罪犯，任何人都应当向人民政府揭发、检举。对于防范和制止预谋劫持飞机和其他破坏民用航空安全的有功单位和个人，给予表扬和奖励。

14. 国务院关于保护铁路设施确保铁路运输安全畅通的通知

1982年12月20日

铁路是国民经济的大动脉，必须保证安全畅通。但几年来，有些地区的农村社队和厂矿企业，在铁路两侧开荒种地，挖渠修塘，砍伐树木，盲目开山采石采矿，随意弃碴，破坏植被，造成水土流失严重，曾不断发生崩坍、滑坡等重大灾害，中断铁路行车，甚至酿成列车脱轨颠覆的行车重大事故，使铁路和人民的生命财产遭到重大损失。为了切实防止今后发生这类事故，保护铁路设施的完整，确保铁路运输安全畅通，特通知如下：

一、凡是铁路部门按一九五〇年中央人民政府政务院颁布的《铁路留用土地办法》和一九八二年国务院颁布的《国家建设征用土地条例》(注解：该条例已经废止，现按一九八六年六月二十五日公布的《中华人民共和国土地管理法》办理) 的规定，合法留用和征用的土地，均属铁路用地，由铁路部门管理。铁路用地不得视为征而未用的土地，严禁随意占用。任何单位和个人，未经铁路部门同意，不得在铁路用地内修建永久性或临时性建筑物。

各地在编制城建规划时，要注意铁路的发展规划，考虑铁路用地的需要。

现已被外单位和个人占用的铁路用地，由铁路部门报请当地人民政府及土地管理部门，按国家颁布的有关法令，根据具体情况加以解决。

二、《铁路留用土地办法》中对铁路两侧留用土地，作了规定。这些留用的土地是修建排水系统，日常取土修路，造林绿化，稳定、巩固路基用的。任何单位都不得在铁路地界内（如地界不明，在距路堤护道坡脚十米范围内）和路堑堑顶至铁路一侧分水岭的自然山坡上开垦种植和挖渠修塘。

三、凡在铁路路基边坡、护道上、水沟中以及铁路两侧的滑坡禁耕区种上农作物和果树的，限期在收获以后一律禁种，并将果树迁出铁路地界。在铁路用地界内的坟墓，亦应限期迁出。未迁出之前，占用单位必须采取措施，确保铁路路基稳定。

四、在铁路两侧山坡地带，由于盲目开山采石采矿，随意弃碴，人为地造成或正在形成泥石流灾害的地点，由铁路部门报请当地人民政府责成有关单位限期解决，以保证铁路运输安全。

五、有山区铁路的省、市、自治区，应把铁路两侧的山区作为重点，纳入省、市、自治区的水土保持综合治理规划，逐年进行整治，有关铁路局要在省、市、自治区人民政府的统一领导下积极配合。综合治理的分工原则：铁路用地范围内为保证安全所必不可少的工程措施由铁路部门负责；铁路用地范围外的堑顶至铁路一侧分水岭的陡坡地的退耕还林还草、植树造林等生物措施由地方负责。

六、铁路用地界内两旁种植的林木，是为巩固路基、防止自然灾害、美化环境和生产路用木材的国家资源，任何单位和个人都不得任意砍伐、毁坏。

七、在铁路桥涵上下游一定范围内保持河床的稳定，直接关系到桥涵的安危。任何单位都不得在桥梁上下游一定范围内（桥长一百米以上的大桥为五百米，桥长二十至一百米的中桥为三百米，桥长二十米及以下的小桥为二百米）拦河筑坝，围垦造田，采集沙石，以及修建其他工程设施，以保证铁路桥涵安全。已经发生上述情况的，由铁路部门报请当地人民政府责成有关单位限期解决。

八、铁路沿线有质量问题危及铁路安全的水库、塘坝，其所属单位要尽快加固整治，一时无法整治的，要采取临时措施和控制蓄水，确保安全使用。

九、任何单位和个人，凡因违反本通知规定和国务院颁布的《水土保持工作条例》《矿山安全条例》和《矿山安全监察条例》规定，造成铁路设施损坏，中断运输或酿成行车事故的责任者，应负责赔偿经济损失直至依法追究其刑事责任。

15. 国务院批转煤炭部《关于加快发展小煤矿八项措施的报告》的通知

1983 年 4 月 22 日

国务院原则同意煤炭工业部《关于加快发展小煤矿八项措施的报告》，现转发给你们，望结合实际情况贯彻执行。

我国煤炭资源丰富，分布很广。发展煤炭工业必须坚持“两条腿”走路的方针，即在重点发展国家统配矿的同时，在有条件的地区，积极发展地方国营煤矿和小煤矿。特别是缺煤地区更要加快发展，这是利国利民的大事，各地、各部门都应积极扶持。

各省、市、自治区人民政府对小煤矿的发展要加强领导，统由各级煤炭主管部门归口管理，合理利用资源。对重要的矿山，要保护国家矿产资源，从全局考虑，统一规划，按计划开发。对分散的资源，也要有规划，有组织地进行。要因地制宜、区别对待，不要一刀切。既要积极支持，又要结合当地情况立点法。当前小煤矿的安全状况差是个严重问题，各级领导必须严肃对待，予以高度重视，要采取有效措施，使所有开办的小煤矿都具备必要的安全生产条件，切实保证安全生产。

关于加快发展小煤矿八项措施的报告

自党的十一届三中全会以来，社队集体办的小煤矿发展较快，现已办矿 16000 多处，去年产煤 1.46 亿多吨，占全国煤炭总产量的五分之一以上，近三年平均年增长 1000 多万吨，已经成为我国煤炭工业的重要组成部分。社队煤矿的发展，起到了国营煤矿所起不到的作用。去年社队煤矿除提供地方和社队企业用煤4000多万吨、生活用煤2000多万吨之外，还提供外调商品煤4000多万吨，对发展地方工业和农民生活用煤起了重要作用。

我国幅员辽阔，煤炭资源丰富，有一千多个县蕴藏着煤炭。现在已经开发的，只是一小部分。因而，发展小煤矿有着十分优越的条件。有煤炭资源和运输条件地区的广大群众也有办矿的积极性。但长期以来我们对小煤矿重视不够，扶持较少，再加上经济政策某些方面统得过多过死，使小煤矿的发展受到限制，这是非常不利于“四化”建设的。我们总结了小煤矿发展的经验教训，认为对小煤矿的建设，要解放思想，放宽政策，调动有条件地区各行各业和群众办矿的积极性，这是煤炭工业必须采取的一项重要改革措施。

为此，我们建议：

一、采取多种形式发展群众办矿。在有煤炭资源和运输条件的地区，尤其是缺煤的地方，要积极动员和组织社队集体办矿，鼓励各行各业办矿，也允许群众集资办矿。更要鼓励缺煤地区采用各种方式到有煤地区联合办矿。

二、在计划指导下充分发挥市场调节作用。社队集体和群众集资或专业承包办矿所产的煤炭，凡纳入国家或地方计划分配的，应按质论价，售价应保证煤矿有合理的利润。凡未纳入计划的，应允许自行销售，自定价格。

允许煤矿和群众利用各种运输工具经营煤炭运输业务，可以长途贩运，各地不得封锁。需经铁路运输的，必须纳入计划，批准后方能运输。

对小煤矿要根据赢利多寡依法征税，缺煤地区和开采条件困难的，可提出申请酌情给予定期减免。

小煤矿的经营管理和对工人、干部工资、福利待遇等应有自主权，但要注意在分配上留足维持简单再生产的费用与必要的扩大再生产费用。

三、各省（区）煤炭局、煤炭公司、矿务局和地质部门，应本着统筹规划，合理利用的原则，积极为群众办矿提供煤炭资源。在国营矿区内，应由矿务局或国营矿统一规划，凡大矿采不到的边角煤、已经采过留下的残煤，可划给小煤矿开采。国营矿长期利用不到的资源，也可划出一定范围，供小煤矿开采。现有争议的地区，要在保证国营煤矿合理利用资源、安全生产的条件下，予以适当调整。除此之外，凡有资源而又有运输条件的地区，应放手发展小煤矿。但必须严格执行国务院的有关规定，不准乱采滥挖或盲目生产。严禁在铁路、公路、水库、堤坝和受保护的文化古迹及重要建筑物下面开办小煤矿。同时也要注意与城乡规划相结合，保护环境。

四、提倡综合利用与联合经营。对小煤矿所产煤炭，提倡就地利用，尤其在交通运输不方便的地区，应大力提倡搞小坑口电站、小煤气、小建材、小化工。在产品加工综合利用方面提倡和其他行业实行多种形式的联营。

五、开办小煤矿必须具备起码的安全生产条件，坚持安全生产方针，执行国务院和煤炭部的有关规定。

六、各级政府、各国营煤炭企业要积极扶持群众办矿。

1. 办矿资金以自筹为主，确有困难的，特别是缺煤地区各地农业银行可酌情发放贷款。

2. 小煤矿所需物资，除火工产品由物资部门统一供应外，其他矿用材料和设备，凡纳入国家和地方计划的，按规定的指标，保证供应，不得挪用。自销煤生产所需的矿用材料和设备，市场采购不到的，物资部门和煤炭管理部门尽力协助解决。

3. 各省煤炭局、各国营煤炭企业，都应组织小煤矿技术服务队，帮助小煤矿制订开发规划、改造规划，改善安全状况，提高抗灾能力、逐步提高小煤矿技术水平、装备水平和经济效益。这项措施应长期坚持下去。

4. 应积极向小煤矿输送技术人才，帮助轮训干部和技术骨干。允许小煤矿在社会上招聘技术人员；允许国营煤矿的干部、技术人员、老工人离职应聘或搞承包。鼓励已退休离休的职工，到小煤矿服务。

七、开办小煤矿应由省（区）政府或煤炭主管部门审批，合格者发给开采证。工商行政管理部门凭开采证发给营业证。对现在已进行开采的小煤矿进行一次认真的清理，补办批准手续。凡持有开采证和营业证的小煤矿，受国家法律保护。

八、小煤矿的发展，已经出现许多需要协调的问题。由各级煤炭主管部门归口管理，认真做好工作。为了协助各省（区）总结经验，制订政策，用活管好国家补助的资金，搞好协作关系，如集资办矿，联合办矿，产销协作，物资交换，组织运输，帮助规划、改造等，拟组建地方煤矿联合服务公司，采用经济办法，促进各地小煤矿的发展。

以上如无不当，请批转各地贯彻执行。

煤炭工业部

一九八三年四月九日

16. 国务院批转劳动人事部　国家经委全国总工会《关于加强安全生产和劳动安全监察工作的报告》的通知

1983 年 5 月 18 日

国务院同意劳动人事部、国家经委、全国总工会《关于加强安全生产和劳动安全监察工作的报告》，现发给你们，请结合实际情况认真贯彻执行。

今年第一季度，工业生产形势很好。但是，当前值得注意的一个问题是：重大伤亡事故不断发生，恶性事故急剧上升，职工死亡之多，经济损失之大，是近几年来少有的，必须引起各级领导的高度重视。我们是社会主义国家，工人阶级是国家的主人，各有关部门必须通力协作来保障职工的安全和健康。

在安全第一、预防为主的思想指导下搞好安全生产，是经济管理、生产管理部门和企业领导的本职工作，也是不可推卸的责任。我们绝不能用无谓的牺牲为代价来换取生产“成果”。今后，必须坚决贯彻“管生产的必须管安全”的原则，特别是当前在经济体制改革中要加强安全生产工作，讲效益，必须讲安全。那种人为地把安全与生产割裂开来的做法是完全错误的。对于不关心工人疾苦、劳动安全、卫生，玩忽职守的官僚主义者要进行坚决的斗争；对于单纯追求产量，强令工人冒险蛮干，不管人身安全者，要查明情况，绳之以法。如果谁再宽容这种恶劣行为，就是对党对人民渎职犯罪。对于某些事故隐患严重、劳动条件恶劣的生产单位，该改进的要投资改进，该停产的要停产。

劳动部门要尽快建立健全劳动安全监察制度，加强安全监察机构，充实安全监察干部，监督检查生产部门和企业对各项安全法规的执行情况，认真履行职责，充分发挥应有的监察作用。工会组织要加强群众监督，对于企业行政领导忽视安全生产，工会要提出批评和建议，督促有关方面及时改进。

国务院已决定对最近发生的几起重大事故，组织有关部门进行调查，并严肃处理。各地区、各部门也要组织力量认真检查，你那个地区和部门去年以来发生了多少起重大伤亡事故？哪些已处理，哪些还没有处理？凡无故不作处理的都要追究责任，不得文过饰非，上推下卸，大事化小，小事化了。要一件一件的查清处理，并将处理的情况报告国务院。

各级人民政府，要加强对安全生产的领导，支持劳动部门和工会组织对劳动安全的监督检查工作，在这方面要开创新局面，做出成绩来。

关于加强安全生产和劳动安全监察工作的报告

现将当前全国安全生产情况和存在的问题，以及今后工作的改进意见，报告如下：

（一）基本情况和存在的问题

一九八二年，我国政治、经济形势很好，各地区、各部门在安全生产方面也做了大量的工作，主要是认真贯彻了国务院颁发的锅炉压力容器、矿山等三个《安全条例》和《关于加强领导，防止企业继续发生重大伤亡事故的紧急通知》，制定了安全法规，开展了第三次“安全月”活动，在安全宣传教育、职工培训、科学研究等方面，也都取得了新的进展。同时，也涌现出一些安全生产、文明生产的先进企业，如北京首钢、湖南长岭炼油厂、江西氨厂、山西石圪节煤矿等。去年，国营企业和集体企业职工因工死亡×千×百×十×人，重伤×万×千×百人，与一九八一年相比，死亡率和重伤率分别下降4.8%和4.3%（其中国营企业死亡率下降8.4%，重伤率下降3.7%）。这是自党的十一届三中全会以来，伤亡率连续下降的第四个年度。但是，安全生产形势还没有根本好转：一是伤亡还很严重。几年来，工矿企业每年因工死亡职工××人左右，如果加上铁路路外、交通肇事、火灾和农业触电、农机伤害等事故，共死亡××多人。二是伤亡率高。以煤炭生产为例，去年是全国煤炭企业近七年来伤亡率最低的一年，每百万吨煤死亡七点四人，但仍比工业发达的国家高三十多倍，甚至还高于印度二倍多。三是职业病在继续发展。全国现有矽肺病和疑似矽肺病患者约一百多万人，还有铅、汞、苯、有机磷等中毒和疑似中毒的近七万人。上述职业性危害仍有扩大的趋势。例如，河北龙烟铁矿马万水掘进队，是五十年代的全国劳模和先进队，马万水同志早已患矽肺病去世，以后换了十六位队长，又因患矽肺病死去了五人，其余的也都患有矽肺病。

一九八三年第一季度，生产增长很快，但恶性事故也急剧上升。一至三月份，全国工、交、建企业，共发生一次死亡三人以上的事故××次，死亡职工××人。其中一次死亡十人以上的特大事故十二次，死亡××人，仅矿山系统就有九次，死亡××人，比去年同期上升二点二倍，相当于去年全年特大事故死亡××人的 90%。事故这样严重，不仅带来重大的经济损失，而且在政治上也造成极不良的影响。

我们建国已经三十多年，职工伤亡和职业病仍然如此严重，原因固然是多方面的，除了“左”倾蛮干思想没有肃清，某些干部、工人缺乏科学管理和安全生产技术知识外，还存在以下三个问题：最主要是经济管理、生产管理部门和企业，只重生产，忽视安全。没有把安全工作看成是生产的一个不可分割的组成部分，看成是自己的责任，形成生产与安全长期“两张皮”，如管生产的不管安全；计划只有各种生产指标，没有安全要求；企业整顿、技术改造和实行经济承包制、利改税等重大经济技术决策中，都没有提出安全、卫生的内容和要求。其次，没有建立强有力的国家监察与群众监督相结合的监督检查制度。目前，劳动部门安全监察机构的力量非常薄弱，人员很少，又缺乏必要的监督手段，发挥不了应有的监督检查作用。所以有法不依、执法不严、违法不究，对重大事故处理不严肃的现象比较普遍。再次，安全设施方面的长期欠账很多，没有下决心投资逐步加以解决，事故隐患越来越严重。这个问题如不认真加以解决，势必影响生产发展和“四化”建设。

（二）今后的改进意见

为了保障职工在生产过程中的安全和健康，减少和防止职工伤亡和职业病的危害，促使企业全面地完成生产任务和进一步提高经济效益，必须以党的十二大精神为指针，加强安全生产和劳动安全监察工作。

一、经济管理、生产管理部门和企业领导，必须树立“安全第一”的思想。

坚决贯彻国务院关于“管生产的同时必须管安全”的原则，把安全与生产真正统一起来，把安全寓于生产之中，切实克服“两张皮”现象。今后，凡属重大的经济技术决策（如整顿企业、技术改造、发展小厂小矿生产和实行经济责任制、企业利改税等），都必须有安全的内容和要求；“在计划、布置、检查、总结、评比生产的时候，同时计划、布置、检查、总结、评比安全工作”。既要管好生产，又要管好安全，这是各级经委、生产管理部门和企业的本职工作，也是一项重要任务，一定要摆到议事日程上来。同时，都要建立和健全管安全生产的专职机构，配备专业人员，把安全生产认真管好，管出成绩来。

二、坚决贯彻预防为主的方针，加强劳动安全工作的计划性。三十多年的实践证明，要全面地、有效地实现安全生产，必须强调统筹规划和各方面的通力协作。

为此，我们建议：计划部门应将改善劳动条件的计划项目及其费用，纳入国家计划；财政部门应将劳动安全监察的业务（事业）经费，与环保、公安消防、交通安全一样，单独列入国家财政支出科目；基建计划等部门应将新建、扩建和技术改造企业的劳动安全卫生设施，与主体工程同时设计、同时施工、同时投产使用；教育部门应将劳动人事部提出的培养安全管理干部和安全工程技术人员的计划，列入全国统一教育规划。各理工科大专院校，应设有安全技术课程；国家科研和学科学位管理部门，应将劳动安全技术的科研、学科学位问题单独分类和单列学科目录。各部门、各地区应有计划地对干部、工人进行培训，提高他们的生产管理和安全技术知识。

三、实行国家劳动安全监察制度和违章经济制裁办法。劳动部门建立劳动安全监察机构，进行监察工作，是其主要职责之一。但是劳动安全监察制度，除少数省市和锅炉、矿山系统近几年开始实施以外，全国大多数地区的劳动安全监察机构尚未建立起来，发挥不了监督检查的作用。今年，在锅炉和矿山系统还要继续深入贯彻国务院去年颁发的三个《安全监察条例》，其他行业也拟实行国家劳动安全监察制度和违章经济制裁办法，作为向官僚主义和违章乱纪进行斗争的一种法治手段。各级劳动部门，对严重隐患和重大事故的处理，一定要敢抓、敢管，敢于坚持原则，严格履行监督检查的职责。

国家劳动安全监察机构的职权、任务，既区别于经济、生产管理部门的安全检查，又不同于工会组织群众性的监督，它是从法制上来维护国家和人民的利益。这种法制手段与行政手段相结合、国家监察与群众监督相结合、思想政治教育与经济制裁相结合的、具有中国特色的劳动安全监察制度，将能更好地体现社会主义制度的优越性。关于《国家劳动安全监察条例（草案）》和《违反劳动安全法规经济罚款暂行办法（草）案》，劳动人事部在今年三月份召开的全国安全生产工作会议上进行了讨论，拟进一步征求各地区、各部门意见并加以修改后，报请国务院批准实行。

四、加强劳动安全监察队伍的建设。劳动系统的安全监察机构，本来就很薄弱，近年来又有削弱。劳动安全监察干部很少，如地、市级一般只有二三人，县级一般的没有专人管。群众反映"生有人管（指计划生育）、死无人管"。为此，建议重申劳动部门要建立与健全劳动安全监察工作系统（各企业主管部门也要加强负有监察任务的职能机构），调整和充实有工作能力、有科学技术知识的干部加强劳动安全监察工作，特别是要充实市（地）和县劳动部门的安全监察干部。各级经委应该设置管安全生产的机构。按照这个要求，各级劳动部门和经委共需增加八千多人（不包括国务院已批准的锅炉、矿山系统的安全监察人员编制），具体编制可由劳动人事部安排。同时，要加强职工伤亡的统计、分析工作和劳动安全的科研工作，建立安全教育中心，加强对安全监察干部和特种技术工人的培训工作，提高这些人员的科学技术水平，为安全生产、文明生产打好组织基础，为社会主义物质文明和精神文明建设提供新的力量。

五、加强工会群众性的监督检查工作。工会组织，要在监督行政执行党和政府的劳动保护政策、安全法规方面，行使应有的权力；工会要加强劳动保护的宣传教育，在协助企业行政搞好安全生产，保障职工安全、健康的工作中充分发挥作用。企业提取、使用的安全技术措施经费和制定的重大技术组织措施计划，应当提交职工代表大会讨论。对于行政领导忽视安全生产、劳动保护的问题，工会要提出批评和建议，并督促有关方面及时改进。在生产中，如遇有领导违章指挥，强令工人冒险作业；机器设备、生产设施存在重大隐患，或尘毒等危害特别严重，有条件改善而不改善；企业发生急性中毒和重大事故以后，险情尚未消除，没有采取必要的安全措施；或者新建、改建、扩建企业，劳动安全卫生设施与主体工程没有实行“三同时”，存在着严重危害职工安全和健康的情况，工会可以作出决定，支持工人拒绝操作，并督促行政限期解决。工会要健全劳动保护组织，加强培训工作，组织职工广泛开展遵章守纪和预防事故的群众检查，发动群众搞好安全生产。

六、严肃处理重大伤亡事故。凡属重大伤亡事故都必须按国家规定立案检查处理。对过去所发生的重大伤亡事故特别是去年和今年一季度发生的重大伤亡事故，一定要抓紧处理。对今年贵州木冲沟煤矿事故、广东红星312轮沉没和内蒙古海勃湾站列车放飏等三个重大事故，已分别派出联合调查组，要查清原因，追究责任，对情节严重者要提请司法机关依法惩处。

七、组织好每年的“安全月”活动，促使企业搞好安全生产。今年的“安全月”活动，国家经委、劳动人事部、卫生部、公安部和全国总工会已发出联合通知，提出了明确的要求，各单位要结合实际情况认真研究执行。各地区、各部门的领导要带头，组织安全技术干部深入基层，检查几个典型企业，揭露矛盾，大张旗鼓地进行宣传教育，表扬先进，推动后进，针对每年的具体情况把“安全月”活动真正开展起来。

今年的“安全月”，声势要大一点，活动要多一点，工作要扎实一点，切忌走过场，搞形式主义。在“安全月”活动中，主要是进行一次安全生产、文明生产、遵章守纪的广泛宣传教育，狠抓典型，解决一些突出问题，通过“安全月”来推动全年的安全生产工作，当月不能解决的重大安全技术问题，要制定计划逐步解决。要按照“以月促年”的精神，把企业的安全生产做到经常化、计划化、制度化。今后，每年的“安全月”活动，都应由各级经委牵头，组织各有关部门参加，提前做好准备，届时因地制宜地开展起来，要每年有新的成就。

以上报告，如无不妥请批转各地区、各有关部门贯彻执行。

劳动人事部

国 家 经 委

全国总工会

一九八三年四月二十日

17. 国务院关于加强路政管理保障公路安全畅通的通知

1983 年 7 月 9 日

公路是为国民经济服务的一个重要基础设施，必须保证公路运输安全畅通。但近几年来，任意侵占、损坏公路设施，乱砍滥伐行道树木的现象常有发生，造成公路不通，事故频繁，使国家和人民生命财产受到严重损失。为坚决刹住这股歪风，切实加强公路路政管理，维护公路设施，保证安全畅通，适应国民经济发展的需要，特作如下通知：

一、公路（社队自修、自养的乡村道路除外）及其附属设施，包括两旁已划定的用地，都是国家财产，任何人不得任意侵占或破坏。

二、严禁在公路上和两侧留地范围内建房搭棚、挖沟引水、埋设管线和电杆、烧窑、开山采石等。公路两侧的留地是为修建排水系统、取土修路、造林绿化、巩固路基用的，并非征而不用，已被侵占的要限期退还。当前，在现有公路两侧留地范围内已埋设的管线、电杆，有协议的按协议执行；没有协议的，由公路部门与有关部门根据有关规定和具体情况协商解决。农田灌溉，临时确需引水跨过公路，事前要报请公路部门批准，并切实采取措施，保护公路，保证公路安全畅通，事后由使用者立即修复。

三、严禁在公路上和排水沟内打场晒粮、摆摊贸易、堆放物料、积肥制坯、放牧牲畜、种植农作物、设置路栏等，已有的应限期清除。公路沿线的区、乡、镇人民政府和社、队，要认真帮助农民解决打场晒粮的场地问题。工商行政管理部门要安排好集市贸易的地点，对在公路范围内进行集市贸易的要动员迁移。

四、在大中型桥梁和渡口上、下游各二百米范围内不得采挖砂石、筑坝拦水、压缩河床，在桥涵附近不得烧荒，倾倒垃圾等。

五、严禁动用、迁移、损坏和涂改公路标志号、测桩、界碑、护栏及其他附属设施和养护材料、机具等。

六、严禁乱砍滥伐和毁坏公路树木、花草。公路两侧树木是为巩固路基、保护路面、防风固沙、美化环境、舒适行旅种植的。生产的木材是国家资源，未经国家主管部门批准，不得任意砍伐。

七、严禁履带车和铁轮车在公路路面上行驶。农用拖拉机需要跨越公路时，应采取防护措施后方可跨越。如有损坏应由使用者负责修复。

重型车辆超过现有桥梁载重标准时，须经公路部门同意，并采取安全加固措施后，方准通行。

八、因特殊情况，必须占用，利用公路时，应事先报公路主管部门批准，并签订有关的协议。

九、各级公路部门是各级政府负责公路管理工作的职能单位，必须认真行使职权。各级政府要加强领导，给予支持。公路沿线的区、乡、镇人民政府和社、队要经常向群众宣传有关保护公路的规定，与公路部门共同管好公路，对侵占和破坏公路的行为要进行劝阻和制止，并清除现有的各种障碍。

十、对违反公路路政管理规章的单位和个人，要视情节轻重，分别给予批评教育、经济处罚，或由司法部门依法处理。对抗拒和阻挠公路管理人员执行任务，殴打公路管理人员者，司法部门应依法惩处。近几年发生的这类案件尚未处理的应迅速查清，认真处理。

加强路政管理，清除各种路障，任务重，情况复杂，各级公安、司法等有关部门要大力支持，认真做好这项工作，协助公路部门解决好存在的问题，确保公路安全畅通。

18. 国务院办公厅关于湖南省怀化市社队煤矿三起重大伤亡事故的通报

1983 年 12 月 27 日

湖南省怀化市社队煤矿于今年十月五日至二十五日二十天内连续发生三起重大事故，死亡三十人。国家经委、劳动人事部、煤炭部、农牧渔业部和湖南省人民政府进行了联合调查。查明这三起事故均为责任事故，损失严重。为了吸取教训，防止类似事故重复发生，经国务院批，现通报如下。

一、花桥公社联办煤矿瓦斯爆炸事故。十月四日，工人维修支架时，违章停止局扇运转。十月五日，副矿长张显海值班，下井安排工作后，既未布置恢复通风，又不检查瓦斯，擅离职守，上街赶集去了。由于停风达三十小时，瓦斯积聚，明电火花引起瓦斯爆炸，死亡七人。

二、泸阳公社岩子园大队挂打坡煤矿冒顶事故。挂打坡煤矿系独眼井，不具备安全生产条件，县社曾多次令其关闭。大队领导人杨世考、矿长刘寿哇拒不停产。十月二十四日井巷冒顶，当时有二十人被堵在井下，经过四十多个小时的抢救，救活十八人，死亡二人。

三、中方公社煤矿透水事故。该矿开采废井深部的煤炭。掘进中曾四次发生透水事故，十月十二日、二十一日市政府命令关闭一切小井，但公社副主任周光裕和矿长潘圣琪拒不执行。十月十九日工人发现挂汗、滴水、渗水等明显透水征兆，即向潘圣琪汇报两次，但未采取任何措施。十月二十五日放炮时透水，死亡二十一人。

上述三起事故说明，社队领导的办矿思想不端正，只顾要煤，不顾安全，违法开采，违章作业。湖南省人民政府对这三起事故的责任者进行了严肃处理，对其中拒不执行国家规定和政府命令、玩忽职守的严重渎职者依法追究了刑事责任。调查中发现当前社队煤矿事故多的原因：一是不符合开采条件，政府命令关闭的拒不执行。二是管理水平低，技术素质差，社队煤矿多数是独眼井，局扇通风，明电照明，明火放炮；有些工人不懂技术，如花桥公社煤矿工人竟然用划火柴的办法检查有没有瓦斯。三是对事故不调查，不严肃处理，不从中吸取教训。为了保障煤矿的安全生产，特规定如下：

一、要认真贯彻执行国务院颁发的《矿山安全条例》《矿山安全监察条例》和《国务院批转煤炭部关于加快发展小煤矿八项措施报告的通知》。教育干部和群众正确理解和执行放宽发展小煤矿的政策。各级人民政府要加强对社队煤矿的领导。社队办矿必须申请，经省、市、自治区人民政府或人民政府授权的主管部门按照《矿山安全条例》和《小煤矿安全规程》进行审查，对具备基本安全生产条件的方可发给开采证，并经当地工商管理部门凭证发给营业执照，凭许可证和营业执照办矿。各省、市、自治区，特别是县的主管部门要有专人对社队煤矿的安全技术进行检查指导并对社队煤矿的安全生产负责。

二、继续贯彻"扶持、整顿、改造、联合"的方针，促进社队煤矿的健康发展。各级人民政府，要抓好煤炭资源的统一规划、合理布局。严格划定社队煤矿的开采、开发范围，对越界开采的要严加制裁。积极帮助社队煤矿解决好人才、资金、材料、设备等问题。社队煤矿要统一规划、合理布局，坚决制止不顾条件盲目发展、乱采滥挖的倾向。

三、加强对社队煤矿的监督检查。各级经委、煤炭局、劳动局和社队企业局要加强对社队煤矿的安全管理和监察工作，以避免事故的发生。对事故要认真调查，分清责任，严肃处理。对事故的责任者要根据情节轻重、损失大小，给予纪律处分，触犯刑律的要依法追究刑事责任。

四、各级主管部门要加强对社队煤矿的管理，有计划地进行安全教育和技术培训。矿长、安全人员、电工和各种司机，不经培训，不准上岗。经过培训，考试合格发给证书，持证上岗。

五、各级人民政府要组织力量对社队煤矿进行一次全面整顿，有开采证和营业执照，具备基本安全生产条件的矿，可边整顿边生产；有开采证和营业执照，但不具备安全生产条件，隐患多的矿，要停产整顿，经有关部门组织验收合格后方可恢复生产；没有开采证和营业执照的矿，一律停产。凡不具备安全生产条件的矿一律封闭，不准开采。

19. 国务院批转国家计委　国家经委《关于改善地方国营煤矿安全生产条件的报告》

1984年1月17日

地方国营煤矿是我国煤炭工业中一个重要组成部分，巩固和发展地方国营煤矿对缓和煤炭供应紧张状况，促进国民经济发展，具有十分重要的意义。目前，地方国营煤矿伤亡事故很多，职业病发病率高，安全情况不好。为改善地方国营煤矿安全生产条件，使地方国营煤矿健康、稳定地发展，国务院原则同意国家计委、国家经委《关于改善地方国营煤矿安全生产条件的报告》，现转发给你们，请研究执行。

关于改善地方国营煤矿安全生产条件的报告

我们对煤炭部《关于尽快改善地方国营煤矿安全生产条件的报告》与有关单位共同进行了研究，现将意见报告如下：

地方国营煤矿是我国煤炭工业中一个重要组成部分，一九八二年生产原煤一亿七千万吨，占全国煤炭总产量的25.5%，从业人员一百四十二万人。巩固和发展地方国营煤矿对缓和煤炭供应紧张状况，促进国民经济发展，具有十分重要的意义。但是，长期以来，由于技术力量薄弱，管理工作跟不上，加上大部分地方国营煤矿是因陋就简、土法上马，装备水平低、生产系统不配套，因此伤亡事故不断发生，职业病发病率高，安全情况不好。一九八二年全国地方国营煤矿伤亡××人，生产百万吨煤死亡率八点九，比统配矿高零点七倍；一九八三年一至八月死亡××人，死亡率比一九八二年同期上升19.8%，影响了地方煤矿的正常发展。一九八二年的产量比历史最高的一九七八年少产煤一千万吨。

为了更好地发展地方国营煤矿，尽快改善安全生产条件，请煤炭部会同有关省、市、自治区立即着手对地方煤矿的安全现状进行全面分析。在调查研究的基础上，按照《煤矿安全规程》的要求制定出调整、整顿、改造规划，并根据条件可能分期分批解决。

一、关于落实地方煤矿经济政策问题

煤炭调价影响面大，问题比较复杂，需要国家通盘考虑。对于煤矿生产条件较好，而又有盈利的，暂不适宜考虑提高煤价；对于煤矿生产条件差、亏损多，而本地区煤炭供应又紧张的地区，按照物价分管权限由主管部门提出调价方案，报省、市、自治区人民政府审批。

至于提高“维简费”问题，按国务院一九八一年批转国家能源委员会《关于地方国营煤矿若干经济政策问题的请示》的规定，地方国营煤矿“维简费”凡是需要较多而没有达到四元这个标准的省、市、自治区，建议提高到四元。

二、关于建立安全专项基金问题

对生产条件好又有盈利的山西、河南等省的地方国营煤矿所短缺的安全资金，由省里自行安排解决；对南方缺煤省份和煤炭调出而煤矿又亏损的黑龙江、山东等省，地方国营煤矿所短缺的安全资金除省里自筹一部分外，可在国家给地方煤矿的建设资金中适当补助。

三、关于保证地方国营煤矿生产物资供应问题

因为各省、市、自治区的情况不尽相同，请各省、市、自治区计委根据本地的实际情况做出具体规定，保证地方国营煤矿生产物资的分配和供应。

四、关于充实技术力量问题

除国家在每年分配大专毕业生对地方国营煤矿给予适当照顾外，主要靠加强现有职工的技术培训，提高技术水平。要从地方煤矿中选拔一部分具有相当文化水平的青年到大专学校代为培训，有条件的地方也可自办中等技术学校培训。地方国营煤矿要以合同工为主，对技术性较强的工种，各地可酌情招少量固定工。

另外，关于发展社队煤矿的资金问题，请按照国务院一九八三年批转煤炭部《关于加快发展小煤矿八项措施的报告》的精神解决，即“办矿资金以自筹为主，确有困难的，各地农业银行可酌情发放贷款。”

以上报告，如属可行，请批转有关省、市、自治区研究执行。

国家计划委员会

国家经济委员会

一九八四年一月四日

20. 国务院关于加强防尘防毒工作的决定

各省、自治区、直辖市人民政府，国务院各部委、各直属机构：

建国以来，党和政府一贯坚持安全生产的方针，重视对生产中粉尘和有毒物质危害的防治工作。为保障职工的安全和健康，先后颁发了有关的规定和条例。各地区、各部门也做了许多工作，并取得了一定的成绩。但是，尘毒危害仍然十分严重。全国有不少企业大部分作业场所的粉尘和有毒物质在空气中的含量都高于国家规定的卫生标准，严重危害职工的身体健康。粉尘危害严重的行业，如煤矿、金属矿山、建筑材料、玻璃、水泥、陶瓷、耐火材料、石粉、石棉、铸造和隧道开凿等，职业病更加严重。这不仅严重影响职工队伍的稳定和经济效益的提高，在政治上也产生了不良影响。这种情况决不能任其发展下去。

为了加强对防尘防毒工作的领导，保障职工的安全和健康，以提高经济效益，有利于“四化”建设，特作如下决定：

一、今后各地区、各部门的基本建设项目和全厂性的技术改造，其尘毒治理和安全设施必须与主体工程同时设计、审批，同时施工，同时验收、投产使用。

各级计划部门和各有关主管部门，在编制和审批《基本建设工程项目计划任务书》和下达投资计划时，必须同时提出防治尘毒和安全设施的要求。

设计单位在建设工程项目的初步设计中，应根据国家有关规定和要求，编写安全和工业卫生专篇，详细说明生产工艺流程中，可能产生的职业性危害和应采取的防范措施及其预期效果等。

有关主管部门应将初步设计送同级劳动、卫生部门和工会组织审查同意后，方可进行施工设计。施工单位应严格按照设计图纸施工。各地区、各部门组织工程竣工验收时，必须要有同级劳动、卫生部门和工会组织参加。各级劳动、卫生部门和工会组织要认真进行监督检查，凡不合要求的不予验收，不得投产。

中外合资企业、补偿贸易企业的工程项目，也要按照上述规定办理。

二、各级经济主管部门和企业、事业主管部门，对现有企业、事业单位进行技术改造时，必须同时解决尘毒危害和安全生产问题。对尘毒危害严重的企业、事业单位，要结合城市规划和工业改组，制定短期和长期计划，并区别情况采取下列措施：

1. 对城镇中有严重尘毒危害作业的小型加工企业，应合并集中，尽量采用新工艺、新技术、新设备，定点专业化生产。

2. 企业、事业单位治理尘毒危害和改善劳动条件的经费开支渠道如下：

（1）继续贯彻执行国务院批转原国家劳动总局、卫生部关于加强厂矿企业防尘防毒工作的报告的精神，每年在企业提取的固定资产更新改造资金中要根据实际情况拿出一部分资金，用于改善工人的劳动条件。如资金仍不敷需要，企业可从税后留利或利润留成等自有资金中补充一部分。

（2）企业为治理尘毒开展综合利用的项目所产产品实现的利润，可按财政部、原国务院环境保护领导小组《关于工矿企业治理“三废”污染开展综合利用产品利润提留办法的通知》(〔1979〕财企字707号、〔1979〕国环字47号文件）中的规定执行。

（3）事业单位应从事业单位经费包干结余和预算外收入中解决，不足部分由当年事业费中调剂解决一部分。

（4）集体所有制企业，应从更新改造资金中或从税后利润中解决。

3. 鉴于当前尘毒危害严重，防护设施遗留问题较多，各级经委、企业、事业主管部门应组织力量对所属单位的防尘防毒进行一次检查，提出改进措施，并从各自集中掌握的更新改造资金中拨出专款，重点解决本地区、本部门的企业防毒危害问题，对那些工艺落后、尘毒危害严重、经济效益低，在近期又无力进行技术改造的企业，应当下决心关、停、并、转。

三、各厂矿企业、事业单位的粉尘作业或扬尘点，必须采取密闭、除尘等综合防尘措施或实行湿式作业。严禁在没有防尘措施的情况下进行干法生产和干式凿岩。

四、严禁各企业、事业单位或企业、事业主管部门转嫁尘毒危害。不得在没有防尘防毒设施的条件下，将有尘毒危害产品的生产和加工，外包、扩散给集体所有制或乡镇企业。已经外包或扩散的，应由发包单位负责技术指导，解决防治措施。今后凡因未采取有效措施转嫁尘毒危害，未向承包单位说明危害情况的，应对发包单位负责人严肃处理，直至追究法律责任。

乡镇企业、街道企业在没有防尘防毒措施的条件下，禁止从事有尘毒危害的作业。

五、凡从国外引进成套技术设备，在生产使用中产生尘毒危害的，必须同时引进或由国内制造相应配套的防尘防毒技术装备，不准削减。这些技术装备若由国内配套制造，必须同时纳入计划，落实生产单位，与主体工程同时安装和投产使用。

国内生产的设备，在工艺设计上必须符合国家有关防尘防毒规定的要求。企业主管部门要严格把关，凡不符合国家规定的，一律不得生产、不准出厂。

六、加强防尘防毒的监督检查工作。各级劳动部门、卫生部门和工会组织，要密切配合，通力协作，积极开展工作。

劳动部门、卫生部门要建立健全监察制度，充实监察监督人员，配备检测手段，帮助企业、事业单位制定、落实治理尘毒的技术措施。对违反规定，尘毒危害严重的企业、事业单位，要给以经济制裁并限期改进。情节严重者，由当地司法机关依法处理。

当生产中出现影响工人生命安全的情况时，工会可支持工人拒绝操作，工资照发。各级卫生部门对企业、事业单位职工的职业病的预防、诊断和治疗，进行卫生监督和卫生学评价。宣传部门要加强对治理尘毒工作的宣传，把宣传治理尘毒和防治职业病危害作为评价企业、事业单位管理好坏的一项内容。

七、各地区、各部门要加强防尘防毒工作的领导，把这项工作摆到重要的议事日程上。在切实改善劳动条件的同时，对生产管理人员，工人群众要加强安全技术、劳动卫生和防尘防毒知识的培训和宣传教育工作，提高职工的安全技术素质。搞好劳动保护工作是发展生产的重要条件，也是社会主义文明生产的一项基本内容，企业事业单位及其主管部门的领导必须作为重要事情来抓，绝对不能等闲视之。

请各地区、各部门将本决定的贯彻执行情况，于一九八五年六月底前向国家经委作一次专题报告。

国务院

一九八四年七月十八日

21. 国务院办公厅转发全国“安全月”领导小组《关于1984年“安全月”活动的情况和今后意见的报告》的通知

各省、自治区、直辖市人民政府，国务院各有关部门：

全国“安全月”领导小组《关于今年“安全月”活动的情况和今后意见的报告》，已经国务院批准，现转发给你们，望参照办理。

国务院办公厅

一九八四年十一月二十六日

关于1984年“安全月”活动的情况和今后意见的报告

国务院：

现将今年“安全月”活动情况和今后意见汇报如下：

一、主要活动

今年“安全月”领导小组提出的指导思想和奋斗口号是：“树立安全第一、预防为主的思想，落实责任制，加强法制，实现安全生产、文明生产，提高经济效益。”

各地区、各部门和企业，在安全生产方面，主要开展了宣传教育、培训考核、检查改进和推广先进技术等工作。不少地区把活动范围从城市延伸到农村，从国营企业发展到乡镇集体企业。

中央和地方宣传部门、新闻单位积极配合“安全月”活动，发表文章，介绍经验，放映影片，推动了安全工作的开展。

安徽省对企业职工普遍进行了一次安全考试。山东、北京等省、市举办培训班，重点培训领导干部和特殊工种工人。

天津市人大常委会领导同志率领部分人民代表和专家，到十五个工厂进行检查，推动了整改工作。

杭州铁路分局运用PDCA循环法（即计划、实施、检查、处理的循环程序）对车辆伤害等多发性事故和调车、养路等五个工种进行重点攻关和加强管理，收到很好效果。广州铁路局怀化分局将“人体生物节奏理论”试用于安全生产，事故大幅度下降。

北京市对治理尘毒危害达到国家卫生标准的北京房山煤矿、北京电机总厂等二十六个单位，组织验收并颁发了《尘毒治理合格证》。

领导小组在全国公开表彰了燕山石化总公司等一百二十一个先进单位。

二、上半年的安全生产形势

（一）上半年县以上的企业职工因工死亡人数，比去年同期下降2.9%；重伤人数，比去年同期下降7%；因工死亡人数比去年同期下降10%以上的省、市和部门系统是：广东、宁夏、贵州、江西、湖北、四川、山东、上海、吉林、安徽；地质、农机、轻工、水利电力、城建、交通、煤炭。他们的经验是：

（1）领导重视，坚持管生产必须管安全的原则。把经常的安全管理和“安全月”活动结合起来，把安全生产列为企业整顿和经济承包的重要内容；

（2）注意提高科学管理水平，采用先进安全技术；

（3）对新干部和新工人，进行安全技术、安全管理和劳动纪律的教育和培训；

（4）把加强法制与落实经济责任制结合起来；

（5）重视城乡集体经济特别是乡镇企业的劳动保护安全卫生工作。

（二）但总的说，伤亡事故还很严重，安全生产形势还没有根本好转。伤亡事故比去年同期上升的地区和部门有：云南 40%、江苏 35.3%、山西 32.4%、青海 30%、河北 19.5%、浙江 16.9%、河南 10.6%、新疆 10%；农垦为 50%、军工 37%、邮电 22.2%、化工 17.9%、石油 15.4%、机械 11.8%。今年上半年公路交通肇事死亡人数比去年同期上升 2.13%，受伤人数比去年同期上升 5.64%。农船翻沉的重大死亡事故不断发生。

当前的主要问题是：

（1）有些地区、部门和企业的领导，仍然没有把安全生产作为一件大事来抓。对党中央、国务院的方针、政策，只停留在口头上，做一般号召，缺乏具体落实的措施。

（2）对新形势下出现的新问题，没有及时采取有效措施。在企业实行经济承包时，无安全要求或有而不严。乡镇企业安全工作无专人管理。这类企业绝大部分设备差，资金周转不足，规章制度不健全，职工素质低，潜在隐患多。有些小煤窑不具备开采条件，不经批准，乱扒滥采。有的私人购买淘汰的汽车、拖拉机，为了赚钱而带“病”超载运行，有的无证驾驶。很多地方农船管理工作薄弱。

（3）企业改善劳动条件的资金长期无来源，有些单位设备长期不检修，抗御事故和自然灾害的能力很弱。

（4）对新职工安全教育差，缺乏知识，纪律松弛，违章严重。有些工种（如放炮、司炉、电工等）不经专业培训和安全教育就上岗位独立操作，潜伏着危险。

三、几点建议

（一）建议成立一个常设的全国安全生产委员会。现在，我国工业建筑交通企业的伤亡、肇事、火灾、运输、农机伤害、农药中毒及触电事故，由各部门分管。只是在“安全月”中由“安全月”领导小组统一协调指导，事过之后，又各行其是。这种状况已不适应生产发展的要求，建立由国家经委、国家计委、劳动人事部、卫生部、公安部、财政部、广播电视部、煤炭部、冶金部、化工部、铁道部、交通部、机械部、农牧渔业部、国防科工委、国家核安全局和全国总工会等部门的领导同志组成全国安全生产委员会，请张劲夫同志兼任主任委员。办公室设在劳动人事部。安全生产委员会主要研究、协调和指导关系全局的重大安全生产问题，具体工作仍由各部门管理，不增加机构编制。

（二）在安全生产上，实行国家监察、行政管理和群众（工会组织）监督相结合的制度。从初步经验看，这种制度是适合我国国情的。各地区、各部门和企业（包括乡镇企业）在体制、机构改革时，对劳动保护、安全生产、工业卫生工作和机构要适当充实和加强。

（三）1985年的工作重点。

（1）积极创造必要的安全卫生条件。企业的技术改造要包括安全卫生的内容。

（2）加强对职工特别是新职工的安全技术、安全管理和劳动纪律的教育及培训考核工作。大中型企业要注意培养安全技术人员，有条件的要配备专职的安全工程师。

（3）进一步研究制定安全卫生法规，使安全卫生工作有法可依。先把伤亡事故处理和安全生产工作奖罚制度搞好，其他规章制度逐步健全和完善。

（4）各级经济管理部门都要加强对安全生产工作的指导。对原有企业技术改造的重要项目、新建的引进技术项目、城乡集体经济等各种不同情况，实行分类指导。重点是：矿山安全（煤矿是重点）、交通肇事、企业尘毒危害和消防。同时要把承包中的安全责任制和城乡集体经济中的劳动保护工作摆上议事日程。

以上报告如无不当，建议国务院批转各地区、各部门参照办理。

全国“安全月”领导小组

一九八四年十一月二日

22. 国务院办公厅关于重庆市大溪沟地区下水道发生爆炸事故的通报

各省、自治区、直辖市人民政府，国务院各有关部门：

一九八五年六月二十七日上午十一时二十五分，重庆市市中区大溪沟罗家院一带的下水道突然发生爆炸，炸垮居民住房一百三十六户、商店和街道工厂十二家，附近二百多户居民住房也受到不同程度的损坏，受震地表达八千六百平方米。这起特大的恶性爆炸事故，共死亡二十六人，伤二百余人（其中住院九十一人，重伤三十五人）。由于事故发生在人口稠密区，造成一部分地区停水、停电、停气，商店停业，交通中断，国家和人民生命财产遭受了严重损失。

据调查，这起爆炸事故的原因是由于重庆市服务局车队油库漏油，大量的汽油排入下水道，适逢嘉陵江水上涨，封住了下水道出口，使下水道内油类漂浮物和积存的沼气不能外泄，易燃易爆气体浓度增大，与空气混合，遇火后引起爆炸。

事故发生后，重庆市委、市政府及有关部门的负责人，迅速赶到现场，组成现场指挥部，组织抢险救灾。公安、城建、公用、环保等部门的人员迅速进行现场探测，查明不会继续发生爆炸事故后，立即进行全面抢险工作。经过重庆市有关部门和解放军指战员的共同努力，受灾群众在短时间内得到妥善的安置，灾区的水、电、气、交通等公用设施基本恢复正常，社会治安秩序良好。目前正在进一步研究消除城区基础设施方面存在的隐患。

地下水道爆炸造成重大伤亡事故，在我国尚属首次，各地区应从这次爆炸事故中吸取教训，引起注意。要从城市的规划与管理方面着手，对地下工程的扩建、改建与使用，对生产、储存易燃易爆物品的布局及废弃的易燃易爆物质的排放，对城市基础设施（包括下水道、煤气管道）的维护和安全保障，都要及时地加强检查和进行环境监测，要采取严格的控制措施，及早发现和消除隐患，严防爆炸、火灾、中毒等各类事故的发生。

国务院办公厅

一九八五年九月二日

23. 国务院办公厅转发全国安全生产委员会《关于重视安全生产控制伤亡事故恶化的意见》的通知

1986 年 3 月 15 日

国务院同意全国安全生产委员会《关于重视安全生产控制伤亡事故恶化的意见》，现转发你们，请认真贯彻执行。去年，全国职工伤亡事故又有较大回升，有些方面的情况十分严重。望各级领导高度重视，采取切实有效措施，搞好安全生产，迅速扭转这种被动局面。

关于重视安全生产控制伤亡事故恶化的意见（摘要）

一九八五年以来，经济形势很好。实现了持续、稳定、协调地发展。但是，安全生产状况不好，工伤事故、交通事故、火灾事故有所增长，情况十分严重。党的十一届三中全会以后的几年内，安全生产形势是比较好的，因工死亡人数连续三年大幅度下降。但自一九八三年起下降速度减缓，一九八五年又开始上升。安全生产问题必须引起我们高度重视，并采取有效措施，控制伤亡事故发展，扭转被动局面，保证“四化”建设的顺利进行。为什么会出现这种严重状况？第一，在生产中，有些领导同志仍有片面追求产量指标，忽视质量，忽视安全的思想。第二，不少单位在推行经济责任制当中，只承包经济技术指标，没有安全项目，或者只有一般安全口号，没有落实安全责任和措施。安全管理不是层层落实，而是“以包代管”。一些经济部门、总公司的承包，也没有承包安全。第三，安全管理混乱，违章指挥、违章作业严重。一九八五年我们分析解剖了二百零四例伤亡事故。这些事故涉及煤炭、冶金、建工、建材、石油、化工、机械、轻工、交通、林业、纺织、水电、铁路等十几个行业。通过分析，发现其中百分之九十八点五三是可以避免的责任事故。这些责任事故中百分之七十八点六是由于领导违章指挥、工人违章作业造成的。第四，在协议工、轮换工大量增加的情况下，干部培训和职工安全教育、技术培训跟不上，队伍素质相对降低，这也是事故增加的原因之一。今年是“七五”计划的第一年，要争取在安全生产上有一个良好开端。总的工作目标是：基本控制重大伤亡事故；大幅度降低一般伤亡事故；尘毒浓度的合格率有明显提高。矿山安全、交通安全、防火、防尘、防毒仍然是今年安全工作的重点。

在安全生产管理上，几十年来我国积累了不少行之有效的办法和经验。如“安全第一，预防为主”；国家监察、行政管理与群众监督相结合的制度；安全技术培训的三级教育；处理事故的“三不放过”；新建工程项目的“三同时”；健全安全责任制；制订和实施安全技术措施计划；定期安全检查；开展安全竞赛，等等。其中不少已形成了党的政策、国家的法规和企业的规章制度，问题是许多单位没有认真贯彻执行，“写在纸上，挂在墙上，喊在嘴上”的现象还相当普遍。为了克服官僚主义和目无法纪的恶劣作风，落实党和国家有关的方针、政策、法令，强化安全管理，实现今年安全生产的目标，必须坚决采取以下措施：

第一，各级领导必须认真贯彻落实“安全第一、预防为主”的方针。要把安全生产问题纳入领导的重要议事日程，摆正安全和生产的关系。当生产和安全发生矛盾，危及职工生命和国家财产的时候，要停产治理，消除隐患。

第二，坚持管生产必须管安全的原则。各级经济承包责任制一定要有安全承包内容，要同产量、质量、利润等经济技术指标一样，有安全保证指标和措施。没有安全承包内容的方案不能实施。中央一级的经济部门和各总公司的经济承包方案，应送交劳动人事部、国家经委、全国总工会征求意见，实行国家监察、行政管理和群众监督；基层以上各级经济部门和公司也要按上述方法办理；企业的经济承包方案要征求工会和安全部门的意见，提交职工代表大会审议通过。

第三，工矿企业要加强各种安全设施的建设。新建、扩建、改建（包括全厂性的技术改造）工程项目以及引进项目，必须认真执行安全卫生设施“三同时”审查验收的规定；对于生产设备、技术上存在的危及安全生产的重大隐患，必须订出措施限期解决；企业要结合“七五”计划制定和实施安全技术措施计划，完善预防各种事故和职业危害的物质技术条件。

第四，加强安全管理，严禁违章指挥和违章作业。发现这种情况时，应立即严肃处理。领导违章指挥造成严重后果的，要停职检查，视检查情况重新任命；工人违章作业造成严重后果的，要立即撤岗，重新培训。在干部停职、工人撤岗后的检查和培训期间，停发其奖金和补贴。由于违章指挥、违章作业造成事故的，要视责任大小、情节轻重给予政纪、党纪处分，直至追究刑事责任，决不能姑息迁就。为了加强安全管理，各类企业要根据条件大力推行现代化管理方法和采用先进的监测手段，建立报警系统。

第五，要按照规定对新工人和调换工种的职工进行安全教育和技术培训。不经安全教育和培训的工人不得上岗；如果上岗，应作违章处理，并追究领导的责任。

第六，组织强有力的检查团，抓住几起重大恶性事故进行严肃处理，造成社会舆论，引起各方面的重视，教育干部和群众。中央检查团由国务委员、全国安全生产委员会主任张劲夫同志负责组建，劳动人事部牵头，国家经委、全国总工会等有关部门派负责同志参加，一九八六年第一季度开始检查。各省、自治区、直辖市如何组织检查团，何时开始检查，根据实际情况自行决定。

要实现安全生产状况的根本好转，除了采取上述措施以外，必须有治本之策。各地区、各有关部门要高度重视并努力做好各项基础工作，加强劳动保护的科学管理和科学研究工作；提高技术装备水平，补还安全欠账，提高抗灾能力；要尽快制订、修改、补充有关安全生产和劳动保护方面的法规、条例、规程、细则，使安全工作有法可依，有章可循。

全国安全生产委员会

一九八六年一月十六日

24. 国务院关于大兴安岭特大森林火灾事故的处理决定

1987年6月6日

一九八七年五月六日至六月二日，在林业部直属的大兴安岭森工企业，发生了特大森林火灾。这场森林大火，给国家和人民的生命财产造成了重大损失，是建国以来最严重的一次。

这起特大火灾事故的发生，主要是由于企业管理混乱、纪律松弛、违反规章制度、违章作业和领导上严重官僚主义所造成的。这次火灾充分暴露了这个地区护林防火制度和措施很不落实，防火力量严重不足，消防设备、工具和手段准备很差，以致火灾发生后不能及时彻底扑灭，小火酿成大火，造成了建国以来损失最为惨重的特大火灾事故。这次大火不仅烧掉了许多森林资源，而且烧毁了城镇、民房、贮木场、仓库和火车站，造成职工、居民死亡一百九十三人，伤二百二十六人，使许多人丧失了家园。这次火灾造成的直接和间接的经济损失目前还难以完全计算清楚。要将这样大面积火烧后的森林恢复起来，没有相当长的时间是难以办到的。这场大火给这一地区生态环境造成的危害也是严重的。

森林防火工作是林业部的主要职责之一。大兴安岭特大森林火灾事故的发生，充分暴露了林业部领导对这项重要工作没有给予应有重视，也没有吸取近年来频频发生森林火灾的教训，对国家的森林资源和人民的生命财产不负责任。这是严重的官僚主义和重大的失职行为。林业部主要负责同志对此负有不可推诿的重大责任。但是，从这场大火燃烧起，一直到彻底扑灭的二十五天内，林业部主要负责同志没有作任何自我批评和检讨，只是在中央和国务院领导同志多次批评后，才作了表态性的检查。

为了严肃认真地处理这次火灾事故，国务院全体会议决定：

一、撤销杨钟的林业部部长职务，提请全国人大常委会审议批准。

二、责成林业部和大兴安岭扑火前线总指挥部对这次特大森林火灾进行认真调查，总结经验教训，提出改进措施，并对其他负有直接责任的人员进行严肃处理，并将处理情况报国务院。

三、国务院对在这次特大火灾事故中死亡的人员表示沉痛的哀悼，对受伤人员和死亡人员的家属致以深切的慰问。并将采取措施组织灾区人民重建家园，恢复生产。

四、国务院高度赞扬在这次灭火抢险斗争中作出了重要贡献的人民解放军指战员、森林警察、公安消防人员和职工群众以及有关部门，并责成有关各级人民政府对军队和地方的先进集体和个人，给予表彰和奖励。

五、责成林业部和各级人民政府对所属林业企业的防火制度、防火组织进行认真整顿，建立严格的岗位责任制，并落实到人。要加强职工队伍的思想建设、组织建设和法制教育，提高职工对防火重要性的认识。对防火队伍、设备、工具和手段要进行充实和加强，彻底改变目前极其薄弱的状况。

国务院认为，多年来，林业系统的全体职工，包括大兴安岭林业管理局的职工，在艰苦的条件下，为我国林业资源的开发作出了重大贡献。这是应该充分肯定的。但是必须看到目前林业部领导工作中存在的严重失误，他们特别应当从南方森林乱伐、北方森林大火的事实中认真吸取应有的教训。国务院严肃处理这次事故，既是维护人民和国家利益所必需，也是进一步加强和改善林业工作所必需。希望林业部及其所属单位各级领导同志振奋精神，切实总结教训，制定切实改进工作作风、坚决克服官僚主义的具体措施；希望林业系统的广大职工团结一致，在自己的工作岗位上为我国林业资源的保护和开发继续努力奋斗；大兴安岭林业管理局及其所属企业事业单位，更要认真吸取教训，改善领导，健全制度，严格纪律，加强管理，组织好重建家园和恢复生产的工作。

大兴安岭林区特大火灾事故，也是对全国其他部门和各企业事业单位的一个严重警告。安全生产是全国一切经济部门特别是生产企业的头等大事。各企业及其主管机关的行政领导，都要十分重视安全生产，万万不可掉以轻心。要采取一切可能的措施，保障国家和职工群众生命财产的安全，严防事故发生。在生产劳动中，发生某些确实不能预料和不能抵抗的不幸事故是难于完全避免的，但是这决不能成为我们对国家和人民的生命财产不负责任的借口。要坚决反对严重不负责任和做官当老爷的官僚主义的恶劣作风，坚决纠正玩忽职守、违章作业、粗心大意、漫不经心的恶劣行为。我们的社会主义国家和社会主义制度，要求我们尽一切努力，在组织生产劳动和其他活动中避免和消除一切伤亡事故，否则就是违背了我们工人阶级的立场和社会主义的革命人道主义精神。对于一切重大的责任事故，都必须严肃处理，追究有关人员的行政的和法律的责任，对任何人都不得姑息宽容。

各企业及其主管部门要重视发挥职工代表大会、工会、保卫机构和科技人员对安全生产的监督作用。对工人、技术人员和专家关于安全情况、安全措施的批评和建议，必须认真对待。对于揭发控告忽视安全生产现象的职工和技术人员，决不允许打击报复；如有打击报复者必须严肃处理。一切重大事故均应及时如实上报，不得隐瞒和歪曲。

国务院相信，在党中央领导下，只要各级政府依靠广大人民群众认真贯彻执行各项制度和措施，我国整个生产安全和劳动保护状况就一定会得到改善，重大事故将会大大减少，亿万劳动人民勤俭建国、奋发向上的积极性一定会大大提高，从而为实现社会主义现代化的伟大事业作出更大的贡献。

25. 国务院关于加强安全生产管理的紧急通知

1987 年 6 月 8 日

今年以来，不少地区和部门的安全生产情况不好。第一季度，全国企业重大伤亡事故共发生八十五件，死亡二百三十四人。第二季度，继三月十五日哈尔滨亚麻厂亚麻粉尘爆炸之后，五月四日和五月八日又接连发生四川南溪炸药厂硝化车间、辽宁本溪引信厂地下油库和黑龙江碾子山炮弹厂成品库等爆炸事故。此外，五月六日，大兴安岭发生特大森林火灾；五月八日，江苏南通一客轮与拖轮船队相撞。这些事故、灾害，给人民生命财产和国家经济建设、国防建设造成了极大的损失，严重影响了“双增双节”运动的顺利开展。分析原因，主要是有关部门领导和企业职工对“安全第一、预防为主”的方针贯彻不力，责任心不强，管理不严，制度、措施不落实，以及事故隐患未能及时消除等。各级领导和全体职工必须高度重视安全生产，切实加强安全生产管理工作。为此，特作如下通知：

一、各级人民政府和工业、交通、林业等各有关部门，要对本地区、本部门的安全生产情况作一次认真全面的检查。特别是发生事故的地区和部门，主管生产的领导要认真查找事故原因，总结吸取教训。对事故的主要责任者，必须严肃处理，其中触犯刑律的要依法追究。对那些影响安全但长期没有解决的“老大难”问题，要限期解决。要把不安全的状况、伤亡数字和采取的对策公布于众，以引起群众的注意和加强监督，促使克服官僚主义，及时解决问题。

二、企业及其主管部门一定要加强安全生产管理工作，认真贯彻执行安全生产方针、政策和法规。在对有关的经济、技术问题决策时，必须考虑到安全生产，并相应作出规定。要加强安全生产目标管理，制定考核办法。要把安全生产指标作为考核企业的重要指标，达不到的企业不能升级，也不能评为先进。企业要迅速建立健全安全生产的规章制度，制定防止事故发生的各项措施；要层层落实安全生产责任制，严格执行规章制度，严禁违章指挥、违章操作，违反劳动纪律和无知蛮干等不安全行为。企业要对安全生产情况定期进行检查，及时消除设备、作业施工场所等方面的事故隐患和各种不安全因素。出现事故苗头，必须及时采取措施防止事故发生，事故发生后要及时报告和调查处理。

三、劳动部门要认真负责地监察企业的安全生产情况，对重大事故隐患应要求有关单位限期消除。对不重视安全、不严格管理、不负责任的官僚主义作风和种种不安全行为，要批评教育，进行斗争。

四、企业要抓紧安全教育，做到经常化、制度化。要认真学习、宣传安全生产的方针、政策和先进单位的经验，并通过典型事故进行教育，提高职工的思想认识，使人人重视安全生产。同时，应组织好规章制度和安全生产知识的学习、培训，企业领导特别是主管生产的领导要带头学好。新工人和特殊工种的工人，未经安全训练和考核发证，不能顶班上岗。今后，对在安全生产中作出成绩的职工应予以表扬，贡献较大的要给奖励；对违章行为也要规定处罚办法，严格执行。

五、各地区、各有关部门接到本通知后，要结合本地区、本部门实际情况立即贯彻执行，并制定加强安全生产管理的具体办法，迅速落实到基层单位。新闻、宣传部门要积极配合，大力宣传安全生产，普及安全生产方面的知识。

26. 国务院办公厅关于切实加强民用爆炸物品管理的通知

各省、自治区、直辖市人民政府，国务院各部委、各直属机构：

当前，爆炸物品流散社会，造成的危害越来越严重。一九八四年国务院颁布了《中华人民共和国民用爆炸物品管理条例》以来，各地虽然做了不少工作，取得一定成绩，但仍有相当多的地区和单位对爆炸物品的管理处于失控或半失控状态，非法生产、销售、购买、贩运爆炸物品的情况相当突出。不少使用爆炸物品的厂矿、企业，特别是一些农村地区的集体、个体经营的小煤窑、小矿山、小采石场和修路、基建工地等，对炸药、雷管的管理十分混乱，大量爆炸物品丢失被盗；一些旅客随身携带爆炸物品乘坐车、船的情况也很严重；许多地方对违反爆炸物品管理规定的案件查处不严。这些都是最近一个时期爆炸事故不断发生，一些犯罪分子利用爆炸物品接连制造爆炸案件的重要原因。这种情况，已经严重地影响了社会治安与生产建设，威胁着人民群众生命财产的安全。因此，必须迅速采取措施，严格加强对民用爆炸物品的管理。现作如下通知：

一、对散失在社会上的爆破器材要集中时间、集中力量进行一次彻底的清理收缴。各地在收缴前，要由政府发布通告，责令私藏爆破器材的，限期交出；要责成厂矿、企业、乡镇、街道，各负其责，深入调查，对可能藏有爆破器材的人，逐个动员交出。爆破器材管理混乱、散失较多的厂矿和集体、个体经营的小煤窑、小矿山、采石场、基建工地及其周围地区，要逐村、逐单位进行清查收缴，并动员群众检举揭发。对偷拿、私存、倒买倒卖爆破器材而拒不交出的，公安机关可依法传讯、搜查，一经查出，从严惩处。这项工作必须在十月中旬完成。

二、地方公安机关和铁路、交通、航运、民航部门要切实加强对车站、码头、机场等公共场所的安全检查工作。对有非法运输或携带爆炸物嫌疑的，要实行开包检查。凡非法运输或携带炸药、雷管等爆炸物的均属违法行为，要根据不同情节分别依法严肃处理。同时还要通知其所在地公安机关查明来源，追查有关单位领导和有关责任人的责任。

三、民用爆破器材是国家严格管制的产品。未经国家机械工业委员会下达计划的，一律不准生产。严禁自由买卖。凡非法从事生产、经销爆破器材的单位，一律予以取缔。国家机械工业委员会批准定点生产的单位，也不准超产自销。物资部门要切实做好民用爆破器材的计划分配和销售工作，但不准私自组织货源，违法销售。凡非法制造、买卖爆破器材的，一经发现，没收其产品及非法所得，并对有关责任人依法惩处。

四、对生产、储存、销售、运输、使用爆炸物品的单位，普遍进行彻底的清查整顿，堵塞爆炸物品流失的渠道，消除事故隐患。此项工作，由各级政府组织民用爆炸物品生产主管部门、物资、公安、工商行政管理、劳动等有关部门进行。清查整顿的内容：查安全组织是否健全，查安全制度是否落实，查不安全因素与事故隐患是否消除，查爆炸物品散失的数量、原因及其去向。在清查整顿中，要普遍进行国家有关爆炸物品管理规定和安全生产知识的教育。对爆炸物品管理混乱，丢失、被盗严重的，要责令停业整顿，对不符合安全条件，限期整改后仍然达不到要求的，由主管部门吊销其许可证，明令取缔。经过清查整顿，要总结经验教训，健全制度，加强管理，堵塞漏洞。

在清查整顿中，要特别重视解决农村集体与个体经营的小煤窑、小矿山、采石场等使用、管理爆炸物品混乱的问题。在使用爆破器材较多的县（市）、乡（镇）、村，要由乡镇企业办、物资、公安等有关部门密切配合，组建管理爆炸物品的服务性机构，建立爆破器材储存库，设专人管理，并建立严格的领用、清退制度，把爆炸物品的购买、运输、销售、保管和使用统一管理起来，既保证供应，又防止被盗、流失。今后，各地矿山和乡镇企业主管部门，要把爆炸物品管理纳入小煤窑、小矿山、采石场的经营管理中，凡不具备爆炸物品专库储存、专人管理和有专职爆破员进行爆破作业的，主管部门不得发给开采证。

五、国务院各有关部门和各省、自治区、直辖市人民政府要加强对爆炸物品管理工作的领导，具体研究解决工作中的实际问题，把工作落到实处。

各省、自治区、直辖市人民政府和国务院各有关部门接本通知后应立即部署，认真执行。

国务院办公厅

一九八七年九月二十四日

27. 国务院关于加强内河乡镇运输船舶安全管理的通知

1987 年 11 月 3 日

最近一个时期，全国内河的乡镇运输船舶（即乡镇中企业事业单位、个体、合伙、承包经营户的运输船舶）不断发生重大沉船事故，给人民生命财产带来严重损失，影响了社会安定。造成事故的原因是多方面的，有的是乡镇运输船舶无合格船舶、船员证照，严重超载，违章操作；有的因为管理机构和管理工作不落实，特别是县、乡（镇）人民政府水上安全管理责任不明确，使一些地区处于失管失控状况。内河乡镇运输船舶的安全管理是一项社会性强、涉及面广的工作，必须在各级人民政府统一领导下，组织有关部门进行综合治理，才能扭转事故多发的被动局面。为此，特作如下通知：

一、各地人民政府要按照《中华人民共和国内河交通安全管理条例》的有关规定，组织有关部门对本地区的渡口和乡镇运输船舶进行一次全面的整顿和检查，凡不符合规定的，一律不准从事客货运输。

二、各地人民政府要在整顿和检查的基础上，根据本地区内河乡镇运输船舶的安全情况，制定出相应的管理措施，进一步明确县、乡（镇）人民政府的管理责任和权限，并由乡（镇）人民政府在辖区内设立水上安全管理机构或管理人员，负责组织实施水上交通安全法规和进行安全检查。今后，凡因管理不善造成重大事故的，要追究有关领导和管理人员的责任。

三、长江干线、珠江、黑龙江的安全监督管理，由交通部设置的港航监督机构统一负责。其他内河水域的安全监督管理，由省、自治区、直辖市交通厅（局）内设置的港航监督机构负责。

各省、自治区、直辖市港航监督部门的管理经费，在船舶港务费中支付；县以下水上安全管理部门的经费，按国家经委、交通部、财政部等八个部门《关于加强乡镇运输船舶安全监督管理的通知》(〔1987〕交水监字156号）的规定支付。

四、乡镇运输船舶不得载运易燃、易爆、有毒、有害等危险物品。任何单位和个人不得擅自租用或委托乡镇运输船舶运输危险物品。少数地区因交通原因需要由乡镇运输船舶承运危险物品的，须按国家有关危险物品管理和运输的规定办理；承运危险物品的船舶在每次运输之前，须向当地水上安全监督部门申请“危险物品准运证”，并采取安全可靠措施。擅自运输危险物品的，要分别追究承运人和托运人的责任，造成严重后果的要依法惩处。

五、除公安、工商部门依法执行公务和查处违法犯罪行为的以外，对乡镇运输船舶的检查和罚款，由交通主管部门按照国家统一规定执行，其他单位不得擅自拦截船舶进行检查、收费和罚款。特殊情况，须经省、自治区、直辖市交通主管部门批准。

六、水库、公园、风景区水域中的乡镇游览船舶，由水库、公园、风景区所在地人民政府指定的管理单位按照港航监督部门的要求负责管理，并接受当地港航监督部门的监督检查。凡管理混乱、安全责任制不落实、不按定额载客的，港航监督部门有权责令其停航整顿。

28. 国务院关于加强民航安全工作的紧急通知

国发明电〔1988〕3号

1988年2月2日

1月18日，中国西南航空公司一架伊尔十八222号飞机在重庆机场附近坠毁，给国家和人民生命财产造成重大损失。为了确保民航飞行安全，特作如下通知：

一、民航系统要立即开展自上而下、全面深入的安全教育和安全检查，特别是飞行、机务、航行、通讯、导航、气象、公安等直接保证安全的系统，要作为重点进行。安全检查的主要内容是，查存在问题的处理情况，查规章制度的执行情况，查措施落实情况。通过安全教育和安全检查，要使每个职工牢固树立安全第一的思想，真正落实岗位责任制；要认真分析安全形势，找出危及安全的薄弱环节，有针对性地采取坚决有力的措施，使事故隐患彻底排除。在任务繁忙和飞行不正常时，要正确处理安全与生产、安全与服务的关系，真正把安全放在第一位，严防因生产繁忙而忽视安全，因飞行不正常和旅客积压而忽视安全的现象发生。

二、对民航的运输飞行要立即进行一次全面的适航性复查。复查的重点是，适航指令、服务通告的执行情况，设备的完整性，严格零部件使用时限的管理和报批程序执行情况，以保留项目的具体情况等。对上述检查结果要按规定的放行标准进行一次严格的评估，对其中不适航的飞机要坚决停飞。特别是对老旧飞机更要认真检查，从严掌握，不合格的要及时淘汰。

三、对民航运营中的飞机，要严格规章制度，严格放行标准，严禁带危及安全的故障放行飞机，杜绝人为责任事故的发生。各级领导必须在职在位，尽职尽责，一丝不苟。机务值班领导要亲临现场，对日常维修工作进行严格的监督和检查，对发生的问题必须认真处理，要查明原因和责任，采取措施，尽快解决。

四、严格飞行技术管理。民航各飞行大队要在今年第一季度对飞行人员进行一次飞行技术检查，重点放在各种特殊情况的处置上。发现不符合标准的，必须立即采取停飞或补课措施，绝不允许送人情，照顾迁就。民航各管理局和航空公司要进行督促检查。

五、民航空勤人员要认真进行飞行准备，在任何情况下都必须坚持做好。机长在每次飞行前要组织空勤人员熟悉各种特殊情况下的处置程序，研究协作配合方法，要严格遵守禁止飞行的禁令。飞行大队的值班首长要履行职责，督促检查，如因准备不好而发生问题，除追究当事人的责任外，还要追究值班领导的责任。

六、加强飞行管制。民航各管理局、省（区、市）局要在春节前夕对各级航行管制员进行检查摸底，凡不符合条件的，不准上岗执行管制任务。各级值班航行管制员要确切掌握飞行动态，及时向当地空军通报飞行情况，主动协作配合，正确调配飞行冲突，严防空中飞行危险接近。飞行中的飞机遇到特殊情况时，值班航行管制员要采取一切措施，提供一切有利条件，协助机组正确处置。

七、要认真贯彻执行国务院、中央军委发布的《关于保护机场净空的规定》，加强对机场净空的管理。任何单位或个人如需在机场附近规划或修建各项工程，必须事先与机场管理机构联系，严禁修建违反机场净空标准的建筑物和其他设施，各地城建规划部门要严格把关。所有机场（包括军民合用机场）要对飞行区场地进行经常检查维护，使其保持安全适用状态。对边建设边使用的机场，要切实加强安全保卫措施，确保使用安全。

八、加强民用机场的统一管理，维护机场治安秩序。机场内部各联检单位对关系机场秩序和飞行安全方面的问题，要在地方人民政府领导下，由民航机场负责统一组织实施，各单位要加强协作，相互支持。各地区、各部门，尤其是机场周围的乡、镇和企事业单位，要教育职工、群众严格遵守机场各项安全规定，自觉维护航空运输安全。未经机场允许，任何人员、车辆严禁穿越跑道，对擅自进入跑道而导致飞机复飞或中断起飞的人员，要视情节轻重给予处罚，直至追究刑事责任。对盗卖和破坏机场设备、器材、油料的严重刑事犯罪分子，要坚决依法惩处。

九、在加强飞行安全工作的同时，务必提高警惕，认真贯彻执行民航局颁发的《民用航空安全保卫工作规定》。切实加强空防工作和消防工作，确保安全。

十、各级领导要深入现场，了解情况，督促检查，狠抓安全工作的落实。凡政企分开的地区，民航各管理局，要履行行政职能，对航空公司的飞行组织与实施，进行督促检查，发现违反规章制度的现象，要从严、从速进行处理。

29. 国务院关于加强交通运输安全工作的决定

1988 年 7 月 24 日

交通运输业是国民经济发展的重要前提和支柱。改革开放以来，交通运输面临新的形势，任务更加繁重和艰巨。搞好交通运输安全，对于保障人民生命财产，维护社会安定，促进改革开放顺利进行，保证国民经济持续稳定发展，具有十分重要的意义。在最近召开的全国交通安全工作会议上，国务院总理李鹏同志作了重要指示，国务委员邹家华同志作了重要讲话，各地区、各部门要认真贯彻执行。

近几年来，交通运输部门深化改革，实行各种形式的承包经营责任制，取得了显著成绩。安全运输工作也取得了一定成效，积累了不少好的经验，涌现出一批先进集体和个人，保证了运输任务的完成。但是，必须清醒地看到，当前交通安全状况还很不好。今年以来，全国重大交通事故接连发生，国家和人民生命财产受到巨大损失，造成了极其不良的影响。更为令人担忧的是还存在着相当严重的隐患。搞好交通安全，已经到了刻不容缓的地步。要扭转当前安全不好的被动状况，开创交通运输安全的新局面，需要坚持不懈地做艰苦、扎实、细致的工作，光治标不行，必须治本。

为了统一思想和行动，确保交通运输安全，必须要有一个共同的目标。全国交通运输安全工作的奋斗目标是：紧急动员起来，加强领导，深化改革，抓好基础，严格管理，建立科学的管理体系，完善必要的技术设备和监控手段；建设一支思想好、作风硬、基本功扎实、纪律严明的职工队伍，坚决防止重大恶性事故，最大限度地减少一般事故，安全、优质、高效地为社会主义现代化建设服务。为实现这一奋斗目标，特作如下决定：

一、提高认识，加强领导，狠抓内部管理

当前交通运输安全状况不好，原因是多方面的，有主观原因，也有客观原因，但主要原因是内部管理问题。突出表现是领导不力，管理不严，安全责任制不落实；劳动纪律松弛，违章违纪严重；设备管理维修跟不上；培训抓得不够，职工技术业务水平下降；维护社会交通治安秩序抓得不够。对此，各级领导要有统一的、明确的认识。

认识不提高，领导不加强，安全则无保障。各级领导一定要提高对交通运输安全重要性和紧迫性的认识，认真贯彻安全第一、预防为主的方针，实行领导负责制。各部门、各单位主要负责同志对安全负第一位的责任，要按级负责，建立安全管理网。要转变领导作风，反对官僚主义和好人主义，坚持“严肃、认真、周到、细致”的工作作风，深入调查研究，狠抓落实工作。要正确处理安全与生产、安全与效率、安全与效益的关系，在保证安全的前提下挖潜扩能，发展生产。

狠抓内部管理，关键和核心问题是要突出一个“严”字，整顿和克服劳动纪律松弛和违章违纪现象。严格管理，首先要从领导干部做起，严以律已，敢抓敢管，不护短、不迁就，不准隐瞒和迟报事故；广大职工应当发扬“一点不差，差一点也不行”的精神，自觉地、严格地、一丝不苟地执行各项规章制度。对于在交通安全工作中作出贡献的先进单位和个人要大力表彰，对于有章不循、违章操作而造成事故的，要坚决处理，触犯刑律的要追究法律责任。切实做到严密组织，严格要求，严明纪律和赏罚分明。

二、深化改革，进一步完善承包经营责任制，建立健全安全责任制

铁路大包干和其他交通运输部门实行的承包经营责任制，方向是正确的，成效也是显著的，但要根据交通运输行业的特点，进一步深化和完善。铁路是高度集中的企业，是国民经济的大动脉，具有半军事化的特点。在实行大包干中，铁路局和分局可实行全面承包，基层站段的承包则应采取综合指标管理和考核的办

法。在劳动工资方面，主要工种的关键岗位可以实行固定工制，并对其中的主要人员适当提高报酬，但必须严格考核，真正做到符合要求，胜任工作；辅助工种应提倡实行合同工制。其他运输部门也可按照这一精神进行改革。

要克服重效益、轻安全的短期行为，把安全指标作为重要内容列入承包经营责任制和任期目标责任制中。凡是没有列入的，要立即列入；不完善的，要加以完善。要加强班组安全管理，把安全措施层层落实到每个岗位和职工，把安全指标与企业和职工个人经济利益挂起钩来。要妥善处理完成生产经营任务与保证安全运输之间的关系，在企业升级，干部考核任免，职工晋级，评选先进单位、个人和发放奖金时，安全指标具有否决权。

要把严格培训，提高职工技术业务素质，作为确保安全、健全安全责任制的一项重要内容。特别要重视对生产第一线的班组长和操作人员的培训。招收新工人时，要严格考核。关键岗位的职工，必须培训合格后才能上岗。平时要组织大练基本功，开展技术表演活动，实行定期轮训考核，做到培训工作经常化、制度化。对领导干部特别是新担任领导职务的同志，要加强安全管理方面的专门培训。要注意改善培训条件，办好技工学校和职工学校。有关的大专院校要开设安全教育课程，使学生在校时就受到系统的安全知识教育，增强安全意识。

三、加强对设备的维护、保养和修理，确保设备完好

保持设备处于良好状态，是交通安全的重要保证。各单位要把设备和线路的维护、保养和修理放在重要位置，严格执行使用、维护和检修制度。不准扣减计划内的维修费，不准挤占维修材料，不准抽调定编的维修力量，确保按质、按量、按时完成修理任务，使运输设备和线路始终处于良好状态。要树立全局观点，坚决反对只顾本单位的利益，该修不修，能拖就拖，能推就推，以邻为壑的错误做法。有关部门要为交通运输部门生产合格的产品，并要保证供应设备修理所需要的原材料及配件。

今后，在新建和更新改造项目中，要有相应的安全设施专项投资，必须实行安全设施与主体工程同时设计、同时施工、同时验收的原则，对不符合安全要求

的，不准投资、不准施工、不准投入使用，以切实保证安全，不留后患。

四、依靠技术进步，优化运输结构

要加强交通运输安全方面的科学技术研究和新技术的运用。对于已经研制成功的装置和设备，要加速安装，完善配套。对于尚未解决的课题，要加快攻关进度，有的要列入国家重点攻关项目。要认真落实这方面的经费。积极引进、消化国际先进的管理方法、手段，提高安全管理水平。要树立大交通观念，优化运输结构，逐步建立合理的综合运输体系，充分发挥各种运输工具的作用。用经济和行政手段，促使运输的合理分流，缓解铁路严重超负荷状况。由国家计委牵头，组织有关部门，通过调查研究，提出方案。

五、加强安全法制建设和监督监察工作

交通安全法制建设，当前要着重抓好三方面的工作：一是抓紧制定和完善有关保证交通安全的法规，做到事事有法可依；二是严格执法，做到有法必依，执法必严，违法必究；三是要在全社会大造舆论，大张旗鼓地开展交通运输安全的宣传工作，提高广大人民群众的法制观念，使人人知法、懂法、守法。各地区、各部门都要重视和支持安全监督监察工作，选派熟悉业务、善于联系群众、敢于坚持原则的人员，充实安全监督监察机构。安全监督监察部门要公正、权威地履行职责，把主要精力放在预防事故的工作上。

交通运输系统各单位要立即开展一次安全检查整顿。抓好“四查”即查思想、查管理、查纪律、查隐患。对查出的问题，凡是能够解决的要立即解决；不能马上解决的，也要采取临时措施加以补救，并提出解决办法，限期解决；对过去隐瞒和久拖不决的事故要抓紧处理。检查整顿要层层进行，落实到每个岗位、每个职工。要充分相信和依靠各单位的领导和职工。不走过场，不搞形式主义，要重在落实，注重实施。检查整顿之后，要使这项工作形成制度，把安全检查列入日常生产管理工作的议程。交通运输部门和各省、自治区、直辖市人民政府，要在第三季度末向国务院正式报告检查整顿结果；同时，要制定本地区、本部门交通运输安全规划，于今年底上报国务院。

六、加强思想政治工作，关心职工生活

各单位要根据新时期思想政治工作的新特点，联系实际，采用生动活泼、群众喜闻乐见的形式，把思想工作做到生产和职工生活中去，教育广大职工懂得本职工作同运输安全的密切关系，增强职工搞好安全运输的自觉性。教育广大职工加强主人翁责任感，树立良好的职业道德，发扬艰苦奋斗的精神，顾全国家大局，克服和防止“一切向钱看”的思想，以对人民高度负责的精神，自觉遵章守纪，做好本职工作，保证运输安全。为了加强对思想政治工作的领导，交通运输部门可进行党委书记兼任行政副职的试点。

在加强思想政治工作的同时，各级领导要关心职工生活，依靠自己的力量，努力解决他们的实际困难。要抓紧解决边远地区职工的吃水、供电、医疗卫生、文化生活和子女上学、就业等问题，做好运输第一线职工家属的工作。要为保证运输第一线职工尤其是驾驶人员的休息创造必要的条件，解决他们超劳的问题。

七、落实好几项具体政策

为了提高交通运输部门自我积累、自我发展、自我改造的能力，国家根据目前条件，决定采取以下措施：根据全国物价改革的总体方案，考虑适当调整部分运价；对保障交通安全所需贷款，银行应优先予以安排；适当提高铁路大修折旧率；民航部分技术骨干跨省调动不受户口限制；公路交通管理经费不足的地区，经省（区、市）财政部门审核并报省（区、市）人民政府批准，可适当增加养路费划拨给公安部门的比例；在主要公路干线的乡镇，设置道路交通管理机构；研究制定运输工具、货物、旅客人身意外伤害和第三者责任的法定保险制度等。有关部门和地方要抓紧提出具体方案，上报批准后实施。

八、地方政府要把交通运输安全工作列入重要议事日程

各级地方政府要加强对本地区交通安全工作的领导，层层建立安全责任制。

除抓好以上各项工作外，要进一步贯彻落实国务院一系列有关搞好交通安全的各项规定；抓好本地区的交通治安工作，对哄抢运输物资、盗窃交通安全器材、破坏交通安全等刑事犯罪活动，要坚决依法予以打击；重要铁路区段、港口、桥梁、隧道、航道和航标，要配合武警部队和交通部门建立保护制度；加强对铁路道口的管理；严禁把易燃、易爆和其他危险品带上车、船、飞机；对农村个体、集体车船要严格管理，尽快扭转失管失控的状况；维护机场秩序，严格执行保护机场净空条件的有关规定；按照《国务院关于改革道路交通管理体制的通知》规定，要进一步加强对拖拉机交通运输安全的管理；根据国务院已有的规定，对现在各种检查站进行清理整顿，统筹规划检查站的布局，把乱设卡、滥收费的混乱现象限期加以纠正。

九、有计划、有步骤地增加运输能力

加强交通运输安全，当前主要应从强化管理入手。同时也应看到，交通运输仍然是国民经济的突出薄弱环节，要从根本上改变交通运输安全不好的状况，增加投入，扩大能力，更新设备，增添安全设施和现代管理手段，同样是不可忽视和十分必要的。这不仅是保证安全的需要，也是发展生产的需要。随着国民经济的发展，交通运输的能力和需求之间的矛盾将会更加突出。各地区、各部门都要从长远考虑，采取切实措施，有计划地增加投入，不断提高运输能力，使交通运输进一步适应改革开放的要求，保证国民经济持续稳定地发展。

交通运输安全是关系国计民生的大事，各地区、各部门一定要十分重视，互相支持，密切配合。国务院相信，经过全国人民特别是交通运输战线广大职工的努力，交通运输安全不好的局面，一定能够扭转，交通运输事业和交通运输安全一定能够提高到一个新的更高的水平。

30. 国务院办公厅关于贵州省乡镇煤矿发生特大瓦斯爆炸事故的通报

1988 年 8 月 15 日

一九八八年五月六日十八时五十八分，贵州省毕节地区威宁县猴场镇政府与六盘水市大湾区二塘乡安乐村一农民联合开办的乡镇煤矿发生特大瓦斯爆炸事故，死亡四十五人，重伤二人，轻伤二人。这是一起重大责任事故，也是近几年来全国乡镇煤矿发生的最大一起伤亡事故。根据国务院领导同志的指示，现通报如下：

（一）

该矿于一九八六年七月未经主管部门批准开始建矿。矿井系独眼井，手镐采煤，人工背煤；胶质线白炽灯和手电筒照明，明刀闸开关；设一台五点五千瓦局扇轮流向九个掘进头供风，风量严重不足，白天停电停风，晚上供电采煤，无通风瓦斯管理制度；作业和管理人员均未经过培训。在管理极为混乱，人身安全毫无保障的情况下，于一九八七年十月投产。今年一至四月，六盘水市大湾区政府煤管站曾先后三次令其停产整顿，但屡禁不止，该矿一直强行冒险生产，直至发生这起特大瓦斯爆炸事故。

事故的直接原因是白天停电停风，井下聚集大量瓦斯，傍晚送风，人即下井采煤，当电工整修照明线时产生火花引起瓦斯爆炸。事故的根本原因是猴场镇政府与大湾区办矿农民无视国家有关规定和上级政府的决定，不顾采煤农民的生命安全，冒险蛮干，违法办矿，违章作业。

(二)

贵州省这起事故伤亡惨重，教训深刻，暴露了当前乡镇煤矿安全生产所存在的严重问题。贵州省人民政府应立即组织由省政府和地、市有关部门参加的事故联合调查组，进一步查清事故原因，按照谁办矿、谁受益、谁负责安全管理和承担责任的原则，尽快澄清事故责任，根据情节轻重，分别进行严肃处理。特别是对威宁县猴场镇政府带头违法办矿、顶着上级指示不办的有关负责人，要依法从严处理，并公开报道，以严肃政纪、法纪，避免再次发生类似事故。

贵州省乡镇煤矿产量只占全国乡镇煤矿总产量的5%，而死亡人数却占全国乡镇煤矿死亡总数的18%，特大事故占30%。其主要原因是贵州省人民政府对安全生产重视不够，没有认真贯彻落实《矿产资源法》和国务院有关清理、整顿乡镇煤矿的指示精神，对整顿乡镇煤矿决心不大，领导无力。到目前，该省违法办矿的现象仍相当严重。据初步调查，全省有乡镇煤矿一万二千多个，发有开采证、营业证的只占10%。就是有“两证”的矿井，多数也不具备起码的安全生产条件。毕节地区，至今未执行《国务院关于乡镇煤矿实行行业管理的通知》的规定，管理非常混乱，无证个体户矿井占总矿点数的96%。这些矿井不但自己事故多，伤亡重，而且严重威胁国营煤矿的安全生产。贵州省人民政府应结合总结这次事故教训和本省实际情况，按照有关规定，对改善和加强安全生产工作和整顿乡镇煤矿，提出有效的改进措施和具体实施办法，并报国务院。

(三)

近几年来，我国乡镇煤矿发展很快，对缓和能源紧张状况，支援国民经济建设作出了很大的贡献。但随之也带来严重的安全问题。全国乡镇煤矿一九八五年事故死亡四千七百六十六人，一九八七年上升到五千三百六十七人，百万吨煤死亡率高达十六点四三人，比统配煤矿高六倍。今年一至六月，仅一次死亡十人以上的事故已发生十四起。事故率高，伤亡人数增多的原因主要是无证开矿，违章生产问题严重。全国各地区、各有关部门应从贵州省这起事故中吸取教训，采取坚决措施，解决乡镇煤矿的安全问题。

首先，要切实加强对乡镇煤矿的领导，认真进行清理整顿，坚决刹住非法开矿之风。今后，凡无证开采和不具备起码安全生产条件的矿井一律停产整顿，任何单位、个人不得冒险生产。否则，如发生事故，除追究直接责任者外，还要追究有关地方政府主要领导人的责任。经过整顿，原来没有办理开矿手续的，如已具备安全生产条件可予补办手续，发给开采证和营业证；对不具备起码安全生产条件的，应令其停止生产，如已发开采证和营业证，要坚决予以吊销。

其次，要进一步加强对乡镇煤矿的行业管理。按照《国务院关于乡镇煤矿实行行业管理的通知》规定，乡镇煤矿统一由煤炭工业部门实行行业管理。各地区和各有关部门要认真检查一下对国务院这一规定的执行情况，凡没有贯彻落实的要坚决贯彻落实。各级煤炭工业管理部门要加强对乡镇煤矿的行业管理，明确安全责任，建立健全各项管理制度，合理开发和利用国家的煤炭资源，制止争抢资源、乱采滥掘和不顾后果违章蛮干的错误做法，要采取有力措施，进一步促进乡镇煤矿的健康发展。

31. 国务院办公厅关于特别重大事故报告工作有关问题的通知

1990 年 6 月 5 日

长期以来，各地区、各部门按照国务院有关规定，及时报告和认真查处了一些特别重大事故。为进一步做好这方面的工作，以利于事故的调查处理和搞好安全生产，经国务院批准，现就全国安全生产中特别重大事故报告工作的有关问题通知如下：

一、在安全生产工作中发生特别重大事故后，有关省、自治区、直辖市人民政府和国务院归口管理部门，应根据 1989 年国务院发布的《特别重大事故调查程序暂行规定》(国务院令第 34 号）的有关规定，及时向国务院报告，同时要抄报全国安全生产委员会。

二、对特别重大事故发展过程中的重要情况和有待进一步调查的事项，要及时续报。

事故调查结案后，负责组织查处的地方和部门要向全国安全生产委员会报送一套完整的调查处理事故材料。

三、全国安全生产委员会可直接向各省、自治区、直辖市及国务院有关部门随时了解特别重大事故调查处理过程中的情况，有关地方和部门要积极予以配合。

32. 国务院办公厅关于调整全国安全生产委员会等五个非常设机构主要负责人职务的通知

各省、自治区、直辖市人民政府，国务院各部委、各直属机构：

根据国务院领导同志的工作分工，经国务院常务会议讨论决定，由朱镕基同志兼任全国安全生产委员会主任、国家无线电管理委员会主任、国务院重大技术装备领导小组组长、国务院清理“三角债”领导小组组长、国务院“质量、品种、效益年”领导小组组长；邹家华同志不再兼任上述五个非常设机构的主任(组长)。

国务院办公厅

一九九一年六月三日

33. 国务院办公厅转发劳动部《关于压力容器整顿治理情况和进一步加强安全工作的报告》的通知

各省、自治区、直辖市人民政府，国务院各部委、各直属机构：

劳动部《关于压力容器整顿治理情况和进一步加强安全工作的报告》已经国务院同意，现转发给你们，请认真贯彻执行。

国务院办公厅

一九九二年四月十日

关于压力容器整顿治理情况和进一步加强安全工作的报告

国务院：

党的十一届三中全会以来，随着我国国民经济的发展，石油、化工、冶金、电力、轻工、纺织、建材等行业使用压力容器的数量逐年增多。为加强管理，减少事故，做好安全工作，一九八七年原劳动人事部与原国家经委等有关部门商定，用三年左右时间在全国范围内开展压力容器的整顿治理工作。整顿治理的内容是，普查摸底、检验登记和加强管理。目前，整顿治理工作已基本结束，现将有关情况和进一步加强安全工作的意见报告如下：

一、整顿治理工作取得的成效

在整顿治理中，各级劳动部门和化工、冶金、石油、石化、纺织、能源、机械、农业等行业主管部门做了大量工作，取得了较好的成效。

（一）基本掌握压力容器的数量和技术状况，评定了安全状况等级，为今后做好压力容器安全监察和安全管理工作奠定了基础。据统计，全国有压力容器（不含气瓶）一百零一万台，已检验九十四万台，占93%。其中，符合安全要求的八十万九千台，占86%；存在不同程度缺陷，但尚符合最低安全要求，需要监控使用的十万三千台，占11%；报废二万八千台，占3%。

（二）通过对有缺陷压力容器进行修理、降压和报废处理，消除大部分隐患，事故明显减少。“七五”期间，全国发生的压力容器爆炸事故比“六五”期间少九十九起，下降16.5%。石化总公司系统在用的二万七千台压力容器中，符合安全要求的占89.39%，近年没有发生由于压力容器缺陷引起的爆炸事故。被认为北京三大隐患的燕山石化公司的四台乙烯球罐、云岗的液化石油气球罐和北京焦化厂二百零八台煤气储罐，经过整顿，隐患已经消除。

（三）取得了较好的经济效益，受到用户好评。过去，由于对设备技术状况不明，有的压力容器一直闲置未用，有的压力容器未能充分发挥设备潜力。在整顿治理中，经过分析评定，适当处理后，一些闲置未用的能按原工艺要求投入使用，一些未能发挥潜力的能稳定、长周期、满负荷运行。据岳阳、临湘、慈利、桃源等地二十五家中小氮肥厂统计，压力容器及工艺设备的年开车天数均有所增加。

（四）推动了技术进步。一些单位与科研机构、大专院校合作，推广应用一批先进的检测、修理技术，解决一些技术难题，促进了生产发展。很多单位还健全了技术档案，有条件的单位采用了计算机管理。

（五）培养、锻炼一批压力容器检验人员。通过整顿治理和经验交流，有关部门和单位的检验人员熟悉了法规、标准，技术水平有不同程度的提高，为今后的定期检验工作打下了一定基础。

（六）在总结经验的基础上，我部制定了《压力容器使用登记管理规则》和《在用压力容器检验规程》两个规章，使在用压力容器的安全工作初步纳入规范化管理。

二、压力容器安全工作中存在的主要问题

（一）少数单位没有认真贯彻“安全第一，预防为主”的方针，往往强调生产，忽视安全，宁可等压力容器出了问题被迫停机，也不搞定期检验。特别是一些实施承包的单位，拼设备的短期行为问题比较突出。还有些单位对经过检验确认是危及安全的压力容器，仍冒险使用，造成事故发生。

（二）压力容器的安全状况不佳。这次整顿治理，考虑到多年积存的问题，为照顾生产需要和企业的承受能力，对现有压力容器的安全要求还是低水平的，只要求保证在下一检验期前能安全运行即可。在检验的压力容器中，属于监控使用，带病运行的占11%。一些大厂、老厂设备陈旧，需要逐步更新。如吉化公司的三千八百六十四台压力容器，“文化大革命”前投用的占21.6%，“文化大革命”期间投用的占37.2%，“文化大革命”以后投用的占41.2%。

（三）一些中小型企业的管理和操作人员不能相对稳定，而且没有经过必要的培训，缺乏应有的知识，素质较低，加上制度不完善或执行制度不严格，事故仍时有发生。

（四）个别地方对质量检验把关不严，登记和发证有走过场现象。有些地方的安全工作仍有死角。

三、进一步加强压力容器安全工作的意见

这次整顿治理是初步的、打基础的工作，今后要实行定期检验制度，转入制度化、规范化管理。为巩固和扩大整顿治理成果，有效地预防事故发生，保证压力容器安全经济运行，我们对进一步做好压力容器安全工作提出以下意见：

（一）认真做好压力容器整顿治理收尾工作。按照《压力容器使用登记管理规则》《在用压力容器检验规程》的要求，善始善终地完成全部在用压力容器的

登记、检验和评定安全状况等级工作。有条件的部门和单位逐步实行计算机管理。

（二）大力推行压力容器定期检验制度。根据《锅炉压力容器安全监察暂行条例》的规定，各级劳动部门、行业主管部门和企业要共同努力，落实检验力量，做好定期检验的统筹规划，实行目标管理责任制。要切实克服不坏不停，拼设备的短期行为，把定期检验作为生产管理的一部分，在制订生产计划的同时要落实检验计划。凡经检验确认是危及安全不能再使用的压力容器，使用单位要积极采取措施，不得冒险使用。为保证检验工作质量，检验单位和检验人员应具有检验资格，并由省级以上（含省级）的劳动部门考核认可。同时，要对检验任务完成情况进行考核。

（三）认真抓好重点单位和重点设备的安全工作。主要是抓小化肥厂、乡镇企业和偏僻地区企业压力容器的安全工作，坚决消灭死角。同时妥善处理监控使用的压力容器，采取维修、降压、报废处理等办法使安全状况不断好转，以防止事故发生。

（四）进一步协调好安全监察与安全管理的工作关系。各级劳动部门、行业主管部门和企业要认真贯彻国务院发布的《锅炉压力容器安全监察暂行条例》，贯彻安全第一，预防为主的方针，按职责分工互相支持，密切配合，共同做好压力容器安全工作。

以上报告，如无不妥，请批转各地区、各部门贯彻执行。

劳动部

一九九二年二月十七日

34. 国务院批转劳动部等部门《关于制止小煤矿乱挖滥采确保煤矿安全生产的意见》的通知

国务院同意劳动部、国务院经贸办地矿部、能源部、农业部、统配煤矿总公司、全国总工会《关于制止小煤矿乱挖滥采确保煤矿安全生产的意见》，现转发给你们，请贯彻执行。

国务院

一九九三年一月三日

关于制止小煤矿乱挖滥采确保煤矿安全生产的意见

近年来，各种形式的小煤矿发展很快，为促进地方经济发展和支援国民经济建设作出了重要贡献。但是，在其发展过程中也出现了一些问题，主要表现在一是安全状况很不好，事故严重；二是在国营煤矿井田范围内乱挖滥采，不惜破坏国家煤炭资源，甚至严重影响国营大矿安全生产。这些问题，在全国许多地方都存在，有的还非常严重。

今年一至九月，全国乡镇煤矿因工死亡人数达三千八百五十四人，占全国煤矿事故死亡总数的65.5%，比去年同期上升了6.6%，特别是无证非法采煤的小煤矿事故更为突出，仅一次死亡三人以上的事故就发生六十次，死亡四百零八人。死亡人数比去年同期上升了226.4%。今年以来，全国煤矿几次最大的事故就发生在无证的乡镇煤矿。三月二十日，山西省吕梁地区孝义市两个无证乡镇煤矿，争抢资源，井下贯通处发生煤尘爆炸，死亡六十五人；六月十七日，湖南省怀化地区辰溪县方田乡一无证煤矿，因瓦斯爆炸，死亡四十三人；九月六日，又是辰溪县方田乡的另一个无证小煤矿，井下透水，死亡三十三人；贵州省煤矿一至九月连续发生十一次死亡十人以上的事故，其中六次发生在无证开采的乡镇煤矿，死亡一百零三人。

据不完全统计，目前在全国一百零三个统配矿务局（矿）井田范围内开采的小煤矿有一万一千二百多处，其中有五千八百多处是无证非法开办的，这些小煤矿对国营大矿的安全生产影响十分严重。例如，乱挖滥采大矿各类保安煤柱的有一千三百多处，与国营大矿贯通的有二千五百多处，进入国营大矿采区的有六百多处，已经造成透水事故三百八十七次，瓦斯爆炸二十五次，由此破坏生产矿井现有生产水平储量十五亿吨，直接经济损失十二亿元。江西省洛市矿务局龙溪矿四平方公里的井田范围内有九十七个小煤矿在乱挖滥采。由于这些小煤矿主要是开采国营矿工业广场和建筑物下的保护煤柱，致使地面许多建筑物受到破坏。今年，丰城市楼前乡一无证煤矿发生透水事故，殃及相毗邻的另一小煤矿和龙溪煤矿，两个小煤矿死亡十九人，龙溪煤矿死亡七人，仅龙溪煤矿巷道被淹，经济损失就达一千五百多万元。

为整顿乡镇煤矿和取缔无证非法采煤，近年来，国务院先后发出了《国务院关于乡镇煤矿实行行业管理的通知》《国务院批转国家经委、国家计委关于立即整顿国营煤矿井田内各种小井的意见的通知》《国务院关于清理整顿个体采煤的通知》，各级政府和有关部门做了大量工作，对小煤矿进行了多次整顿，乱挖滥采现象有所减少，有的地区乡镇煤矿走上了合理布局、依法开采、安全生产的道路，但多数地区的状况没有根本改变，许多乡镇煤矿不具备起码的安全生产条件；无证煤矿在一些地区仍然大量存在；不依法开采、越层越界威胁国营大矿安全生产的问题相当严重。

这些问题的产生和存在，其根本原因就是有法不依、执法不严、违法不究。对于煤炭资源开采的管理和安全生产条件，《矿产资源法》《矿山安全条例》以及行业主管部门和各省（区、市）均有明确规定，关键是这些规定没有得到有效的贯彻落实。有的地方对发展乡镇煤矿的指导思想不正确，尤其是有些县（区）、乡一级政府的领导，只考虑发展乡镇煤矿有利于增加财政收入、农民致富和安排农村剩余劳动力的一面，而不考虑乡镇煤矿违法开采，不安全生产、会破坏国家资源和危害人民生命财产的一面。有的地方置国家法令于不顾，管理失控，放任自流。从目前情况看，如不采取有力措施，这些问题有继续加剧的趋势，将会给人民生命财产和国家资源造成更大损失。为此，现提出以下意见：

一、各级政府和有关部门，对当前小煤矿存在的问题必须高度重视，并切实落实管理责任制度。要充分认识各自在发展和管理煤矿工作中应承担的责任，下决心依法严格管理，扶持和引导其走上健康发展的道路。要利用各种形式，广泛宣传国家有关法律法规，教育广大农村干部和农民，特别是县（市）、乡两级干部，认识到发展煤矿生产，必须合理规划，依法开采，安全生产，决不能盲目蛮干，不能无视国家法律和规定，从而增强广大干部和群众的法制观念，自觉遵守和维护国家法律和政府的规定。

二、各省、自治区、直辖市人民政府要对贯彻《矿产资源法》《矿山安全条例》和国务院有关文件的情况进行认真检查，并结合贯彻《矿山安全法》，制定有力措施，对当地存在的问题限期予以解决。当前，要立即对在国营煤矿井田范围内的小矿进行清理，凡是危害国营煤矿安全生产无证开采的小矿要立即关闭，对已取得采矿许可证，但越层越界开采的小矿要责令退回本矿区范围内开采，以保证国营煤矿安全生产；对自身安全存在严重问题的乡镇煤矿以及其他小煤矿，也要立即关闭，避免发生重大恶性事故。

三、各级政府和有关部门要把以小煤矿的管理纳入法制轨道，这是解决小煤矿问题的根本途径。开办煤矿都要按照《矿产资源法》的规定进行审批，审批部门要认真履行职责，不符合规定的决不能批准，过去已经开办但不符合要求的要限期达到，对达不到要求的，坚决予以关闭；凡是不履行批准手续进行无证非法开采的煤矿要坚决取缔，造成严重后果的，要绳之以法，对负有责任的县、乡领导要坚决予以追究；对有证开采的小煤矿因不具备必要的安全生产条件而发生事故的，要追究批准办矿单位的责任。

四、清理小煤矿的工作关系群众的切身利益，涉及面广，政策性强，难度很大，各级政府要加强领导，严密组织；有关部门要各司其职，密切配合，确保清理整顿工作顺利进行。国营煤矿在保证企业正常生产的前提下，要支持并帮助地方发展经济，大小矿间的纠纷问题，要依靠地方政府做好工作。对一些好的经验，好的做法，要及时总结推广。

五、对其他小矿山的安全工作，也可按照本通知精神办理。

以上意见如无不妥，请批转各地区和有关部门贯彻执行。

劳　动　部
国务院经贸办地矿部
能　源　部
农　业　部
统配煤矿总公司
全国总工会
一九九二年十二月二十九日

35. 国务院批转中国民用航空局《关于加强民用航空安全管理的意见》的通知

各省、自治区、直辖市人民政府，国务院各部委、各直属机构：

国务院同意中国民用航空局《关于加强民用航空安全管理的意见》，现转发给你们，请遵照执行。

国务院

一九九三年一月十二日

关于加强民用航空安全管理的意见

国务院：

改革开放以来，我国航空运输发展很快。一九八〇年至一九九一年运输总周转量年均增长率20%，一九九二年达到32%。由于社会经济发展对空运需求过大，航空运输发展速度虽然很快，仍不能满足需求。在这种情况下，各地区、各部门纷纷要求购买或租赁飞机和成立航空公司。目前，全国非民航局直属的航空公司已有二十一家，另有九家正在筹办，还有十几个省市申请开办，加上民航局直属的十一家航空公司，我国现有三十二家航空公司经营航空运输和通用航空。总的来说，我国民用航空事业的发展是正常的，成绩是显著的。但因航空公司和飞机增加过快，民航内部结构不平衡的矛盾进一步加剧，给飞行安全管理带来不少问题，特别是从一九九二年七月三十一日到十一月二十四日的近四个月内，连续发生五起从事民用航空飞行的一等事故，死亡三百零九人，报废飞机和直升机五架。在这么短的时间里，连续发生这么多起重大空难事故，伤亡这么多人，给国家和人民生命财产造成不可挽回的重大损失，在我国民航历史上是没有过的。遵照国务院领导同志关于要“采取坚决措施加强适航证管理和其他安全措施，以杜绝此类事情发生”的重要批示精神，我们在对以往发生事故的原因和安全管理中存在的问题进行分析的基础上，对加强民用航空安全管理提出以下意见：

一、牢固树立“安全第一、预防为主”的思想。民用航空业对安全技术和管理要求很高，任何忽视安全的行为都有可能造成严重的后果和无法弥补的损失。所以，必须以对国家和人民高度负责的精神，正确处理好安全与业务经营的关系，任何岗位、任何环节、任何时候都要把安全放在第一位，认真做好飞行、机务维修、航管、气象、通信、运输服务、安全检查、训练以及机场保障等工作，以确保安全。从一九九三年起，每年由全国安全委员会和民航局共同对航空公司的飞行安全状况进行一次全面调查评估，平时也可随时进行检查，凡不能保障飞行安全的必须进行整改或停业整顿。

二、民航局要根据国家社会经济发展和实际可能，切实做好行业发展规划和结构调整计划，重点加强民航航行管制、机务维修、机场保障等基础设施建设和人员培训，特别是空勤人员培训。各地区、各部门要按照国家关于加强基础设施建设的产业政策规定和民航规划的要求，进行机场建设和购置飞机，促进我国民航事业稳定、协调地发展。

三、申请开办航空公司，要严格按规定条件、程序和标准报批，其他部门不得越权批准。对不具备开办航空公司条件的地方和单位，一律不得迁就照顾。未按国家规定批准的任何单位，不得经营民用航空运输和通用航空业务。凡未经合法手续批准自行经营航空运输和通用航空业务的民航企业，工商管理部门不得予以注册登记，民航局勒令其停业。

四、航空制造业、航空维修业、机场、学校均不得开办或合股开办航空运输企业。凡已经开办的应在六个月内停办，由上述单位与其他单位合办的，应抽回或转让其资产。有关资产转移问题，由开办单位商民航部门办理。

五、要大力加强维修工作，对维修企业针对不同情况逐个调查研究，逐个解决问题，并选派得力干部加强领导，下决心消除因维修工作跟不上造成对飞行安全的隐患。

六、未经民航局颁发适航证的飞机、直升机和驾驶执照的飞行员，不得从事民用航空飞行活动，已经民航局批准的民航企业不得超越规定的经营范围。购买和租赁民用飞机、直升机，必须按规定的审核程序进行。各地区、各部门不得进口未经民航局型号审查许可或适航检查批准的民用飞机、直升机从事航空运输。凡违反规定所签协议一律无效。对老旧飞机，由民航局适航部门逐型逐架进行适航检查和评估，凡不适航的一律停飞退役。

七、各航空公司聘用空地勤人员必须通过组织联系和按规定办理手续。凡不按组织手续办理而擅自聘用的，民航局将收回其驾驶执照和维修执照。

八、航空公司、机场、航行管制等单位的人员要立足民航，以高度的责任感做好本职工作，不得从事第二职业。

九、民航各部门要强化安全管理和监察工作，建立集中统一的安全管理和监察系统，采取多种有效方式对航空公司及飞行保障部门实施检查监督。民航企业要严格遵守国务院发布的有关民用航空法规，遵守民航局颁布的有关规章、标准、指令，自觉服从民航局的安全管理，接受其监督检查，并定期向民航局和地区管理局报告有关遵守规章制度保证飞行安全的情况。

十、要加快我国空中交通管制体制改革步伐，近期内重点改革我国紧张空域划分、航路设置和高度层配置等项制度，以增加空中交通流量，确保空中航行安全。

十一、军队飞机执行民用航空业务，仍按国务院、中央军委批准的《军队所属航空器从事不定期民用航空运输管理暂行规定》(国函〔1992〕14号) 和《国务院、中央军委重新颁发关于使用飞机执行各项专业任务的规定》执行。对从事民用航空运输的军队所属飞机、直升机及机组人员，由空军考核发证。对军队执行民用航空业务，由空军制定有力措施，拟定管理办法，严格把关，严格审核发证，加强军队飞机、直升机执行民用航空业务的管理，未经批准和不符合适航标准的一律不准飞行。

十二、要抓紧制定《航空法》和各项配套法规，通过法律规范全国民用航空活动，使我国的民用航空事业沿着法制轨道健康发展。

十三、对违反规定、规程而造成重大事故和严重损失的单位和个人，要追究责任，严肃处理。

以上意见如无不妥，请批转各地区、各部门贯彻执行。

中国民用航空局

一九九二年十二月二十一日

36. 国务院批转林业部《关于进一步加强森林防火工作的报告》的通知

1993年6月6日

各省、自治区、直辖市人民政府，国务院各部委、各直属机构：

国务院同意林业部《关于进一步加强森林防火工作的报告》，现转发给你们，请结合实际情况，认真贯彻执行。

森林火灾突发性强，危害性大。森林防火工作属于抢险救灾性质，直接关系国家和人民生命财产安全，是一项重要的社会性工作，是各级人民政府的重要行政职能。森林防火工作只能加强，不能削弱。国家森林防火总指挥部撤销后，地方各级人民政府要进一步负起森林防火的责任，林业部要做好对森林防火的检查、监督和协调，各有关部门要积极支持，共同做好森林防火工作。国务院同意由林业部牵头，组织有关部门建立部际联席会议制度，协调解决森林防火工作中的重大问题。原国家森林防火总指挥部的政策性、规范性文件仍然有效，要保持工作的连续性和稳定性。各级人民政府要认真执行《中华人民共和国森林法》和《森林防火条例》，坚持实行各级人民政府行政领导负责制，切实做好森林防火工作。要全面贯彻“预防为主、积极消灭”的方针，把各项预防和扑救措施落到实处，不断加强森林防火基础设施建设，努力提高我国的森林防火现代化、规范化、专业化水平。

关于进一步加强森林防火工作的报告

国务院：

我国的森林防火工作，以一九八七年大兴安岭特大森林火灾为转机，进入了一个新阶段。全国森林防火综合能力明显提高，森林火灾损失大幅度下降，对保护国家森林资源，促进国民经济发展，维护生态环境，保障林区安定发挥了重要作用。在新的形势下，森林防火工作出现了一些新的情况和问题，必须认真加以解决。森林防火任务日益繁重，森林防火工作只能加强，不能削弱。国家森林防火总指挥部撤销后，地方各级人民政府要进一步负起责任，切实做好森林火灾的预防和扑救工作。林业部将做好对各地森林防火的检查、监督和协调，各有关部门要积极支持，共同做好森林防火工作。现就进一步加强森林防火工作的意见报告如下：

一、进一步认识森林防火工作的重要性、长期性、艰巨性。森林防火是关系林业全局的大事，属于抢险救灾性质，是国家公安消防工作的重要组成部分。搞好森林防火工作，有利于保护森林资源，有利于林区安定，有利于集中精力抓改革开放和经济建设，有着巨大的经济效益、生态效益和社会效益。森林火灾受社会条件和自然因素的影响，在目前条件下，只要把工作做好，不发生大的森林火灾是可以办到的。但是，思想麻痹，工作放松，遇上恶劣条件，发生森林大火的危险性是随时存在的。地方各级人民政府，要把森林防火工作作为一项重要任务，常抓不懈，正确处理好经济建设和森林防火工作的关系，把加强行政领导，进行科学管理，讲究经济效益有机结合起来，不断提高森林防火工作的现代化、规范化、专业化水平。

二、继续坚持实行森林防火工作行政领导负责制，强化森林消防监督职能。根据《中华人民共和国森林法》和《森林防火条例》的规定，森林防火是各级人民政府的重要行政职能，森林防火工作实行各级人民政府行政领导负责制，省长、市长、县长、乡长，要对本地区的森林防火工作全面负责。实践证明，这是搞好森林防火工作的关键，应认真坚持。地方各级人民政府成立森林防火指挥部，是行之有效的组织形式，在政府换届或机构改革时，应及时调整充实，落实责任，搞好工作衔接。各级人民政府林业行政主管部门对森林防火工作负有重要责任，要依据《中华人民共和国消防条例》和《森林防火条例》的规定，在同级公安机关的协助下，认真实施森林消防监督。

国家森林防火总指挥部撤销后，与森林防火工作有关的部门，要继续做好所承担的森林防火工作。建议由林业部牵头，由有关部门参加，建立部际联席会议制度，协调解决森林防火的重大问题，遇有特别重大森林火灾，组织指挥扑救工作。

三、依靠全社会的力量，积极做好森林火灾的各项预防工作。预防和扑救森林火灾，是每个公民的义务。各地区、各有关部门，要开展广泛深入的宣传教育，提高全社会的森林防火意识，增强“森林防火、人人有责”的自觉性。要进一步强化林区的火源管理，严格执行有关的规章制度，严禁火种入山。要坚持火源管理同可燃物管理并重的原则，有计划有条件地消除林内可燃物，减少森林火灾隐患。要把森林防火责任落实到地块人头，经常检查，兑现奖惩。要认真搞好森林火险区划，不断完善森林火险天气预报工作，针对不同森林火险等级，采取不同的预防、扑救对策和措施。要积极开展争创无森林火灾单位活动。

四、进一步加强森林消防队伍建设，逐步提高专业化水平。森林火灾的扑救工作，要逐步做到“专群结合，以专为主”。要全面加强武装森林警察部队的革命化、现代化、正规化建设，理顺关系，明确任务，突出重点，努力提高部队的战斗力。充分发挥人民解放军和武警部队在森林防火灭火中的重要作用。国有林业局和大型国有林场应建立专职森林消防队。凡有森林防火任务的乡村，要有计划有重点地组建以民兵为主体的义务森林消防队，做到组织、任务、训练、机具四落实。要进一步加强航空护林工作。要有计划地搞好森林消防队伍的培训工作，克服平时毫无准备，发生森林火灾临时找人扑救的现象。要加强火场的统一指挥调度，努力减少经济损失和人员伤亡。及时查处森林火灾案件。

五、不断增加投入，切实加强森林防火基础设施建设。要把森林防火基础设施建设纳入各级人民政府的国民经济和社会发展计划。森林防火基础设施建设要同林业生产经营统筹安排，同步实施。国家和地方人民政府给予森林防火的各项优惠政策和扶持措施，要保持相对稳定。随着经济发展，地方各级人民政府要逐步增加森林防火资金投入，抓紧实施各级森林防火基础设施建设规划，努力提高森林防火综合能力。要积极开展森林防火科学研究，推广和运用先进科学技术，加强国际森林防火技术交流，逐步提高我国森林防火的现代化水平。

六、进一步完善全国森林防火工作体系，做到从上到下有专人管。进一步明确职能，建立岗位规范，健全工作制度。平时开展预防工作，进入防火期要坚持全天二十四小时值班，要有领导带班，及时处理有关问题。不断完善森林火灾调查统计和报告制度，及时发布森林火灾信息。

当前正值北方森林防火的最紧要时期，以上报告，如无不妥，请批转各地执行。

林业部

一九九三年五月十三日

37. 国务院关于加强安全生产工作的通知

各省、自治区、直辖市人民政府，国务院各部委、各直属机构：

近年来，我国的安全生产形势十分严峻。一九九二年各类事故造成死亡九万多人，伤十六万多人，直接经济损失数十亿元；特别是重大、特大恶性事故频繁发生，一次死亡十人以上或直接经济损失五百万元以上的事故多达一百七十四起。今年前几个月，各类事故仍居高不下，重大、特大恶性事故不但没有得到有效控制，反而比一九九二年同期增加许多。同时，职业危害问题也是相当严重的。这种状况，给国家和人民群众的生命财产造成巨大损失，影响改革开放和经济建设的健康发展。为此，国务院要求各地区、各有关部门和单位，必须以对国家和人民高度负责的态度，采取坚决有效的措施，迅速扭转目前安全生产状况不断恶化的局面，特作如下通知：

一、各地区、各有关部门和单位的领导同志，应当充分认识加强安全生产工作的重要意义，进一步增强搞好安全生产的责任感和紧迫感；要加强领导，扎扎实实地贯彻“安全第一，预防为主”的方针，努力抓好安全生产管理责任制和各项法规、制度及措施的落实；要高度重视安全生产中出现的问题，及时研究处理，认真抓紧解决。

二、在发展社会主义市场经济过程中，各有关部门和单位要强化搞好安全生产的职责，实行企业负责、行业管理、国家监察和群众监督的安全生产管理体制。应互相支持配合，共同努力做好安全生产工作，坚决防止发生重大、特大事故，尽量减少一般事故和减轻职业危害。

三、国务院确定，劳动部负责综合管理全国安全生产工作，对安全生产行使国家监察职权；负责安全生产工作法规、政策的研究制定；组织指导各地区、各有关部门对事故隐患进行评估和整改；代表国务院对特大事故调查结果进行批复，根据需要对特大事故进行调查。安全生产中的重大问题由劳动部请示国务院决定。

四、各级综合管理生产的部门和行业主管部门，在管生产的同时必须管安全，对企业的安全生产工作加强管理，帮助企业解决安全生产方面的实际问题，支持、指导企业搞好安全生产。

五、企业必须坚决执行国家的法律法规和方针政策，按要求做好安全生产工作；要自觉接受国家监察和行业管理，并结合本企业情况，努力克服安全生产中的薄弱环节，积极认真地解决安全生产中的各种问题。企业法定代表人是安全生产的第一责任者，要对本企业的安全生产全面负责。

六、各级政府和各有关部门应充分重视乡镇企业、外商投资企业和私营企业的安全生产工作，对这几类企业加强安全管理，区别不同情况给予必要的指导，提出严格要求，进行经常性的监督检查。同时严格外商投资企业立项审批工作，严禁将职业危害严重和安全可靠性差的项目引入我国。

七、各地区、各有关部门和单位在机构改革和企业转换经营机制过程中，对安全生产工作只能加强，不能削弱，要有机构和人员负责安全生产工作，要增加安全生产的资金投入，用好技措经费、通过技术改造消除事故隐患，改善劳动条件。

八、要加强安全生产方面的法制建设和制度建设，在目前已有法规、制度的基础上，通过总结经验教训，加快安全生产法规、标准和制度的补充、完善。应强调有法必依、执法必严、违法必究，并强调制度的严肃性，对违反制度的必须予以追究，把安全生产工作纳入法制和制度管理的轨道。要进一步做好事故的调查处理工作，事故发生后立即严肃认真地查处，对因忽视安全生产工作，违章违纪造成事故的，必须坚决追究领导人员和当事人的责任，构成犯罪的，由司法机关依法追究刑事责任；要认真吸取教训，提出有效的防范措施，防止事故再次发生。

九、要广泛深入开展宣传教育，增强全体职工的安全意识和搞好安全生产的自觉性。可通过新闻媒介，采取多种有效形式，经常宣传安全生产的重要性及如何搞好安全生产工作。应注意用正反两方面的典型事例并结合企业实际情况，开展生动活泼的宣传教育。

同时，应提倡和鼓励广大群众对安全生产工作进行必要的监督。

十、要加强安全培训工作，对所有上岗人员应进行安全生产知识和技能的培训，并根据不同行业特点，运用多种形式和手段，加强对管理干部的安全培训，努力提高全体职工的安全素质。

十一、在安全生产管理中，各级政府及其有关部门要转变职能，认真贯彻《全民所有制工业企业转换经营机制条例》；应注意工作方法和减轻企业负担，到企业检查安全生产工作要按国家规定办事，简化程序，讲求实效。

各省、自治区、直辖市人民政府和国务院各有关部门，应根据本通知精神，认真检查当前安全生产状况，找出存在的问题，尤其要查清事故隐患，提出具体措施加以解决；对一九九二年和一九九三年上半年发生的特大事故，尚未结案的要抓紧处理。请于八月底前将贯彻本通知的情况报送劳动部，由劳动部汇总报告国务院。

国务院

一九九三年七月十二日

38. 国务院关于控制重大、特大恶性事故的紧急通知

国发明电〔1993〕17号

1993年10月27日

《国务院关于加强安全生产工作的通知》发出后，各地区、各有关部门做了大量工作，但安全生产形势仍然十分严峻。8月份以来，重大、特大恶性事故仍未得到有效控制，各类事故频繁发生：

8月5日，深圳市安贸危险物品储运公司化学危险品仓库发生特大爆炸火灾事故，死亡15人，伤200人，直接经济损失超过2亿元；

8月11日，浙江省巨化集团公司电化厂发生液氯泄漏事故，中毒200人；

8月12日，北京市隆福大厦发生火灾，直接经济损失预计2000多万元；

9月23日，青岛化工厂发生液氯泄漏事故，死亡1人，中毒100多人；

9月28日，华北油田一预探井发生井喷，喷出大量硫化氢气体，死亡21人，疏散22.6万人；

10月11日，黑龙江省鸡东县保合煤矿发生特大瓦斯爆炸事故，死亡70人；

10月17日，四川省峨眉山市一渡船超载触礁，失踪17人；

10月18日，江苏省徐州市大刘庄煤矿发生煤尘爆炸，死亡40人；

10月19日，广西壮族自治区马山县乔利乡一无证无照渡船超载翻沉，死亡2人，失踪23人；

10月21日，金陵石化公司南京炼油厂1万吨轻质汽油罐发生爆炸燃烧事故，死亡2人，造成重大经济损失。

各级政府、各有关部门应充分认识到，目前重大、特大恶性事故不断发生的

情况已严重影响经济建设和社会安定，必须引起高度重视，切实采取有效措施，迅速扭转重大、特大恶性事故接连发生的局面。为此，特作如下紧急通知：

一、各省、自治区、直辖市人民政府和国务院有关部门的主要领导同志要立即组织力量，到生产第一线狠抓安全生产工作，认真进行安全生产检查，消除重大事故隐患。对不具备基本安全生产条件的企业，要下决心进行整改。

二、这次安全生产检查的重点是：交通运输系统，煤矿瓦斯、煤尘爆炸隐患，易燃易爆危险场所，各种压力容器、储油罐和起重机械等特种设备。要组织企业针对存在的问题进行自查，要求一切防火防爆等安全设施都随时保持完好状态。

三、严肃处理事故，企业法定代表人是安全生产的第一责任者，发生事故，首先要追究企业法定代表人的责任。对因严重官僚主义和忽视安全生产工作造成重大事故的，要从重处理，不得姑息迁就。对今年以来发生的重大、特大恶性事故，要抓紧处理结案。

四、目前是完成今年各项任务的关键时期，各地区、各有关部门要注意做好冬季安全生产工作。交通运输、矿山、建筑、化工、火炸药、烟花爆竹等各类企业，必须进一步加强严格管理，坚决制止各种违反安全规程、操作规程、劳动纪律以及乱指挥的现象，防止发生事故。

五、要充分利用广播、电视、报刊等宣传工具加强宣传教育，向社会各界宣传安全生产的重要性，提高全民的安全生产意识，对忽视安全而造成重大事故的典型事例要予以曝光。

六、各级劳动部门要切实履行职责，加强对安全生产的监察、监督工作。

七、各地区、各有关部门要在年底前，将贯彻本通知的情况报送劳动部，由劳动部汇总报告国务院。

39. 国务院办公厅转发公安部《关于当前火灾情况和进一步加强消防工作意见的报告》的通知

1993 年 11 月 26 日

各省、自治区、直辖市人民政府，国务院各部委、各直属机构：

公安部《关于当前火灾情况和进一步加强消防工作意见的报告》已经国务院同意，现转发给你们，请认真贯彻执行。

近年来，我国火灾事故日趋增多，造成了重大经济损失和人员伤亡，影响了经济建设和社会稳定。各级人民政府务必引起高度重视，切实采取有效措施，进一步加强消防工作，遏制重大、特大火灾事故的发生，保障改革开放和经济建设的顺利进行。

关于当前火灾情况和进一步加强消防工作意见的报告

国务院：

近几年来，我国城乡火灾损失每年以 20% 的速度递增。一九九二年，全国火灾直接经济损失近七亿元，接近发生大兴安岭大火的一九八七年的历史最高水平。今年火灾形势更为严峻。截至十月底，全国共发生火灾二万八千一百九十三起，死亡一千四百八十人，受伤三千八百四十七人，直接经济损失八点四亿元，是建国以来火灾最为集中、损失最为严重的时期。其中特大火灾一百五十五起，烧毁大中型商场三十五个、物资仓库二十二座、工厂四十二个以及歌舞厅、宾馆、饭店十九家，直接经济损失五亿多元。二月十四日，唐山市东矿区林西百货大楼发生火灾，死亡八十一人，受伤五十三人，直接经济损失四百多万元；五月十三日，南昌市万寿宫商城发生火灾，包括两层商场和一百多户居民住宅的八层综合性大楼全部烧毁坍塌；七月五日，大连经济开发区中日合资医疗器具有限公司发生火灾，直接经济损失一千三百七十六万元；七月二十一日，福建省惠安县螺城镇小商品市场发生火灾，死亡十五人，直接经济损失四百万元；八月五日，深圳市安贸危险物品储运公司化学危险品仓库发生火灾爆炸事故，死亡十五人，受伤二百余人，直接经济损失二点五亿元；八月十二日，北京市隆福大厦发生火灾，直接经济损失二千一百万元；八月二十三日，昆明市东方夜总会发生火灾，直接经济损失一千六百六十五万元；十月二十一日，金陵石化公司南京炼油厂一万吨轻质汽油罐发生火灾，死亡二人，造成重大经济损失。特别是在国务院发出《关于控制重大、特大恶性事故的紧急通知》和召开全国安全生产工作紧急电话会议之后，一些地区、部门和单位没有认真吸取事故教训，没有按要求做好工作，重大、特大火灾事故仍在发生。十一月十九日，深圳市龙岗区葵涌镇致丽工艺玩具厂发生火灾，死亡八十三人，受伤四十四人。火灾不断增多，特别是特大火灾接连发生，造成了重大的经济损失和人员伤亡，影响了经济建设和社会稳定。

当前火灾严重的原因是多方面的，但主要是主观上对消防安全认识不足、重视不够、管理不严。归纳起来有以下几点：一是一些地方和企业负责人片面追求发展速度和一时的经济效益，严重忽视消防安全。对未经公安消防监督部门审核的新建、扩建、改建项目，擅自批准开工建设；对没有建设配套消防安全设施等不具备安全生产条件的，强令投入使用；对重大火险隐患存有侥幸心理，久拖不改，致使重大火灾不断发生。二是一些企业没有摆正安全与生产的关系，甚至把消防安全与生产经营对立起来，没有在转换经营机制过程中把新的行之有效的消防安全管理机制建立起来。消防安全的组织、制度、措施很不落实，严重削弱了消防安全工作。三是消防基础建设发展缓慢，消防装备落后，消防力量不足。有些新建、扩建的市区、开发区、边贸口岸，没有把消防队站、消防给水、消防通讯、消防通道等消防基础建设纳入总体建设规划同步进行。不少城市在迅速发展，而消火栓和消防供水量却有减无增。全国公安消防部队现有的消防车辆有40%已达到退役年限，登高、排烟、照明、救生、破拆、防护等器材和其他特种消防车辆装备严重缺乏，常常贻误灭火战机，使小火酿成大灾。

为了进一步加强消防工作，保障国家和人民生命财产安全，根据《国务院关于加强安全生产工作的通知》和《国务院关于控制重大、特大恶性事故的紧急通知》(国发明电〔1993〕17号）精神，现提出以下意见：

一、进一步提高对消防安全的认识，加强对消防工作的领导。消防安全是经济建设的重要保障，消防建设也是经济建设和社会发展的组成部分。各地区、各部门、各单位要重视消防安全工作，树立“安全第一，预防为主”的思想，正确认识和处理经济效益与安全生产的关系，认真贯彻执行有关的消防法规和技术规范，落实消防安全领导责任制、岗位责任制等制度，不断改善和加强安全生产条件，在安全中求发展、求效益。各地区、各部门要把消防工作列入议事日程，及时研究解决消防工作中存在的问题。各类企业在组织结构调整、经营方式转变过程中，要加强劳动纪律和安全培训，严格各种规章制度，落实各项消防安全措施，切实做好消防安全工作。新建、扩建、改建的重要工程项目，包括引进外资的项目，必须建设配套的消防设施。违反消防法规、没有消防安全配套设施或存有重大隐患的项目，不得投入使用。同时，要加强全民消防安全教育，将其纳入学校教育、职业教育和社会教育之中，增强全民的消防安全意识。

二、加强城市公共消防基础设施建设，使之与经济建设、城市建设同步发展。各级人民政府要组织有关部门对本地区的城市消防基础设施建设情况进行一次检查并制定消防规划，纳入城市建设总体规划之中，有计划、有步骤地解决城市消防队站、消防给水、消防通讯、消防通道等方面存在的实际问题。问题严重的大中城市，要下决心采取紧急措施，进行专项治理，力争近期内取得明显成效。在城市总体布局中，必须将生产、储存易燃易爆化学危险物品的工厂、仓库独立设在安全地区，要符合安全规定的要求。

三、大力发展多种形式的消防队伍。从我国的国情出发，贯彻改革的精神，充分发挥中央和地方、政府和社会几个积极性，在继续建设好现役制消防部队的同时，大力发展多种形式的地方、民间消防队伍。一些经济特区、开发区和经济比较发达的市（县）、乡镇可以按照谁投资、谁受益的原则，自主建立各种形式的专职消防队。企业专职消防队特别是火灾危险程度高的企业的专职消防队，是我国一支重要的消防力量，应适度发展，以适应当前防火灭火的需要。各企事业单位和街道、村镇，要加强群众义务消防团、队的建设，增强自防自救能力。

四、发展消防科技，增加消防投入，改善消防装备。在继续引进一些国外先进消防技术的同时，要加强我国消防科学技术的研究、开发和利用，逐步改变我国消防科技研究和消防器材生产落后的状况。随着经济建设的发展，各地区、各部门可根据实际情况，适当增加用于消防的经费。要加快消防车辆装备更新换代的步伐，以大中城市为重点，尽快装备一批急需的排烟、照明、破拆、救生器材和呼吸器、隔热服等消防必需的防护器材以及大吨位水罐车、登高车等特种消防车辆装备，以适应扑救各种火灾和社会救援的需要。

五、加强消防法制建设，严格消防监督。现行的消防法规，是多年消防工作经验教训的总结，必须认真执行。对一些已不适应当前形势需要的法规条款，我们将与有关部门协商，抓紧修改、补充和完善，以适应建立社会主义市场经济体制的需要。各级公安部门要充分发挥职能作用，依法严格监督。各级领导要支持公安部门的消防监督检查工作。有关单位要自觉遵守消防法规，接受监督，积极排除火险隐患，认真落实各项防范措施。对发生的重大、特大火灾事故，要逐起查明原因，追究直接责任人员和有关领导的责任，严肃处理。典型案件要公开报道，以教育广大干部群众。

以上报告，如无不妥，请转发各地区、各部门执行。

公安部

一九九三年十一月二十一日

40. 国务院办公厅转发劳动部 国务院法制局《关于深入贯彻实施〈矿山安全法〉的意见》的通知

各省、自治区、直辖市人民政府，国务院各部委、各直属机构：

劳动部、国务院法制局《关于深入贯彻实施〈矿山安全法〉的意见》已经国务院同意，现转发给你们，请认真贯彻执行。

国务院办公厅

一九九四年十月二十六日

关于深入贯彻实施《矿山安全法》的意见

国务院：

今年上半年，劳动部和国务院法制局组织对贯彻实施《中华人民共和国矿山安全法》(以下简称《矿山安全法》)的情况进行了检查。总的看，大部分地区和有关部门对贯彻实施《矿山安全法》是重视的。许多地区和部门制定了贯彻实施规划，提出了具体要求，学习宣传和培训工作也开展得比较好。目前，已有13个省、自治区、直辖市制定了《矿山安全法》实施办法。许多矿山企业重新修订岗位责任制，规范了每个岗位的安全责任。对乡镇矿的管理，多数地区和有关部门做了大量工作。许多地区把乡镇矿分类排队，制定规划，限期整改，整顿和关闭了一批不具备基本安全生产条件的矿井。一些地区对今后开办乡镇矿规定了标准和审批程序，对不符合标准的坚决不批，逐步把乡镇矿管理纳入规范化轨道。

检查中发现的问题主要是，有的对通过贯彻《矿山安全法》以实现本地区、本行业和本单位安全生产形势的根本好转认识不足，突出表现在强调本地区、本行业和本单位的特殊性，习惯于过去的做法，不认真贯彻执行《矿山安全法》；有的安全管理工作不到位，安全监督机制还不健全，监督检查的力度不够。这些都是导致目前矿山安全生产出现恶化趋势的重要原因。当前全国矿山安全生产形势是严峻的。据统计，今年1至8月全国因矿山事故死亡7375人，比去年同期上升14.77%。其中煤矿死亡6071人，上升20.15%；非煤矿死亡1304人，下降5.03%。特别是一次死亡3人以上的重大伤亡事故大幅度上升，事故总量和死亡人数分别比去年同期上升30.07%和48.13%。

为了保证《矿山安全法》全面深入地贯彻实施，有效控制当前矿山事故上升的趋势，特提出如下意见：

一、要把贯彻实施《矿山安全法》，依法治矿作为一件大事认真抓好。我国是采矿大国，采矿业的发展为国民经济作出了重要贡献。但是，矿山安全管理工作薄弱，安全生产情况不好、伤亡事故严重的问题，应当引起各级政府和有关部门的高度重视。特别是在当前发展社会主义市场经济的条件下，随着各种经济成分的矿山企业大量开办，加强矿山安全生产工作尤其重要。解决好这个问题，必须依靠法治。《矿山安全法》是为了保障矿山安全生产，保护职工人身安全和避免财产损失而制定的。各级政府和有关部门应对贯彻实施这一法律进一步加强领导，采取切实有效的措施，从根本上解决本地区、本行业的矿山安全问题。特别是矿山事故上升的地区和行业，要认真检查存在的问题，抓紧研究解决办法，保证《矿山安全法》的有效实施。

二、要继续抓好《矿山安全法》的学习宣传工作，使广大干部群众进一步了解和掌握有关法律知识，增强执法、守法的观念。这是贯彻实施《矿山安全法》的基本要求。各级政府和有关部门要充分利用各种宣传舆论工具，继续开展各种形式的学习宣传活动，把《矿山安全法》宣传到千家万户。各级劳动部门、矿山企业主管部门和矿山企业，对学习《矿山安全法》应有更高的标准和要求，要订出学习计划，采取培训、考核等方式组织广大职工认真学习，切实领会精神。同时，要认识到深入学习宣传《矿山安全法》不仅是当前的一项重要任务，也是今后的长期任务，要根据需要及时开展好学习宣传工作

三、要抓紧依法建立矿山安全生产新秩序。实施《矿山安全法》应当抓好两个重点：一是引导企业按照法律规定，建立健全矿山安全生产工作的自我约束机制。自觉维护法律的尊严，认真接受执法部门的监督检查，是企业的责任和义务，那种只重视生产，不重视安全的行为，是法律所不能允许的。二是各级政府和有关部门要把《矿山安全法》赋予的监督和管理职责落实到位，建立起有效的监督、管理机制。对于监督和管理的职责，《矿山安全法》规定得很明确，关键是要各司其职，各负其责，互相支持，密切配合，形成合力。各级政府、各有关部门及有关单位和个人都要维护法律的严肃性和统一性。

四、要下决心清理整顿好乡镇矿。落实《矿山安全法》，乡镇矿是个突出的难点。现在全国有 20 多万个乡镇矿，无证开采，乱采滥挖，不具备基本安全生产条件的问题非常严重。对于解决这些问题，国家和地方都有规定，关键是要做到有法必依、执法必严、违法必究。各级政府要协调各方面的力量，正确处理安全与效益、局部利益与全局利益的关系，抓好综合治理。对本地区现有的乡镇矿要分类排队，制定规划，限期整改，不符合《矿山安全法》规定的要坚决关闭。要依据《矿山安全法》制定开办乡镇矿的安全生产标准和条件，建立严格的审批程序，对不符合规定的一律不批。

五、要严格执法，依法加强监督检查。《矿山安全法》能不能落实好，与能不能严格执法有很大关系。对于违反《矿山安全法》的行为，特别是对一些伤亡大、损失严重，社会影响恶劣的事故，必须依法严肃查处，决不姑息迁就。各地区对今年以来的矿山事故结案情况要进行一次检查。要通过严格执法，形成有效的威慑力量。各级劳动部门一定要认真履行矿山安全监督职责，对检查和发现的问题要及时予以纠正。矿山安全监督人员要努力提高自身素质，秉公执法，用好人民赋予的权力。加强监督检查，还应充分发挥各级工会组织和广大职工的监督作用，共同查隐患、堵漏洞、保安全。

六、要抓紧制定实施条例和实施办法，完善配套法规。国务院制定矿山安全法实施条例的工作正在抓紧进行。矿山安全法实施办法没有制定发布的地区应抓紧研究，争取尽快制定发布。各地区和有关部门要根据《矿山安全法》进一步清理和完善有关法规、规章和规范性文件，没有制定的要抓紧制定，不完善的要修订完善，与《矿山安全法》有抵触的要废止或修改，以逐步形成完整的矿山安全法规体系。

以上意见如无不妥，建议批转各地区、各有关部门遵照执行。

劳　动　部

国务院法制办

一九九四年十月十日

41. 国务院办公厅关于坚决防止发生重大、特大火灾事故的紧急通知

国办发明电〔1994〕38号

1994年12月9日

各省、自治区、直辖市人民政府，国务院各部委、各直属机构：

入冬以来，吉林、辽宁、新疆等地连续发生重大、特大火灾事故，伤亡数百人，给国家和人民的生命财产造成了严重损失。党中央、国务院对此非常重视，要求各级政府、各有关部门和单位立即采取有力措施，坚决防止火灾特别是重大、特大火灾事故的发生。经国务院同意，现紧急通知如下：

一、各级政府要充分认识火灾的严重危害，以对国家和人民高度负责的态度，重视并抓好安全防火工作，要针对存在的问题和薄弱环节，采取切实有效措施加以解决，一项一项地督促落实。

二、各地要立即认真组织一次安全防火大检查。对歌舞厅、影剧院、宾馆、饭店、商场等人员密集的公共场所和存放易燃易爆等危险物品的场所，一定要严格按照国家和地方颁布的消防法规和规范标准，逐个检查并加强安全管理，消除火灾隐患。凡不符合安全规定的，要采取断然措施予以查封或关闭。对置若罔闻者，要坚决依法查处。

三、公安机关要认真履行国家赋予的消防监督职责，加大执法力度，依法严格监督。对各类工程项目，都必须按照国家规范严格防火审核。各部门、各行业都要高度重视安全防火工作，在抓生产、经营的同时，把安全防火工作摆到应有位置，依法履行责任。要加强对广大群众的安全防火宣传教育，普及安全防火知识，时刻警惕发生火灾，增强自防自救能力。

四、依法严惩重大、特大火灾事故的有关责任人员。对已发生的重大、特大火灾事故，要认真逐起查清原因，追究肇事者和有关责任人员的法律和行政责任。对发生重大、特大火灾事故负有责任的领导人员，要严肃处理。

42. 国务院办公厅关于特大事故批复结案工作有关问题的通知

国办函〔1996〕60号

各省、自治区、直辖市人民政府，国务院有关部门：

为认真贯彻落实《国务院关于加强安全生产工作的通知》(以下简称《通知》)的有关规定，进一步做好特大事故的批复结案工作，促进安全生产，经国务院领导同志同意，现就有关问题通知如下：

一、根据《通知》关于由劳动部代表国务院对特大事故进行批复等规定，今后凡发生特大事故，有关省、自治区、直辖市人民政府或国务院有关部门，应按《特别重大事故调查程序暂行规定》等有关文件要求及时组织调查工作，调查报告在呈报国务院的同时抄送劳动部，以便该部及时批复结案。劳动部批复时，可根据需要对事故进行再调查，重大问题应请示国务院决定。

二、特大事故调查报告的呈报和批复时限：特大事故发生后，有关省、自治区、直辖市人民政府或国务院有关部门，原则上应在90日内向国务院及劳动部报送事故调查报告，特殊情况不得超过120日；劳动部收到事故调查报告后，应在30日内批复结案并报国务院备案，特殊情况不得超过60日。由劳动部组织调查的特大事故，亦应按上述时限办理。

三、做好对特大事故的批复结案工作是加强安全生产的一项重要内容，各地区、各有关部门务必进一步引起高度重视，严格贯彻执行国家的有关规定，以高度负责的精神和实事求是的态度，切实把这项工作做好，确保安全生产和社会稳定。

国务院办公厅

一九九六年九月十四日

43. 国务院办公厅转发劳动部《关于认真落实安全生产责任制的意见》的通知

各省、自治区、直辖市人民政府，国务院各部委、各直属机构：

劳动部《关于认真落实安全生产责任制的意见》已经国务院同意，现转发你们，请认真贯彻执行。

国务院办公厅

一九九七年十月二十日

关于认真落实安全生产责任制的意见

近几年来，在党中央、国务院的领导下，经过各地区、各有关部门的共同努力，我国安全生产工作取得了很大成绩，总的形势是好的。但是，今年以来重大、特大事故接连发生，给国家和人民生命财产造成巨大损失，影响经济发展和社会稳定。究其原因，一个突出的问题是安全生产责任制不健全、违章现象严重、事故隐患得不到及时消除等。为切实改变这种状况、有效预防事故的发生，现就认真落实安全生产责任制问题提出如下意见：

一、安全生产是关系国家和人民群众生命财产安全、关系经济发展和社会稳定的大事，各地区、各有关部门（行业）和企业务必把这项工作列入重要议事日程，切实抓紧抓好。要按照“企业负责、行业管理、国家监察、群众监督和劳动者遵章守纪”的总要求，以及管生产必须管安全、谁主管谁负责的原则，建立健全安全生产领导责任制并实行严格的目标管理。行政正职和企业法定代表人是安全生产第一责任人，对安全生产工作应负全面的领导责任；分管安全生产工作的副职应负具体的领导责任；分管其他工作的副职，在其分管工作中涉及安全生产内容的，也应承担相应的领导责任。各地区、各有关部门（行业）和企业都要建立健全安全生产考核奖惩制度，对认真履行职责、做出显著成绩的，要给予表彰奖励；对履行职责不好、安全生产目标计划不能实现的，应进行批评教育或给予相应的行政、经济处罚；对因玩忽职守、失职渎职而造成重大、特大事故的，要依照法律和其他有关规定进行严肃处理，决不姑息迁就。

二、地方各级人民政府都应制定安全生产规划并纳入国民经济和社会发展的总体规划，认真研究解决本地区安全生产的重大问题。要加强安全生产的法制建设，做到有法可依、有法必依、执法必严、违法必究，确保有关法律、法规和国家关于安全生产的方针政策的贯彻执行。要加强事故预防工作，按规定对危险性大、职业危害严重及重点项目的建设把好审批立项关，要对项目进行安全可行性论证和安全卫生评价；对威胁公众安全的重大事故隐患和危险设施、场所，要组织有关部门进行安全性评估，落实整改责任单位；对不能立即消除的重大事故隐患，必须采取严密的防范措施并制定应急计划。要加强安全生产的宣传教育，努力提高广大人民群众遵章守纪的自觉性和安全生产意识。

三、各有关部门（行业）应切实加强对本部门（行业）及所属单位安全生产的管理工作。要根据本部门（行业）实际，制定安全生产中、长期规划和年度工作计划并认真组织实施。要坚决贯彻执行国家关于安全生产的法律、法规和方针政策，制定和实施本部门（行业）的安全生产规章、规程及技术规范。要加强对所属企业安全生产工作的指导和监督，认真审核企业的安全生产计划，督促企业确保对安全生产的资金投入，帮助企业建立健全安全生产的激励和制约机制，全面落实安全生产责任制。要切实把好本部门（行业）建设工程项目安全设施设计的审批关并按规定组织竣工验收，加强对重大事故隐患和危险源的整改和监控工作，积极开展安全生产的技术开发和推广、应用。要认真组织对本部门（行业）的安全生产检查，抓好安全生产的宣传教育和培训等工作，加强安全生产的队伍建设。要按照有关规定认真组织或参与重大事故的调查处理工作。

四、各企业要严格按照国家关于安全生产的法律、法规和方针政策，制定详尽周密的安全生产计划，健全各项规章制度和安全操作规程，落实全员安全生产责任制。要加强安全生产管理机构建设，按国家规定保证对安全生产的资金投入。要不断改善劳动条件，定期进行安全检查，对存在的事故隐患应按规定及时整改，发生重大事故必须立即组织抢救并报告有关部门。企业法定代表人应定期向职工代表大会或职工大会报告安全生产工作情况，接受职工群众监督。要加强对职工的安全生产教育和培训，教育他们严格遵守有关法律、法规以及规章制度和操作规程，增强安全生产意识，帮助他们学习并掌握必要的安全生产知识，熟练掌握岗位安全操作技能，提高自我保护和处理突发事件的能力。

五、各级劳动行政部门要认真履行安全生产的综合管理职能和行使国家监察的职权。要切实加强安全生产工作的综合与协调，定期分析安全生产形势，研究安全生产中的重大问题并提出相应对策，为党委和政府当好参谋助手。要加强对贯彻执行有关法律、法规和方针政策的监督检查，做到执法必严、违法必究。要认真做好经常性的安全监察和事故监察工作，对重大事故隐患和危险源要及时督促有关单位进行整改和监控，对特种设备应按照国家规定实行安全认可制度，要认真做好事故调查、处理和批复工作，加强劳动安全监察队伍建设。要积极组织安全生产管理科学研究，努力探索适应社会主义市场经济要求的安全生产管理模式。

六、各地区、各有关部门（行业）要十分重视群众监督、新闻舆论监督和社会监督对安全生产工作的促进作用。要充分发挥工会组织的监督作用，积极支持工会组织开展职工遵章守纪和预防事故的群众性活动。要利用各种新闻媒体广泛宣传有关安全生产的法律、法规和方针政策，宣扬好的典型。同时，对那些因管理松懈、责任制不落实等原因而造成重大事故的典型事件，应公开曝光、依法追究责任。要支持和激励广大人民群众举报违反安全生产法律、法规等行为，严禁打击报复举报人，促进安全生产工作迈上一个新的台阶。

劳动部

一九九七年九月十一日

44. 国务院办公厅关于认真贯彻《消防法》进一步加强消防工作的通知

各省、自治区、直辖市人民政府，国务院各部委、各直属机构：

《中华人民共和国消防法》(以下简称《消防法》)将于1998年9月1日起施行，这是把消防工作纳入法制化轨道的又一个重要步骤，对于加强消防工作，预防火灾和减少火灾灾害，保护公共财产和公民人身及财产安全，维护社会安全，促进社会主义现代化建设，具有十分重要的意义。

在党中央、国务院的正确领导下，通过各地区、各有关部门和全社会的共同努力，我国的消防事业有了长足发展，为促进经济建设与社会发展作出了重要贡献。但是，也必须看到，长期以来消防法制不健全、消防安全责任不落实、消防建设特别是公共消防设施建设滞后、全社会抗御火灾的能力薄弱等问题仍未得到根本解决，重大、特大火灾时有发生，消防工作形势依然相当严峻。为此，党中央、国务院领导同志多次作出重要指示，要求切实加强消防工作。为了确保《消防法》的有效贯彻和严格执行，经国务院领导同志同意，现就有关问题通知如下：

一、各级人民政府要切实加强对消防工作的领导。做好消防工作是《消防法》赋予各级人民政府的重要职责，是对人民负责的具体体现。各级人民政府要充分认识消防工作的重要性，以对党和人民高度负责的态度，切实加强对消防工作的领导。要把消防安全工作纳入政府的任期目标，列入重要议事日程，建立健全消防安全工作责任制。要按照有关规定把消防工作纳入国民经济和社会发展计划，认真研究和解决消防工作中的重大问题，使消防工作与本地区的经济建设和社会发展相适应。要明确政府各有关部门的职责，加强督促检查和组织协调，指导有关部门共同做好消防工作。同时，要大力支持公安消防部门的工作，帮助他们解决工作中的实际困难和问题，为其正常履行职责、开展执法活动提供帮助。

二、严格落实消防安全责任制。各单位要认真贯彻执行《消防法》及其他有关法律、法规，加强消防安全管理，严格落实消防安全责任制。单位的主要负责人或法定代表人要对本单位的消防安全工作负全面责任，单位内部要逐级落实防火责任制和岗位防火责任制，所属部门（班组）负责人及每个岗位的人员要对自己的管辖的工作范围内的消防安全负责，坚决杜绝各种违背法律和规章制度的行为。有关部门和行业，特别是城建、工商、教育、宣传、文化、旅游等部门及生产易燃易爆危险物品的行业要各负其责，按照有关规定并结合自身特点制定和严格落实各项消防安全措施，及时发现和消除火灾隐患，提高自防自救能力。凡设有各种建筑消防设施的单位，必须落实日常检查维修制度，确保消防设施的完好，使其他在预防火灾和扑灭初期火灾中发挥应有作用。

三、加快公共消防设施和消防装备建设。各地和各有关部门要按照《消防法》和《消防改革与发展纲要》的规定，抓紧制定并实施城市消防规划，加快城市消防站、消防供水、消防通信、消防车通道等公共消防设施和消防装备建设，逐步建立起较为完善的消防保障体系。要把公共消防设施和消防装备建设列入能源、交通和城市基础设施建设的总体规划。凡是新建、扩建城市及开发区，消防规划和公共消防设施建设必须同步进行。全国所有城镇都要尽快完成制定城市消防规划的工作，地级以上城市要抓紧实施消防规划。2000 年前，城市公共消防设施和消防装备的配备率要达到国家标准的 80% 以上。

四、建立多种形式的消防队伍。建立多种形式的消防队伍，是贯彻预防为主、防消结合的方针和坚持专门机关与群众相结合原则的重要条件，是加强消防工作的重要内容。地方各级人民政府要根据经济建设和社会发展要求，大力发展包括专职消防、义务消防在内的多种形式的消防力量，特别是要建立和加强专职消防队伍。对于没有消防队伍或消防力量不足的城市和城市中的重要地区以及年产值超亿元的乡镇，要按照形式多种的要求建立或充实消防队伍。生产规模大、火灾危险性大的企业以及民用机场、大型港口、仓库等，都要按规定建立和加强专职消防队伍。各级公安消防部门要进一步加强业务指导和专业培训工作，努力提高消防队伍的整体素质和实战能力，把消防工作提高到一个新的水平。

五、强化消防法制和消防知识教育。各级人民政府及有关部门要认真开展学习、宣传《消防法》的活动，以此为契机大力加强消防法制和消防知识的宣传教育工作，增强全民法制观念和消防意识。各级新闻、宣传、文化等部门要按照党委、政府的统一部署和要求，利用群众喜闻乐见的形式和各种传播媒介、宣传手段，积极、主动地做好消防宣传工作。各行各业和各有关单位要结合实际，有重点地进行经常性的消防安全知识的宣传教育和培训，努力提高职工的消防安全技能。各类学校要对学生进行必要的消防知识教育，增强学生的消防意识和自防自救能力。

六、加大监督检查和查处火灾事故工作的力度。各级公安消防部门要认真履行职责，秉公执法，热情服务。要切实加强监督检查，发现火灾隐患尤其是重大火灾隐患，要及时向上级报告，依法督促并指导有关单位立即整改，确保消防安全。对监督检查不力，甚至玩忽职守、失职渎职并导致严重后果的，要依法追究有关人员的责任。要进一步加强对火灾事故的调查处理工作。凡发生火灾事故，必须按照国家的有关规定认真组织调查，彻底查明原因、分清责任，依法严肃处理。同时，要认真总结经验教训，及时研究提出整改措施，严防火灾事故的发生。

国务院办公厅

一九九八年八月十四日

45. 国务院办公厅关于做好合并中央与地方水上安全监督机构工作的通知

天津、河北、内蒙古、辽宁、吉林、黑龙江、上海、江苏、浙江、安徽、福建、江西、山东、湖北、湖南、广东、广西、重庆、四川、云南省（自治区、直辖市）人民政府，交通部：

国务院批准的《交通部职能配置、内设机构和人员编制规定》(国办发〔1998〕67号）规定，沿海（包括岛屿）海域和港口、对外开放水域及主要跨省、自治区、直辖市内河（长江、珠江、黑龙江）干线及港口的水上安全监督管理，实行“一水一监、一港一监”垂直管理体制，由交通部统一领导；合并中央与地方的水上安全监督机构，统一政令、统一布局、统一监督管理；在统一领导体制下，界定有关水域的中央与地方的管理分工。为贯彻落实这一规定，做好合并中央与地方水上安全监督机构的准备工作，经国务院领导同志批准，现就有关问题通知如下：

一、合并中央与地方水上安全监督机构，对完善我国水运管理体制、加强水上安全监督、促进对外开放具有重要意义。有关省、自治区、直辖市人民政府和国务院有关部门，要充分认识这项改革的必要性和重要性，顾全大局，密切配合，积极稳妥地做好各项工作。

二、交通部要抓紧做好中华人民共和国海事局（交通部海事局）的组建工作，同时要在深入调查研究、充分听取有关地方人民政府意见的基础上，尽快提出中央与地方水上安全监督机构合并实施方案，送中央机构编制委员会办公室审核后报批。有关地方人民政府和国务院有关部门，要严格按照批准的方案执行。

三、在实施方案出台前，各有关地方、部门和单位，要继续履行现行职能，切实加强组织领导，做好思想政治工作，维护正常的工作秩序，做到工作不断不乱、国有资产不流失，保证这项改革的顺利进行。

四、为保证中央与地方水上安全监督机构合并工作顺利进行，对中央和地方水上安全监督机构的人员编制、机构设置以及资产等实行冻结。中央与地方水上安全机构合并时，以国办发〔1998〕67 号文件下发之日（1998 年 6 月 18 日）的有关数据为准。

国务院办公厅

一九九八年十月十三日

46. 国务院办公厅转发国家经贸委《关于加强安全生产工作的意见》的通知

国家经贸委《关于加强安全生产工作的意见》已经国务院同意，现转发给你们，请认真贯彻执行。

国务院办公厅

一九九九年三月二十日

关于加强安全生产工作的意见

安全生产工作关系到国家和人民生命财产安全，关系到社会稳定和经济的健康发展。近年来，各地区、各部门认真贯彻“安全第一、预防为主”的方针，在加快安全生产法制建设，确立安全生产工作机制，加强事故隐患监控、治理和事故调查处理，建立安全生产责任制，推动安全生产宣传教育等方面做了大量工作，全国安全生产工作取得了较大成绩。但近一个时期以来，部分地区和行业安全生产形势比较严峻，重大伤亡事故时有发生。为改变这种状况，进一步做好安全生产工作，现提出以下意见：

一、认真贯彻落实中央领导同志对安全生产工作的重要指示，加强对安全生产工作的领导，进一步落实安全生产责任制

（一）江泽民等中央领导同志对安全生产工作的一系列重要指示，对做好当前和今后一个时期安全生产工作具有十分重要的指导意义，各地区、各部门和企业都要认真贯彻落实。1999 年我们将庆祝中华人民共和国成立 50 周年，迎接澳门回归祖国，搞好安全生产具有特殊的意义，各级领导同志一定要认清形势，高度重视安全生产工作，认真学习、深刻领会中央领导同志的指示精神，从讲政治、保稳定、促进经济和社会发展以及对人民负责的高度，正确处理好安全生产与发展经济、安全生产与经济效益的关系。继续贯彻“安全第一、预防为主”的方针，克服麻痹松懈思想、骄傲自满情绪和侥幸心理，切实把预防工作作为安全生产工作的重点，常抓不懈，努力减少人员伤亡，遏制重大、特大事故的发生。

（二）各地区、各部门要认真履行安全生产管理职责，切实加强对安全生产工作的领导，将安全生产工作纳入本地区、本部门的国民经济和社会发展计划，对安全生产中出现的问题，要采取切实措施及时加以解决。在机构改革和企业改组、改制过程中，对安全生产工作只能加强，不能削弱，要加强和稳定安全生产监督管理队伍，尤其要加强和稳定基层安全生产监督执法队伍，同时增加安全生产资金投入、加大技术进步力度。

（三）企业要严格执行国家有关安全生产的法律、法规和方针政策，自觉接受国家监督和行业管理。落实安全生产责任制，建立健全安全生产规章制度，改善职工劳动条件，为职工提供必要的劳动防护用品。企业法定代表人是安全生产的第一责任人，要对本企业的安全生产全面负责。

二、加强安全生产检查工作，强化安全生产法制建设和制度建设，加大执法力度

（一）各地区、各部门要加强安全生产现场监督检查，特别要加强交通运输、煤炭、电力、石油、化工、建筑、林业、商业、文化娱乐和易燃易爆危险行业的安全监督检查；加强新建、改建和扩建工程项目安全设施的设计审查和竣工验收工作，对安全设施不配套、工程建设质量不符合安全要求的，不得投入生产和使用；加强锅炉、压力容器等设备质量的监督检查，不合格的不允许出厂和使用；加强劳动防护用品生产、销售和使用环节的监督检查；加强重大事故隐患和危险源的检查、评估和监控；加强企业重大危险设备、设施的安全认证和企业负责人及特种作业人员考核工作的管理。开展行之有效的群众性监督检查活动。

（二）各地区、各部门要结合调整经济结构，对事故隐患较多的行业和企业进行综合治理，按照国家的统一部署，坚决按期关闭非法开采、布局不合理和不具备基本安全生产条件的各类小矿井；整顿和关闭技术落后、浪费资源、质量低劣、污染严重、不符合安全生产条件的“五小”企业（小玻璃厂、小水泥厂、小炼油厂、小火电厂和小炼钢厂）。

（三）加强安全生产的法制和制度建设。要在目前已有法规、制度的基础上，加快安全生产法规、标准和制度的补充、完善。各地区、各部门负责安全生产监督管理的部门要密切合作，加大执法力度，对违反安全生产法律、法规的行为，要依法给予处罚，做到有法必依、执法必严、违法必究，保证安全生产法律、法规的有效实施。

三、加强安全生产宣传教育和人员培训，提高全社会的安全意识

（一）各级宣传部门和企事业单位，要采取多种形式，广泛深入地开展安全生产宣传教育，特别要加强安全生产法律、法规的宣传。新闻单位要积极配合，大力宣传安全生产的先进典型，加大安全生产宣传力度。对违反安全生产法律、法规的行为和重大事故进行曝光，用典型事例教育广大职工知法、守法，增强法制观念，提高安全意识和自我保护的能力。大、中、小学也要适当地对学生进行安全知识教育。坚持开展每年一次的全国“安全生产周”活动。

（二）要加强对企业经营者和安全管理人员的安全生产培训和考核，提高其安全生产管理水平。对企业员工特别是务工农民，要进行安全生产培训，未经培训或培训不合格的，不得上岗；从事特种作业的职工必须经过专门技术培训并取得特种作业资格。

四、加强事故统计报告和调查处理工作

事故发生后，有关单位要及时向当地政府安全生产监督管理部门报告，各级安全生产监督管理部门要加强事故统计报告工作，保证安全生产信息的全面、准

确和及时传递。凡一次死亡 3 人以上的事故，必须及时报告国家经贸委和国务院有关部门；其中，特大事故要立即报告国务院。对重大、特大事故，各级人民政府和国家有关部门要按有关规定，认真组织调查，并及时进行处理。对因忽视安全生产工作，违章违纪造成事故的，必须按照有关规定坚决追究有关负责人和当事人的责任，构成犯罪的，由司法机关依法追究刑事责任。国家经贸委负责组织、协调重大伤亡事故的调查处理和对特大事故调查结果进行批复结案等工作，重大事项请示国务院决定。

国家经贸委

一九九九年三月八日

47. 国务院关于加强安全生产有关问题的紧急通知

国发明电〔1999〕3号

党和国家历来十分重视安全生产工作，中央和国务院领导同志对安全生产工作作出过一系列重要指示。今年初，国务院办公厅先后下发了《关于做好当前维护社会稳定工作的紧急通知》和《转发国家经贸委关于加强安全生产工作意见的通知》，就加强安全生产工作提出了一系列要求，扭转了去年年底和今年年初一度出现的安全生产形势严峻的局面。但是，今年10月份以来，一些地方相继发生了煤矿瓦斯爆炸、商场工厂失火、火车出轨、客运汽车翻坠、劫机未遂等安全生产事故，特别严重的是，11月24日，山东海运集团烟大汽车轮渡股份有限公司所属"大舜"轮发生特大海难事故，造成280人死亡或失踪，在国内外产生极其恶劣的影响，给国家和人民生命财产造成严重损失。党中央、国务院、中央军委对这起严重的交通事故十分重视，国务院立即派出领导小组会同山东省领导同志在现场指挥组织有关方面，不顾天气恶劣等影响，全力以赴进行救援，打捞、寻找失踪者，做好抢救、善后工作，并将以对人民负责的精神，认真组织调查，依法严肃处理直接责任人员。安全生产形势严峻，不仅影响改革、发展、稳定的大局，影响经济的正常运行，而且影响人民群众安居乐业。为此，国务院特紧急通知如下：

一、各地区、各部门要认真贯彻落实中央领导同志对安全生产工作的重要指示，加强对安全生产工作的领导，从讲政治、促发展、保稳定的高度，以对人民高度负责的态度，把安全生产放在经济工作的突出位置来抓，坚持"安全第一、预防为主"的方针，采取强有力的措施，狠抓安全生产的薄弱环节，坚决遏制重大特大事故的发生。

二、各地区、各部门要加强机场、车站、码头、油库及大型商场、影剧院等公共场所和飞机、火车、客运汽车、客运船舶等要害设备设施，以及煤炭、森工、石油化工等企业的事故防范工作，特别要对重大危险设备设施和飞机、火车、客运汽车、客运船舶等重要交通工具，按规定进行检查和监控，及时排除事故隐患。

三、立即组织全面的安全生产大检查，确保安全生产。自本通知下发之日起，各地区、各部门、各单位要立即行动起来，集中一个月的时间，对本地区、本部门、本单位安全生产工作进行一次全面、深入、彻底的大检查。对以下单位要重点进行检查：一是民航、铁道、公路、水运企业；二是煤矿等矿山企业；三是石油化工、烟花爆竹等生产易燃易爆物品的企业；四是重大工程设施及施工现场；五是各类学校和体育场馆、大型商场、影剧院、游乐场等公共场所。

四、要按照边检查、边整改的原则，落实安全生产责任制。对查出的不符合安全生产条件的各种问题，要立即采取有力措施，进行整改，该关闭的一律坚决关闭，该停运的要坚决停运，该停业整顿的要坚决停业整顿。要通过安全生产大检查，进一步健全各项规章制度，层层落实安全生产责任制。

五、要严肃查处各类事故，依法严肃处理责任人。对已发生的事故，要抓紧调查、分析事故原因，对造成事故的直接责任人和负有领导责任的人员，要坚决依法追究责任，严肃处理，绝不姑息迁就。对典型重大事故的原因和处理情况，在事故原因查明后，要及时公开报道，以教育广大干部群众，深刻吸取教训。

六、各地区、各部门、各单位要把本通知精神，立即传达到基层，地方各级主要领导同志要亲自部署、分管领导同志要亲自挂帅，各新闻单位要密切配合，组织宣传报道。

七、国家经贸委要加强对全国安全生产工作的指导、协调和督促检查，各省、自治区、直辖市人民政府和国务院各部门要把安全生产大检查和整改工作情况于 12 月 31 日前报国家经贸委，由国家经贸委汇总后报国务院。

国务院

一九九九年十一月三十日

48. 国务院办公厅关于印发《煤矿安全监察管理体制改革实施方案》的通知

各省、自治区、直辖市人民政府，国务院各部委、各直属机构：

中央机构编制委员会办公室、国家经济贸易委员会、国家煤炭工业局拟定的《煤矿安全监察管理体制改革实施方案》已经国务院批准，现印发给你们，请认真贯彻执行。

国务院办公厅

一九九九年十二月三十日

煤矿安全监察管理体制改革实施方案

为适应煤炭工业管理体制改革需要，进一步加强煤矿安全监察工作，根据国务院关于改革煤矿安全监察管理体制的有关要求，拟定本实施方案。

一、煤矿安全监察管理体制改革的指导思想

根据党的十五大关于加强执法监管部门的精神，从我国煤矿安全监察工作实际出发，借鉴国外的成功经验，在实行政企分开的基础上，按照精简、统一、效能的原则，改革现行煤矿安全监察体制，实行垂直管理。这项改革要突出重点、先易后难、分步实施，逐步建立起与社会主义市场经济体制相适应的煤矿安全监察管理体制。

二、煤矿安全监察管理体制的调整与机构设置

（一）设立国家煤矿安全监察局，与国家煤炭工业局一个机构、两块牌子。国家煤矿安全监察局是国家经济贸易委员会（以下简称国家经贸委）管理的负责煤矿安全监察的行政执法机构，承担现由国家经贸委负责的煤矿安全监察职能。国家煤炭工业局的有关内设机构，加挂国家煤矿安全监察局内设机构的牌子。

（二）将原煤炭部直属的河北、山西、内蒙古、辽宁、吉林、黑龙江、山东、江西、河南、湖南、重庆、四川、贵州、云南、陕西、新疆16个省（自治区、直辖市）煤炭工业管理局，以及安徽省、甘肃省、宁夏回族自治区煤炭工业管理局，改组为煤矿安全监察局（详见附表）。省（自治区、直辖市）煤矿安全监察局均为国家煤矿安全监察局的直属机构，实行国家煤矿安全监察局与所在省（自治区、直辖市）政府双重领导、以国家煤矿安全监察局为主的管理体制。现由劳动等部门负责的煤矿安全监察职能，均由煤矿安全监察局承担。

省（自治区、直辖市）煤矿安全监察局为正厅级机构，名称统一为“××（省、自治区、直辖市名）煤矿安全监察局”，一般设4~6个处（室）。

（三）煤炭行业管理任务比较重的省（自治区、直辖市），可暂在煤矿安全监察局加挂“××省（自治区、直辖市）煤炭工业局”的牌子，履行煤炭行业管理职能。这些地区的煤矿安全监察局，既是国家煤矿安全监察局的直属机构，又是所在省（自治区、直辖市）政府的工作机构，其煤矿安全监察业务以国家煤矿安全监察局管理为主，煤炭行业管理业务以所在省（自治区、直辖市）政府管理为主。具体事宜，由国家煤矿安全监察局与有关省（自治区、直辖市）政府商定。

（四）省（自治区、直辖市）煤矿安全监察局可在大中型矿区设立安全监察办事处，作为其派出机构。安全监察办事处为处级机构，名称统一为“××（地名）煤矿安全监察办事处”。具体的设置方案，由中央机构编制委员会办公室会同国家煤矿安全监察局另行下达。

（五）省（自治区、直辖市）煤矿安全监察局及安全监察办事处的设立、变更，由国家煤矿安全监察局商有关地方政府提出意见，经中央机构编制委员会办公室审核后，报国务院审批。

三、煤矿安全监察机构的主要职责

（一）国家煤矿安全监察局的主要职责：

1. 研究拟定煤矿安全生产工作的方针、政策，组织起草有关煤矿安全生产的法律、法规草案，制定煤矿安全生产规章、规程，拟定煤炭工业安全标准，提出保障煤矿安全的规划和目标。

2. 贯彻执行国家关于煤矿安全生产的方针、政策和法律、法规及有关规章，履行国家煤矿安全监察职责。

3. 组织调查和处理煤矿重大、特大事故，负责全国煤矿事故与职业危害的统计分析，发布全国煤矿安全生产信息。

4. 指导有关煤矿安全生产的科研工作，组织煤矿使用的设备、材料、仪器仪表的安全监察管理工作。

5. 拟定开办煤矿的安全标准，组织煤矿建设工程安全设施的设计审查和竣工验收，组织对不符合安全生产标准的煤炭企业的查处工作。

6. 组织、指导煤炭企业安全生产技术培训工作，负责煤炭企业主要经营管理者安全资格认证工作。

7. 监督检查煤矿职业危害的防治工作。

8. 组织、指导和协调煤矿救护队及其应急救援工作。

9. 按照干部管理权限负责直属煤矿安全监察机构的干部管理工作，组织煤矿安全监察人员的培训、考核工作。

10. 开展煤矿安全生产方面的国际交流与合作。

11. 承办国务院和国家经贸委交办的其他事项。

（二）省（自治区、直辖市）煤矿安全监察局的主要职责：

1. 贯彻落实国家关于煤矿安全生产的方针、政策和法律、法规及规章、规程。

2. 按照分级管理的原则和上级授权，组织查处煤矿伤亡事故。

3. 组织、指导煤矿安全生产技术培训、职业危害防治、煤矿救护队及其应急救援工作。

4. 负责煤矿使用的设备、材料、仪器仪表的安全监察管理工作。

5. 查处不符合安全生产标准的煤炭企业。

6. 承办国家煤矿安全监察局交办的其他事项。

（三）煤矿安全监察办事处的主要职责：

在省（自治区、直辖市）煤矿安全监察局的领导下，负责划定区域内煤矿的安全监察和执法工作。

四、煤矿安全监察机构的人员编制

（一）国家煤炭工业局与国家煤矿安全监察局实行一个机构、两块牌子后，其机关行政编制不变。

（二）按照精干机关、充实一线的原则，以划定区域煤矿的产量及煤矿职工人数作为标准，省（自治区、直辖市）煤矿安全监察局一般核定编制 40 名左右，业务量较大的可核定 60 名左右；煤矿安全监察办事处的编制一般为 20 名左右，业务量较大的可核定 25 名左右。按此标准，全国省（自治区、直辖市）煤矿安全监察局以及煤矿安全监察办事处（拟设 68 个）共核定行政编制 2800 名，属中央垂直管理，不计入地方行政编制总数。各省（自治区、直辖市）煤矿安全监察局及其安全监察办事处行政编制的具体数额，由中央机构编制委员会办公室会同国家煤矿安全监察局另行下达。

（三）省（自治区、直辖市）煤矿安全监察局领导职数一般为 1 正 2 副，加挂“省（自治区、直辖市）煤炭工业局”牌子的，可相应增加 1 名领导职数。煤矿安全监察办事处领导职数一般为 1 正 1 副。

各地煤矿安全监察局及其安全监察办事处的人员，除主要从原煤炭工业管理部门选调外，要选调劳动部门原从事煤矿安全监察的人员。有关考试录用及建立国家煤矿安全监察员制度等工作，由国家煤矿安全监察局商有关部门另行研究。

五、改革中应注意的几个问题

（一）改革煤矿安全监察管理体制，是深化我国煤炭工业管理体制改革的重要举措，涉及体制、机构、人员编制等方面的调整，影响面较大。因此，必须坚持积极稳妥的方针，切实加强组织领导。要注意掌握干部职工的思想动态，做耐心细致的思想政治工作，确保思想不散、秩序不乱、人员妥善安排、国有资产不流失、各项工作正常运转。这项改革的组织实施，由国家煤矿安全监察局负责。

（二）要以煤矿安全监察管理体制改革为契机，把人员分流与优化队伍结构、提高干部队伍素质结合起来，建设一支思想过硬、作风优良、技术精湛、秉公执法的煤矿安全监察队伍。同时，要采取有效措施，切实做好分流人员的安置工作。

（三）各地煤矿安全监察管理体制改革，原则上与省级政府机构改革同步进行。

附表：

省（自治区、直辖市）煤矿安全监察局机构序列（共19个局）

1. 河北煤矿安全监察局
2. 山西煤矿安全监察局
3. 内蒙古煤矿安全监察局
4. 辽宁煤矿安全监察局
5. 吉林煤矿安全监察局
6. 黑龙江煤矿安全监察局
7. 山东煤矿安全监察局
8. 安徽煤矿安全监察局
9. 江西煤矿安全监察局
10. 河南煤矿安全监察局
11. 湖南煤矿安全监察局

12. 四川煤矿安全监察局
13. 重庆煤矿安全监察局
14. 云南煤矿安全监察局
15. 贵州煤矿安全监察局
16. 陕西煤矿安全监察局
17. 甘肃煤矿安全监察局
18. 宁夏煤矿安全监察局
19. 新疆煤矿安全监察局

中央机构编制委员会办公室
国家经济贸易委员会
国家煤炭工业局
一九九九年十二月二十一日

49. 国务院办公厅关于加强烟花爆竹生产经营安全监督管理和清理整顿的紧急通知

国办发明电〔2000〕7号

各省、自治区、直辖市人民政府，国务院各部委、各直属机构：

3月11日，江西省萍乡市上栗县东源乡石岭村一生产烟花爆竹的个体作坊发生特别重大爆炸事故（以下简称“3·11”事故），造成33人死亡、12人受伤。目前，对“3·11”事故的直接责任者已经依法拘留，并将依法从严惩处，对为该作坊核发证、照，监督不力的有关行政管理部门的负责人已经给予行政撤职处分。江泽民总书记等中央领导同志对“3·11”事故十分重视，并作出重要批示。地方各级人民政府和国务院有关部门要认真贯彻落实江泽民总书记关于安全生产工作的一系列重要指示精神，从讲政治、保稳定、促发展的高度，坚持“安全第一，预防为主”的方针，加强对安全生产工作的领导，强化社会主义市场经济条件下的安全生产工作的领导，强化社会主义市场经济条件下的安全生产意识、责任意识、群众意识，把安全生产工作放在突出位置来抓，立即采取果断措施，认真解决安全生产工作存在的问题，坚决遏制重大、特大事故的发生，经国务院同意，现就有关问题紧急通知如下：

一、立即开展安全生产大检查和清理整顿工作

自本通知下发之日起，各地区、各部门要立即行动起来，集中2~3个月的时间，对有烟花爆竹生产经营活动的县、乡（镇）、村逐个进行全面、深入、彻底的大检查和清理整顿。

（一）重点查封无批准文件、无生产（销售）许可证、无营业执照的非法生

产经营点，并彻底收缴、销毁其生产加工设备和成品、半成品及原材料，从严查处涉案不法人员，构成犯罪的，要依法追究有关人员的刑事责任。

（二）对有生产经营证、照的企业，重点检查厂区布局、生产设施、原材料采购、生产、储存、运输、销售等各环节执行国家有关规定、标准和安全规章制度的情况；检查产品质量和有无非法运输、购销伪劣违禁产品及非法厂点生产产品的情况；检查企业经营者和从业人员安全教育培训的情况等。对检查中发现的问题和隐患要及时整改，整改后仍达不到要求的，坚决依法吊销生产（销售）许可证和营业执照。

（三）清理整顿期间，一律不再审批新的烟花爆竹生产企业。

上述工作以县（市）为单位，由县级人民政府组织实施，省、地（市）人民政府要认真监督实施并组织力量进行检查和抽查。

二、严格管理，规范生产经营秩序

针对烟花爆竹生产具有传统性、季节性、分散性等特点，县、乡（镇）两级人民政府要按照正确疏导，科学组织，合理布点，严格管理，加强监督，确保安全的原则，进一步规范烟花爆竹生产经营秩序。在烟花爆竹传统产区，要大力推广组建农村烟花爆竹专业生产基地。要尽快制定地方性管理规定，加强原材料监管，实行严格的定点经营、凭证购销的管理制度。要采取多种形式，深入开展法制教育和安全生产教育，增强乡（镇）、村领导和广大村民的法制观念及安全生产意识。

烟花爆竹生产经营企业要严格执行国家有关法规和标准，安全生产设施和产品质量必须符合国家标准，要建立和完善各项规章制度，严格实行原材料采购、生产、贮存、运输和销售等各个环节的岗位责任制。

三、认真履行职责，加大监督管理力度

要建立健全各级领导安全生产责任制，县、乡两级人民政府和村民委员会对本地区烟花爆竹生产经营活动全面负责，主要负责人是本地区安全生产工作的第

一责任人。

各有关部门要认真履行职责，密切配合，在当地人民政府的统一领导下，切实加强对烟花爆竹生产经营的安全监督管理。公安行政管理部门对烟花爆竹生产经营的安全管理实施监督检查，严格许可证发放，依法查处、打击非法生产经营烟花爆竹的违法犯罪活动。工商行政管理部门要严把登记注册关，及时吊销整顿后仍不合格企业的营业执照。轻工、乡镇企业行业主管部门要履行烟花爆竹生产企业的安全生产管理职责。供销社负责烟花爆竹的经营管理职责，要完善购销管理机制，做好统一归口经营工作。质量技术监督部门负责烟花爆竹产品质量标准制定和质量监督检查，依法查处伪劣、违禁产品。安全生产监督管理部门要督促指导烟花爆竹生产企业建立健全各项安全管理制度，落实安全生产责任制。

县、乡两级政府、村民委员会和各有关部门负责人未能履行职责而造成事故的，要追究其领导责任；对滥用职权，玩忽职守，徇私舞弊的，由其所在单位给予行政处分；构成犯罪的，依法追究刑事责任。

四、加强安全教育，切实保护少年儿童和未成年人的合法权益

教育行政管理部门和各类学校要加强对学生的安全知识教育，在传统烟花爆竹生产地区的学校要注意有关烟花爆竹安全知识的教育，强化学生的安全意识，提高学生在学习、生活等活动中的自我保护意识和能力。经营、存放烟花爆竹等易燃易爆品的场所要设置明显的警示标志，加强管理，严禁儿童、学生进入。

烟花爆竹生产经营企业要严格遵守《中华人民共和国劳动法》《中华人民共和国妇女权益保障法》《中华人民共和国未成年人保护法》和《禁止使用童工规定》等法律、法规，严禁使用童工和未成年工，切实保护未成年人的合法权益。

五、依法严肃查处烟花爆竹事故

各地区、各部门要坚决贯彻落实国家有关安全生产的法规，按照“三不放过”原则（即事故原因没有查清不放过，事故责任者没有严肃处理和广大职工没有受到教育不放过，没有防范措施不放过），从严查处烟花爆竹事故的直接责任者和负有领导责任的人员，直至依法追究其刑事责任，并及时公布事故的调查处理结果。

六、认真总结教训，举一反三

各地区、各部门及企业都要从“3·11”事故中汲取血的教训，举一反三，立即开展安全生产大检查，特别是对雷管、炸药、锅炉和压力容器等易燃易爆物品的生产销售企业和储存场所进行重点检查，切实把安全生产工作的重点转移到预防为主上来，坚持安全生产第一的原则，正确处理安全与生产、安全与效益、安全与稳定的关系，加强全社会安全生产教育和安全生产技能培训，建立健全安全生产责任制和各项规章制度并狠抓落实，坚决改变有章不循、管理不严、纪律松弛的状况，确保安全生产。

各省、自治区、直辖市人民政府和国务院有关部门要把本通知精神立即传达到基层，结合本地区、本部门实际，制定具体措施，并将贯彻落实江总书记重要批示和本通知的情况，于2000年7月15日前报国家经贸委、公安部，由国家经贸委、公安部汇总后报国务院。

国务院办公厅

二〇〇〇年三月十八日

50. 国务院办公厅关于江西省上栗县“3·11”特大爆炸事故情况的通报

各省、自治区、直辖市人民政府，国务院各部委、各直属机构：

今年3月11日，江西省萍乡市上栗县东源乡石岭花炮厂发生特大爆竹爆炸事故（以下简称“3·11”事故），死亡33人，其中在校中小学生13人，未在校的未成年人2人；受伤12人。这是一起重大责任事故。为认真吸取事故教训，进一步加强安全生产工作，防止同类事故的发生，现将“3·11”事故情况通报如下：

一、事故的直接起因和深层次原因

江西省萍乡市上栗县东源乡石岭花炮厂是不具备安全生产条件的企业。该企业违反国家有关法律、法规和花炮用药标准，未建立安全生产责任制，未对从业人员进行安全教育和培训，违章指挥，以及工人违章操作是造成这起重大事故的直接原因。

萍乡市及上栗县政府对安全生产工作领导不力，对社会主义市场经济条件下烟花爆竹行业出现的新情况，未能及时结合实际制定有效的安全生产管理办法，有关职能部门监督管理工作严重失职，使事故隐患严重的石岭花炮厂得以长期违章生产，是造成这起重大事故的重要原因。如上栗县公安局明知石岭花炮厂存在重大事故隐患，仍为其发放了25张《爆炸物品运输证》；上栗县工商行政管理局违反规定，在石岭花炮厂未领取爆炸物品安全生产许可证的情况下，对其营业执照进行了年审；上栗县花炮局和乡镇企业管理局管理松弛，未能履行行业管理职责；上栗县东源乡党委、政府疏于管理，虽然对石岭花炮厂进行了安全检查，但对事故隐患的整改工作未落到实处；东源乡石岭村党支部、村委会对石岭花炮厂存在的事故隐患视而不见、放任自流等等。

二、对有关责任人员的处理情况

对事故直接责任人、石岭花炮厂法人代表沈志明和非法订立产品购销合同的伟丽花炮厂负责人黄伟等 4 人移交司法机关，依法追究刑事责任；对负有领导责任的萍乡市副市长肖伏芝、桑吉华，上栗县委副书记、县长王龙章和上栗县政府党组成员、副县长何平基，以及有关行政管理部门的责任人员等 28 人分别给予行政记过、行政记大过、撤职、降职和党内警告、开除党内职务等处分。

三、认真吸取教训，进一步加强安全生产工作

各地区、各部门要认真学习、贯彻落实江泽民总书记和朱镕基总理对安全生产工作的重要批示，认真吸取"3·11"事故教训，不能允许只要有钱赚，就可以危及人民生命安全，要以对国家和人民高度负责的精神，切实加强安全生产工作。

（一）充分认识安全生产工作的重要性。认真学习江泽民总书记关于"三个代表"的重要论述，从讲政治、促发展、保稳定的高度，处理好安全与生产、安全与效益、安全与发展的关系，时刻把党和人民群众的利益放在首位，把安全生产工作摆上各级领导的重要议事日程，切实保护劳动者的生命安全。

（二）完善和落实各项安全生产责任制。要建立健全安全生产规章制度，并通过组织落实和制度落实来保证工作落实。特别是在地方政府机构改革和企业改革、改组、改制过程中，要层层明确安全生产责任人，安全监督管理工作不能断档。

（三）加大事故隐患整改工作力度，防止重大事故的发生。对重点行业、重点部位要加强安全生产监督检查，加大事故隐患治理的力度，制定切实可行的整改计划，并认真做好落实工作。对新开办的各类企业，要严格审查其安全生产设施情况，对不具备安全生产条件的，有关职能部门不得发放生产经营证照。

（四）大力开展安全生产宣传教育工作。积极宣传安全生产法律、法规和方针政策，普及安全生产知识，引导广大职工依法安全生产。要高度重视和切实加强中小学生的安全教育，努力提高其安全自我保护意识和防范事故的能力。

（五）依法行政，严肃事故处理工作。对事故处理工作要做到：事故原因没有查清不放过，事故责任者没有严肃处理不放过，广大职工没有受到教育不放过，防范措施没有落实不放过。对因漠视人民生命安全和徇私舞弊、贪赃枉法、权钱交易等腐败行为酿成重大事故的责任人，要依法从严惩处。

国务院办公厅

二〇〇〇年六月十三日

51. 国务院办公厅关于切实加强安全工作有关问题的紧急通知

国办发明电〔2000〕17号

各省、自治区、直辖市人民政府，国务院各部委、各直属机构：

去年“11·24”特大海难事故和今年“3·11”特大烟花爆竹爆炸事故发生后，江泽民总书记和党中央、国务院有关领导同志对安全生产工作作了一系列重要批示，党中央、国务院于去年12月和今年4月先后两次召开全国安全生产工作电视电话会议，对加强安全生产工作作了重要部署。各地区、各部门、各单位认真贯彻“安全第一、预防为主”的方针，做了大量工作，取得了一些成效。但是，当前安全生产形势依然相当严峻。特别是入夏以来，同类重大、特大事故连续发生，如6月22日四川省合江县发生特大沉船事故，死亡130人，武汉航空公司发生特大空难事故，死亡49人；6月30日，广东省江门市烟花厂发生特大爆炸事故，死亡38人，重庆市垫江县爆竹厂（私营企业）发生爆炸事故，死亡10人。这些事故给人民生命财产造成重大损失，在社会上造成了极其恶劣的影响。究其原因，主要是一些主管领导和管理部门对安全生产工作没有引起高度重视，没有切实负起责任，没有把制度和措施落实到位，对事故责任者处理不严。

为保障人民生命财产安全，保障国民经济持续、快速、健康发展和社会稳定，各地区、各部门、各单位必须进一步贯彻落实江泽民总书记的重要批示及有关会议、文件精神，按照“三个代表”重要思想的要求，从讲政治、保稳定、促发展的大局出发，以对国家、对人民高度负责的精神，做好安全生产工作，并从组织上、制度上、管理上采取有效措施，遏制重大、特大事故的发生。根据国务院决定，现就有关问题紧急通知如下：

一、立即开展一次安全生产大检查，对重点行业要进行清理整顿

自本通知下发之日起，各地区、各部门、各单位要根据本地区、本部门、本单位的实际，立即开展一次全面、深入、彻底的安全生产大检查，要汲取以往安全生产大检查的教训，绝不能留死角，绝不能一查了之，并将检查结果于7月底以前报国务院办公厅。主要负责同志要亲自组织领导这次安全生产大检查，真正达到查清事故隐患、落实整改措施的目的，对检查不到位、整改不力而造成重大、特大事故的，要依法从重从速处理。新闻媒体要积极配合这次安全生产大检查，在全国形成一个浩大的舆论声势。

（一）检查的重点：一是交通运输、煤炭、电力、石油、化工、建筑等行业；二是生产、运输、经营和存放烟花爆竹等易燃易爆物品，以及有毒有害等危险物品的企业和场所；三是锅炉、压力容器、压力管道、电梯、游艺机、索道等危险设备和设施；四是各类学校、体育场馆、医院、商场、车站、码头、机场、文化娱乐场所、旅游风景区、宾馆饭店等公共场所。

（二）检查的主要内容：一是党中央和国务院领导同志的一系列重要批示及有关会议精神、文件规定贯彻落实情况；二是安全生产责任制落实情况；三是各项规章制度的建设和执行情况；四是事故隐患监控和整改情况；五是安全监督管理力量配备和职责履行情况；六是事故调查和处理结案情况；七是宣传教育和培训情况。

（三）经过检查，对于不符合安全生产规定的企业和单位要限期予以整顿，在规定期限内达不到要求的，坚决停止生产、经营，直至采取吊销有关证照、报废设备等措施予以处理。对于可能对人体带来直接伤害，例如，空中、地面和河海上的运输工具，危险设备和设施，生产、经营、存放易燃易爆物品及有毒有害危险品的企业或场所，各类公共娱乐场所等，检查不合格的，一律停止生产、经营和使用，经检查符合要求后，才能恢复生产、经营和使用。结合产业结构调整，下决心关闭和淘汰一批不符合安全生产条件的烟花爆竹厂、打火机厂、小炼

油厂、小煤矿等小厂、小矿。对城市人口密集区生产和经营易燃易爆及有毒有害物品的企业和单位要进行疏散、调整。

二、进一步明确责任，依法从严从快查处事故责任人

各地区、各部门、各单位要进一步明确责任，完善和落实安全生产责任制，建立健全安全生产规章制度并严格执行。地方各级人民政府和国务院各部门领导同志要对本地区、本部门的安全生产和防范安全事故工作切实负起责任。

对已经发生的重大、特大事故要在抓紧查清事故原因的基础上，依法严肃查处有关责任人。对发生重大、特大事故的地区、部门、单位，不仅要追究事故直接责任者的责任，还要追究领导者和管理者的责任，该处分的处分，该撤职的撤职，该法办的法办，绝不姑息迁就；同时，对有关监督执法部门玩忽职守、失职渎职而引发事故的，也要严肃查处，并予以曝光。

三、各有关部门要各司其职、各负其责，密切配合

国家经贸委作为指导和综合管理全国安全生产，组织协调处理重大安全事故的主管部门，要加强对全国安全生产的综合性法规、政策的研究制订工作，有效行使安全生产国家监督职权，积极组织协调重大事故的调查处理。对特别重大事故，国家经贸委在主动及时督促、协调各地区、各有关部门处理的同时，要及时向国务院作出报告（包括处理的情况）。

公安部、国家工商局、国家质量技术监督局等监督执法部门要严格履行职责，严格依法行政，加大执法力度。

交通、铁道、民航、煤矿、建筑等行业主管部门要切实履行本行业安全生产监督管理职责，确保本行业的安全生产。

各有关部门要严格按照国家规定，加强对安全生产的监督检查和日常管理。对因失职、渎职和徇私舞弊而发生安全事故的，一定要严肃查处，直至依法追究有关责任人的刑事责任。

地方各级人民政府有关部门也要按照上述精神，各司其职、各负其责，密切

配合，共同做好安全生产工作。在地方机构改革中，安全生产监督管理工作只能加强，不能削弱。

四、加强舆论宣传，提高全民安全生产意识

各地区、各部门、各单位要加强安全教育和培训工作，增强全民安全生产意识。各级宣传部门和企事业单位，要采取多种形式，广泛深入地开展安全知识宣传教育，特别要加强有关法律法规的宣传。新闻单位要积极配合，大力宣传安全生产和防范事故的先进典型，加大宣传力度。对违反有关安全生产法律法规的行为和重大事故进行曝光，通过典型事例教育广大群众知法、守法，增强法制观念，提高安全意识和自我保护意识。

国务院办公厅

二〇〇〇年七月七日

52. 国务院关于研究安全生产工作有关问题的会议纪要

2000 年 9 月 7 日

9 月 5 日上午，国务院副总理吴邦国主持会议，研究安全生产工作有关问题。国务院副秘书长崔占福，国家经贸委、教育部、国防科工委、公安部、监察部、劳动保障部、建设部、铁道部、交通部、水利部、农业部、文化部、卫生部、民航总局、工商局、林业局、质量技监局、旅游局、国研室、新华社、煤炭局、电力公司、石油集团、石化集团、全国总工会的负责同志参加了会议。国家经贸委副主任李荣融汇报了各地区、各部门贯彻落实江泽民总书记关于安全生产的重要批示和全国安全生产电视电话会议情况。公安部、交通部、民航总局、旅游局、煤炭局、石化集团等单位的负责同志就加强安全生产工作发了言。

据汇报，各地区、各部门为贯彻落实江泽民总书记重要批示和全国安全生产电视电话会议精神做了大量工作，加强了对安全生产工作的领导。通过检查和清理整顿，关闭了一批不符合安全规定的公共娱乐场所；取缔了一批不符合运输安全要求的车船运营组织；关闭和淘汰了一批不符合安全生产条件的厂矿，消除了一批事故隐患。据统计，今年七八月份全国一次死亡 10 人以上的重大、特大事故共发生 16 起，死亡 307 人，比去年同期分别下降了 25% 和 19.9%。

会议认为，前一阶段，各地区、各部门开展安全生产大检查是有成效的，一般性事故明显下降，重大、特大事故得到遏制。但同时也要清醒地看到，安全生产工作还存在着一些不可忽视的问题，形势仍不容乐观。少数地区、部门和企业的领导安全生产意识薄弱，安全生产管理责任制没有真正得到落实，安全生产大检查还存在死角，一些事故隐患尚未得到解决；一些地方和部门的领导对安全生产管理工作存在一定畏难情绪；对于一些重大、特大事故处理失之于轻、失之于宽；安全生产法律、法规和管理制度尚不健全；安全生产管理工作不适应社会主义市场经济的要求。因此，安全生产工作只能加强，不能放松，要警钟长鸣，常抓不懈。

会议要求，各地区、各部门、各单位要继续认真学习、深刻领会江泽民总书记重要批示精神，地方各级党委、政府的主要领导要按照江泽民总书记“三个代表”重要思想的要求，切实提高对安全生产工作重要性和紧迫性的认识，以对党、对人民生命财产高度负责的态度，做到“为官一任，保一方平安”。要始终把广大人民群众的利益放在首位，正确处理好安全与生产、安全与效益、安全与发展的关系，把安全生产的各项管理工作切实落到实处。

会议指出，从现在到明年春节既是旅游旺季，也是企业生产任务比较重的时期，各地区、各部门、各单位要切实做好安全生产工作，坚决防止重大、特大事故的发生。特别是国庆节即将来临，将有大量人员外出旅游，各地区、各有关部门要在认真总结今年“五一”假日旅游经验教训的基础上，尽早部署，密切配合，采取有效措施，确保节日期间旅客的有序流动和安全。

会议经过讨论，提出下一步要重点抓好以下几项工作：

一、各地区、各部门及各单位对大检查中查出的问题和事故隐患要明确责任，采取切实有效的措施，彻底解决，不留死角。

二、继续加强对学校、医院、车站、机场、码头、宾馆饭店、文化娱乐场所、旅游风景区等公共场所的检查监督，特别是要加强对集体、私营和“三来一补”等生产和运输企业的监管。

三、对不符合安全要求的烟花爆竹厂、影像厅、小炼油厂、小煤窑等，要下决心坚决予以关闭，并严禁死灰复燃。

四、要加强铁路、民航、交通的安全运输工作，重点解决车辆、船舶的超高、超重、超载和非法营运问题，确保运输安全。

五、要按照“四不放过”的原则，依法从严从速查处重大、特大事故，对发生重大、特大事故的地区、部门、单位，不仅要追究事故直接责任者的责任，还要追究领导者和管理者的责任，该处分的处分，该撤职的撤职，该法办的法办，绝不姑息迁就，并将处理结果向社会公布，通过舆论宣传，教育广大干部、职工，提高安全意识和自我保护意识。

53. 国务院办公厅关于切实做好今年国庆节期间安全工作的紧急通知

国办发明电〔2000〕30号

各省、自治区、直辖市人民政府，国务院各部委、各直属机构：

今年的国庆节即将来临。根据国务院领导同志指示精神，现就做好节日期间安全工作有关问题紧急通知如下：

一、各地区、各部门要继续深入贯彻落实江泽民总书记关于安全生产工作的重要批示精神和党中央、国务院对安全生产工作的一系列重要部署，进一步提高对安全工作重要性的认识，按照各自职能分工，尽职尽责，坚持预防为主，全面落实安全责任制，切实加强节日期间的安全监督工作。

二、各地区、各部门及各单位要严格执行安全制度。要将车站、码头、机场、商场、缆车、索道等公用设施，影剧院、歌舞厅、宾馆饭店等文化餐饮场所，以及旅游风景区、文物保护单位等公共场所作为安全监督管理工作的重点，认真检查各项安全制度的落实情况，严防各类事故尤其是重特大事故的发生。

三、铁路、民航、交通等部门及企业，要坚决杜绝交通运输工具带病运行和车船超载、车辆超速、违章行驶等违反安全规定的现象，严格查禁旅客携带易燃、易爆、剧毒等危险物品乘坐交通工具，确保运输安全。

四、各类工业企业特别是石油、化工、矿山、烟花爆竹等涉及易燃易爆和危险品生产的企业，节日期间要加强值班和监控，落实安全责任制，严格遵守工艺操作规程和劳动纪律，确保安全生产。对存在重大安全隐患的部位，企业要安排专人盯守，防止事故发生。

五、凡容易发生重大伤亡事故、容易造成群死群伤的单位和场所，必须制定切实有效的应急预案，配备应急抢救器材，组织抢险救援队伍，增强事故防范和控制能力。重点旅游地区要特别加强旅游信息发布和引导工作。举办各类大型庆祝活动，必须周密部署，制定有效的安全措施，确保万无一失。

六、各新闻媒体、企业、街道和学校要加强安全知识宣传，提高全社会安全防范意识。在组织外出旅游、度假等活动中，要严格遵守有关纪律，确保人民群众生命财产安全。

七、各地区、各部门要加强节日期间安全保卫工作的领导，严格执行领导同志值班制度；要加强督促检查，注意掌握安全动态。对可能发生安全事故的苗头，要按有关规定及时报告并妥善处理；重大情况必须及时报告国务院值班室。对迟报、漏报、瞒报伤亡事故，特别是由此影响妥善处置重大伤亡事故的，要从严追究有关负责人的责任。

国务院办公厅

二〇〇〇年九月二十八日

54. 国务院办公厅关于认真吸取河南洛阳东都商厦“12·25”特大火灾事故的沉痛教训切实加强元旦春节期间安全工作的紧急通知

国办发明电〔2000〕43号

各省、自治区、直辖市人民政府，国务院各部委、各直属机构：

今年12月25日晚，河南省洛阳市老城区东都商厦发生特大火灾事故（以下简称“12·25”事故）。经初步核查，现已造成300余人死亡，火灾原因正在调查中。河南省继今年3月29日焦作火灾事故后，又发生这起特大火灾伤亡事故，暴露出安全工作中存在严重问题，是绝对不应该的。党中央、国务院领导同志闻讯后当即对此作出了重要批示和指示，要求千方百计抢救伤员，妥善处理善后事宜，保持社会稳定，并迅速查明火灾原因，依法对有关责任人员彻查严处。元旦、春节将临，为进一步加强消防、交通安全和安全生产工作，特别是在人群聚集的场所，要严防各类安全事故的发生，经国务院批准，现就有关事项紧急通知如下：

一、提高认识，明确责任。各地区、各部门要进一步贯彻落实江泽民总书记关于“隐患险于明火，防范胜于救灾，责任重于泰山”等一系列重要指示精神。要从讲政治的高度，以对国家和人民高度负责的精神，把做好消防、交通安全和安全生产工作作为维护社会稳定、促进经济发展、确保人民生命财产安全的大事来抓，列入重要议事日程。要认真吸取“12·25”事故的沉痛教训，举一反三，认真查找安全工作的漏洞和隐患，采取有力措施切实加以解决。各地区、各部门主要负责人要对本地区、本部门的安全工作负总责，分管领导具体负责，公安、经贸、交通等部门的负责人各司其职，要责任到人，互相配合，依法落实各项安全措施。机关、团体、企业、事业单位的负责人也要依照《中华人民共和国消防法》等法律、法规，认真落实本单位的安全责任制。对因工作不力，玩忽职守，造成重大事故的，要依法从严追究有关地区、部门主要负责人，分管领导和有关单位负责人的责任。

二、立即组织开展安全检查，切实消除各类事故隐患。各地区、各部门要立即组织开展一次消防安全、交通安全和安全生产大检查。要以宾馆饭店、商场、影剧院、歌舞厅、学校、医院、车站、码头、机场、车辆、船舶、缆车、索道、大型建筑工地、矿山和易燃易爆化学危险物品生产、储运、销售、使用单位为重点，特别是要将购物、文化体育娱乐场所等人员密集的地点和部位作为重中之重，狠抓各项安全管理制度的落实。铁路、民航、水运、公路运输等部门和单位，要坚决查处交通运输工具带病运行和超载、超速等违章违法行为，严格查禁旅客携带易燃易爆剧毒等危险物品乘坐飞机、火车、公共汽车等交通运输工具。对不符合消防安全和安全生产规定的单位，要坚决依法责令停产停业。有关部门要立即取缔不符合安全条件或存在安全隐患的游戏厅、歌舞厅等经营性娱乐场所。国家经贸委、公安部、交通部、教育部、文化部等有关部门要尽快组成联合工作组，采取明查暗访等方式，到重点地区和单位进行抽查。对抽查中发现的问题，要坚决依法严肃查处并通过新闻媒体予以曝光。

三、加强消防安全、交通安全、安全生产知识宣传教育。各地区和有关部门要充分利用各种新闻媒介、宣传手段，向社会广泛宣传消防、交通、安全生产的法律、法规和方针政策，普及安全知识，提高人民群众的消防意识，增强遵守交通法规、落实安全生产措施的自觉性、主动性，确保各项安全措施落实到位，同时要推动安全教育工作深入学校、单位、社区、家庭，努力做到家喻户晓，人人皆知，形成全社会重视、关心、支持、参与安全工作的良好局面。

国务院办公厅

二〇〇〇年十二月二十七日

55. 国务院办公厅关于印发《国家安全生产监督管理局（国家煤矿安全监察局）职能配置、内设机构和人员编制规定》的通知

各省、自治区、直辖市人民政府，国务院各部委、各直属机构：

《国家安全生产监督管理局（国家煤矿安全监察局）职能配置、内设机构和人员编制规定》经国务院批准，现予印发。

国务院办公厅

二〇〇〇年十二月三十一日

国家安全生产监督管理局（国家煤矿安全监察局）职能配置、内设机构和人员编制规定

为适应我国安全生产工作的需要，进一步加强对安全生产的监督管理，预防和减少各类伤亡事故，设立国家安全生产监督管理局，国家煤矿安全监察局与其一个机构、两块牌子。涉及煤矿安全监察方面的工作，以国家煤矿安全监察局的名义实施。国家安全生产监督管理局（国家煤矿安全监察局）是综合管理全国安全生产工作、履行国家安全生产监督管理和煤矿安全监察职能的行政机构，由国家经济贸易委员会（以下简称国家经贸委）负责管理。

一、职能调整

（一）现由国家经贸委承担的安全生产监督管理职能，划给国家安全生产监督管理局（国家煤矿安全监察局）。

（二）原国家煤矿安全监察局承担的职能不作调整。

二、主要职责

（一）负责起草安全生产方面的综合性法律草案和行政法规，拟定有关政策及工矿商贸企业安全生产规章、规程和安全技术标准。

（二）综合管理全国安全生产工作，分析和预测全国安全生产形势，拟定全国安全生产工作规划，依法行使国家安全生产监督管理职权，指导、协调和监督质量技术监督等有关部门承担的专项安全监察、监督工作。

（三）依法行使国家煤矿安全监察职权。对设在各地的煤矿安全监察局及其煤矿安全监察办事处的管理，按照《国务院办公厅关于印发煤矿安全监察管理体制改革实施方案的通知》规定执行。

（四）负责发布全国安全生产信息，综合管理全国伤亡事故统计工作，组织、协调重大、特大事故的调查处理，受国务院委托对特大事故调查报告进行批复。

（五）指导、协调全国安全生产检测检验工作，组织实施对工矿商贸企业安全生产条件和有关设备（由其他有关部门承担的锅炉、压力容器、电梯、防爆电器等特种设备除外）进行检测检验、安全评价、安全培训、安全咨询等社会中介组织的资格认可工作，并负责监督检查。

（六）组织全国安全生产方面的宣传教育和本系统安全生产监察人员、煤矿安全监察人员的培训、考核工作，依法组织、指导并监督特种作业人员的考核工作和企业主要经营管理者的安全资格考核工作。

（七）监督工矿商贸企业贯彻执行安全生产法律、法规情况和安全生产条件、有关设备、材料及劳动防护用品的安全管理工作。

（八）负责新建、改建、扩建工程项目的安全设施与主体工程同时设计、同时施工、同时投产使用（以下简称“三同时”）的安全监督检查工作，按照职业安全法规和标准监督检查工矿商贸企业职业危害的防治工作，依法监督检查重大危险源的监控和重大事故隐患的整改工作，组织对不具备安全生产基本条件的生产经营单位的查处工作，组织、指导和协调煤矿救护、化学事故应急救援等工作。

（九）拟定安全生产科研规划，组织、指导安全生产重大科学技术研究和技术示范工作。

（十）按照干部管理权限负责局机关和直属机构的干部管理工作。

（十一）开展安全生产方面的国际交流与合作。

（十二）承办国务院和国家经贸委交办的其他事项。

三、内设机构

根据上述职责，国家安全生产监督管理局（国家煤矿安全监察局）设9个职能司（室）。

（一）办公室（外事司、财务司）。

负责机关文秘、档案、信息、保密和行政后勤等方面的工作；负责财务、经费、国有资产管理工作；负责组织安全生产方面的国际技术合作与交流活动。

（二）政策法规司。

负责起草有关法律草案和行政法规的具体工作；研究拟定工矿商贸企业安全生产规章、规程及安全技术标准；承办安全生产方面的行政复议工作；负责安全生产重大政策研究和起草重要文件及重要会议报告；组织、指导安全生产新闻宣传工作。

（三）信息与技术装备保障司。

负责发布全国安全生产信息和伤亡事故统计的具体工作，分析和预测全国安全生产形势；监督管理安全技术措施经费；组织有关科研成果的鉴定和技术推广；负责国家安全生产专家组工作；实施对工矿商贸企业安全生产条件和有关设备（由其他有关部门承担的锅炉、压力容器、电梯、防爆电器等特种设备除外）进行检测检验、安全评价、安全培训、安全咨询等社会中介组织的资格认可工作，并进行监督检查。

（四）煤矿安全监察一司。

组织国有煤矿建设工程安全设施的设计审查和竣工验收；监督检查国有煤矿贯彻执行安全生产法律、法规情况及其安全生产条件、设备设施安全和职业危害情况；组织调查和处理国有煤矿重大、特大事故；组织、指导和协调煤矿救护及应急救援工作。

（五）煤矿安全监察二司。

监督检查乡镇煤矿贯彻执行安全生产法律、法规情况及其安全生产条件、设备设施安全和职业危害情况，依法查处不具备安全生产基本条件的小煤矿；组织调查和处理乡镇煤矿重大、特大事故。

（六）安全监督管理一司。

监督检查金属与非金属矿山企业贯彻执行安全生产法律、法规情况及其“三同时”情况和安全生产条件、设备设施安全情况；组织调查和处理金属与非金属矿山企业重大、特大事故；组织、指导和协调金属与非金属矿山企业事故应急救援工作。

（七）安全监督管理二司。

监督检查石油、化工、电力、贸易、机械、冶金、有色、轻工、纺织、医药、建材、烟草、地质等行业的工矿商贸企业贯彻执行安全生产法律、法规情况及其“三同时”情况和安全生产条件、设备设施安全情况；组织调查和处理相关的重大、特大事故；组织、指导和协调化学事故应急救援等工作。

（八）安全监督管理三司。

指导、协调和监督公路、水运、铁路、民航、建筑、水利、邮政、电信、林业、军工、旅游等行业的安全生产工作；组织、协调相关的重大、特大事故的处理工作。

（九）人事培训司。

按照干部管理权限负责局机关和直属机构干部管理的具体工作；组织、指导本系统安全生产监察人员、煤矿安全监察人员的培训、考核和全国企业安全生产技术培训工作；依法组织、指导并监督特种作业人员的考核工作和企业主要经营管理者的安全资格考核工作。

机关党委。负责局机关和在京直属单位的党群工作，办事机构设在人事培训司。

四、人员编制

国家安全生产监督管理局（国家煤矿安全监察局）机关行政编制160名。其中：局长1名，副局长4名，正副司长职数30名（含机关党委专职副书记），国家安全生产监察专员15名（司局级）。

五、其他事项

（一）国家安全生产监察专员受国家安全生产监督管理局（国家煤矿安全监察局）的委托，监督检查有关单位对重大危险源和重大事故隐患的监控与整改情况，参加对重大、特大事故的调查处理工作，完成局领导交办的其他重要事项。

（二）国家经贸委安全科学技术研究中心（包括中国劳动保护科学技术学会）、原国家煤炭工业局所属的离退休干部管理机构，由国家安全生产监督管理局（国家煤矿安全监察局）管理；原国家煤炭工业局管理的机关服务中心等事业单位以及中国煤炭工业劳动保护科学技术学会，暂由国家安全生产监督管理局（国家煤矿安全监察局）管理。有关事业单位的改革事宜，由中编办商有关部门另行研究。

第二部分

党和国家领导人关于安全生产工作的重要讲话、指示

1. 邓颖超同志谈安全生产

1979 年 11 月 4 日

1979 年 11 月 4 日，邓颖超同志在全国总工会九届二次执委（扩大）会议上就预防工伤事故，保障安全生产问题，发表了讲话。邓颖超同志说："我想有一条非常重要，就是怎样预防和减少工伤事故，保障安全生产，保障工人的健康、安全，生命的安全。我最近看了一个材料，工伤事故相当大，相当厉害。我们不注意这方面，整天要工人参加生产，发展生产，可是我们人力的损失简直是很难偿补的。一个工人统共十几岁，二十几岁，三十几岁。他二三十年才有那么一个人啊，但我们一次工伤事故就是几十人，上百人这样牺牲，那我们还要多少年才能找得回来那么多人哪。所以这一点我提出来，请工会工作的同志考虑。"

（原载《劳动保护》1980 年第 3 期）

2. 国务院副总理、石油工业部部长康世恩在全国第一次“安全月”活动广播电视大会上的讲话

1980 年 4 月 29 日

全国第一次“安全月”活动，就要开始了。

党的十一届三中全会以来，随着全党工作着重点的转移，全国各条战线认真贯彻调整、改革、整顿、提高的方针，做了大量的工作，取得了很大成绩。全国大多数企业、事业单位经过整顿，安全生产情况也有所改善。去年，工业、交通、基本建设企业职工伤亡人数有了下降。今年一季度，安全生产情况进一步好转。全国铁路系统行车重大事故和大事故比去年同期减少了 50%；煤炭系统发生的死亡事故比去年同期减少了 21.7%。各行各业都涌现出一批安全生产、文明生产的先进典型，其中，有二十年没有发生死亡事故的湖南邵东张家岭煤矿，连续三十九个月实现井下安全生产的淮南矿务局李二矿，连续四百天无责任行车重大、大事故的呼和浩特铁路局，还有大力改善劳动条件、基本上消除了粉尘危害和矽肺病的北京耐火材料厂，实现了文明生产、环境保护搞得好、被称为“花园工厂”的南京塑料厂和无锡县电化厂，等等。但是，必须看到，林彪、“四人帮”长期干扰破坏所造成的安全生产和劳动保护制度废弛，再加上有些单位的领导对安全生产重视不够，伤亡事故和职业病增多的严重情况，还没有从根本上改变过来，重大事故仍然不断发生。例如，煤矿冒顶、透水、瓦斯爆炸，林场、工厂、仓库、油库、气罐失火，车船撞碰，交通事故和农电、农机事故等，给人民生命财产造成了严重损失。这种情况同“四化”建设的要求很不适应，必须引起我们的高度重视。

安全生产，是我们党的一贯方针，是社会主义建设的一项基本原则。搞“四化”建设，对安全生产的要求越来越高。不把安全生产切切实实地搞好，就不能保持正常的生产秩序，充分调动广大群众的积极性，保证“四化”建设的顺利进行。当前，搞好安全生产，要做的工作很多，但关键在于领导重视，发动群众，不断整顿和加强企业管理。企业的各项管理工作搞扎实了，职工的基本功过硬了，安全生产才有切实可靠的保证。能不能实现安全生产，这是衡量我们企业管理水平的一个重要标志。安全生产同增产节约、增收节支，同优质、高产、低消耗是紧密联系在一起的。决不能设想，一个企业事故频繁，会取得好的经济效果。那种只顾生产、不重视安全的观点，是十分有害的。

从当前发生的事故看，主要原因是企业管理问题。一是有些领导干部，玩忽职守，不负责任，不遵守安全制度，强迫命令、瞎指挥，明知安全生产没有保证，甚至已经发现了事故苗头，仍然一意孤行，拒不采纳工人和技术人员的正确意见，采取防范措施，还强令工人冒险作业。二是有些操作人员不遵守纪律，不按操作规程办事，甚至自以为是地蛮干，例如在油库里用明火照明，在煤矿掌子面里明火放炮，等等，这怎么会不发生事故呢?!三是有些企业忽视职工的技术培训，许多新工人没有经过训练、考核合格就上岗位操作，对安全生产应知的不知，应会的不会，因此往往出事故。四是有些企业制度不健全，特别是仓库管理不严，设备维护不善，漏油、漏气、漏电严重，也往往导致事故的发生。这些情况说明，大量的事故本来不应该发生，是完全可以避免的。只要我们真正把企业管理工作抓上去，各种事故就会大幅度降下来。

各地区、各部门、各单位要通过这次“安全月”活动，大张旗鼓地宣传安全生产的重要意义，检查安全生产情况，总结经验，表彰先进，制定整改措施，使安全生产工作经常化、制度化。为此，要做好以下工作：

一、所有单位都要深入发动群众开展一次安全生产情况的大检查、大整改。查思想，查纪律，查制度，查领导，针对存在的问题，提出切实有效的整改措施，并狠抓落实。做到人人关心安全生产，贯彻预防为主的方针，堵塞漏洞，防患未然，力求消灭恶性大事故，大量减少伤亡事故和职业病。

二、建立和健全安全生产的各项规章制度，切实加强管理。要坚决改变那种对安全生产无章可循，有章不循，无人负责的状况，坚决制止违章指挥，违章作业。所有单位都要把安全生产的规章制度、安全检查工作建立健全起来。安全检查和劳动保护工作人员要认真负责，坚持原则；领导上要支持他们的工作，使他们责任明确，有职有权。

三、从实际出发，有计划地改善劳动条件。各企业要继续发扬艰苦创业的精神，充分利用现有条件，加强管理工作，搞好设备维修，消除各种隐患，逐步补还安全生产的欠账。至于新建、改建、扩建企业，劳动保护设施必须同主体工程同时设计、同时施工、同时投产。对从事有害作业的职工，要定期进行健康普查，作好职业病的防治工作。工业集中的大城市以及容易发生事故、职业病危害严重的工业部门，要加强劳动保护的科研工作。

四、加强职工的安全技术教育工作。目前，许多企业的职工，特别是新工人缺乏必要的安全生产知识。要结合本单位的实际情况，采取多种形式，开展安全生产教育工作。职工的“应知应会”中应包括安全生产的内容。新工人要经过培训，考试合格后才能上岗位操作。

五、加强法制观念、纪律观念，对伤亡事故必须严肃处理。各单位发生的事故，不准隐瞒不报、虚报或拖延上报。事故发生后，要做到查不清原因不放过，不吸取教训不放过，没有防范措施不放过。对那些玩忽职守，不负责任，不遵守安全制度，违章作业，以及强迫命令、瞎指挥所造成的重大事故，对主要责任者一定要严肃处理，直至追究刑事责任，决不能姑息迁就。

同志们！当前增产节约、增收节支的群众运动，正在广泛开展起来。在这个运动中，各级领导在抓生产的同时，一定要把安全工作抓好。生产必须安全，安全促进生产，要开展群众性的安全生产竞赛，把安全生产持久抓下去，促进企业管理水平的提高，促进增产节约、增收节支运动更加健康地向前发展。

（原载《劳动保护》1980年第5期）

3. 薄一波副总理在全国锅炉压力容器安全监察工作会议上做了重要讲话

1982 年 1 月 10 日

1 月 4 日至 11 日，国家劳动总局在北京召开了全国锅炉压力容器安全监察工作会议。这次会议针对我国压力容器数量大，增长快，应用面广，种类繁多，事故严重以及压力容器安全监察工作起步晚，基础薄弱的实际情况，着重研究了如何开展压力容器安全监察工作的问题。明确了压力容器安全监察工作的方法以及今后一两年内工作的要点。

1 月 10 日，国务院副总理薄一波到会听取了锅炉压力容器安全监察工作的汇报，并做了重要讲话。薄一波副总理在讲话中首先肯定锅炉、压力容器安全监察工作取得了很大成绩。他说，近两年来健全了锅炉压力容器安全监察机构，逐步形成了一支安全监察队伍；制订、修订了一些这方面的安全法规；整顿了锅炉、压力容器制造厂；开展了锅炉、压力容器检验工作，工作是有成效的。锅炉、压力容器爆炸事故 1981 年前三季度比 1980 年同期下降了 43%，这是很大的成绩。同时他也强调指出，锅炉、压力容器事故严重局面，虽然开始好转，但无论是事故的绝对数，还是万台设备年事故率，与世界各主要工业国相比仍是最高的。有些爆炸事故在国外早已杜绝了，我国却不断发生，特别严重的是，还发生了几起国内外罕见的爆炸事故。目前，还存在大量事故隐患，今后要继续努力，绝不能放松对这类设备的监督和检查。

薄一波副总理在谈到搞好锅炉、压力容器安全监察工作与“四化”建设关系时指出，不要小看锅炉、压力容器安全监察工作，它是“四化”建设不可分割的一部分，既关系到生产，又关系到人民生活和社会安定。我国有几十万台锅炉、几百万台（只）压力容器，广泛地应用在生活中，一旦发生爆炸事故，就会造成严重的经济损失和人员伤亡，影响“四化”建设，影响社会安定。各国实践也证明，实行既不是制造者也不是使用者的第三者的公正、权威性的监督检查，是保证这种设备安全运行的有效措施。有这样的专门机构和一支专业队伍，从事监督检查工作，在国家经济建设中，无疑会收到好的经济效益。同时，对锅炉、压力容器实行监督检查，也是这类设备进出口的需要。根据国际惯例，这类设备的进出口，需要法定机构依法进行检查，这样才能维护本国经济权益。

在会议讨论中，各地代表很担心在进行国家机构改革中，锅炉、压力容器安全监察机构会不会再次撤销？安全监察工作会不会削弱？薄一波副总理针对这种顾虑明确指出，锅炉压力容器安全监察机构三起两落的现象不要再重复了，也不能再重复了。现在要提高认识，把锅炉、压力容器安全监察工作提高到应有的重要位置，要提高它的地位。不然的话，一有风吹草动，精简机构，精兵简政，体制改革，都会把它抹掉。1958 年抹掉一次，1966 年又抹掉一次，教训是深刻的。当前，要调整机构，改革体制，会不会把锅炉压力容器监察机构抹掉？我首先赞成机构改革，我们国家体制不改是不行的，机构臃肿、重叠，人浮于事，如不改，“四化”建设就没希望。但我赞成加强锅炉压力容器安全监察机构，不主张把这个机构取消，也不主张削弱。这个工作正是我们党解决了机构设置问题后需要加强的工作，这样对生产，对各方面都有好处。

薄一波副总理在讲话中还表扬了那些从事安全监察工作的同志不怕困难、努力工作、对党对人民勇于负责的精神。薄一波副总理的讲话使与会代表受到极大鼓舞，他们表示，一定要搞好这项工作，为“四化”建设作出新的贡献。

国家劳动总局局长康永和也在结束会上讲了话。

（原载《劳动保护》1982 年第 2 期）

4. 坚持安全第一 做到天天安全

——万里副总理在全国煤矿安全检查会议上谈安全生产

1983 年 4 月

煤炭工业部于 4 月 26 日至 5 月 2 日在北京召开了全国煤矿安全检查会议，会上万里副总理就安全生产问题作了重要讲话。

万里副总理在肯定了去年煤炭产量达到历史最高水平，安全情况是近十几年来最高水平的成绩以后，讲了两个问题。

他说，第一个问题，认清大好形势，增强责任感，千方百计把煤炭工业搞上去。党的十一届三中全会以来，我国的经济形势越来越好，政治形势也是大好。经济形势好，但也还有点问题。拿煤炭战线来说，一个很大的问题就是今年以来安全情况不好。现在我要向你们煤炭工业提出要求，一要安全生产；二要提高产量；三要满足国家和人民的需要。安全生产很重要。安全搞不好，出了事故，给职工的生命、健康造成损失，政治影响坏，经济损失大。安全搞不好，职工队伍也稳定不了，谁也不愿意到煤矿去。煤炭工业在我国国民经济中占有举足轻重的地位，你们上不来，其他许多行业也上不来；你们一下，谁都得下。

万里副总理说，第二个问题，我要着重讲讲煤矿的安全生产。

一、坚决执行“安全第一”的方针，真正把安全工作摆在首要的位置上。不把安全工作放在首要位置上，很容易出乱子，一出乱子就影响整个工作。煤矿即使死一个人，也不得了，影响太大。我们是无产阶级、共产党领导下的社会主义国家。对工人的生命安全、生活福利和民主要非常关心，不关心或关心不够，就不像共产党了。这不是个小问题，是个政治原则问题、建党原则问题。我们的党是毛主席领导建立的，是个好党，一向依靠人民群众，坚持斗争，取得了革命的胜利。夺取政权以后我们十分关心人民生活，给人民以民主权利。十一届三中全会以后，我们制定了党内政治生活的准则。十二大修改了党章，对党的要求更严格了。这是因为我们是执政的党、有权力的党，必须对人民负责任。作为企业的领导干部，一定要关心你所领导的群众，关心他们的安全，关心他们的生活，关心他们行使民主权利。否则你的领导作风、群众观点就成问题。水城木冲沟煤矿发生的事故，我看主要就是领导问题，是责任事故，是对矿工不负责任。凡是领导班子注意安全，依靠广大工人解决问题的，生产条件差，事故也能少；否则，即使条件好，事故还是多，我看这是个规律。

还要看到，在目前条件下，安全工作也是可以做好的。十一届三中全会以来，你们在安全措施、材料设备上都做了很多调整工作，花了6亿多元，安全条件已有了较大改善。有些单位的经验也说明安全工作是可以做好的，像唐山地区的小煤矿，晋城、潞安矿务局等就很好。是不是他们的条件特别好？不是。就是因为这些单位的党组织够格，领导干部认识水平高，群众观点强，重视安全工作。所以，一个煤矿安全情况好不好，就看企业的党的领导。对安全好的单位，首先应该表扬党委和行政领导干部，因为安全工作中，领导是关键。

二、认真解决安全技术措施、测试手段、设备等问题。在这方面要下功夫认真加以解决。国内能制造的，要尽快制造；不能制造的，可以引进一些技术和设备。特别要注意解决防治瓦斯、煤尘的技术装备问题。在目前情况下，瓦斯、煤尘、顶板、水、火的问题，在技术上、设备上、措施上都是能够解决的。事在人为嘛！

三、加强管理，高标准，严要求。现在，各种法规、条例、规章、规程都有了，问题就是严格执行。为什么现在有的企业管理不善，有章不循？就是因为缺乏高标准、严要求。特别对井下工作，不高标准严要求更不得了。我们国家本来就落后，现在正进行“四化”建设，没有个高标准严要求不行。我希望煤炭行业在执行安全条例上必须高标准严要求，不能马虎。全国的煤矿工人都必须知法守法。不懂安全条例的人，不准上岗位。只有从基础工作抓起，才能防患于未然。这是起码应该达到的标准。执行纪律也要严要求。就像赛篮球一样，犯规就吹哨罚球。煤矿生产也要这样，有了违章现象，有了事故预兆就要“吹哨”，因为出了事故要影响生产嘛。煤矿决不能没有规矩，没有纪律。

四、必须充分发挥工人的监督检查作用。工会在安全生产上要维护工人利益，代表工人说话。生产中出现影响工人生命安全的情况时，工人可以通过工会或直接向行政领导提出建议，要求解决。不听，再提出警告。工会要发动工人督促行政领导采取措施解决安全问题。再不解决，工人可以不上班，工资照发，待问题解决后立即上班。劳动法可以允许工人在安全没有保障时不上班。在这种情况下，保护工人生命安全，就是维护国家利益和人民利益，这次水城木冲沟矿发生事故前工人提过十多次意见，职工代表大会提过三次提案，都没有引起矿领导警惕，这样工会就可以带领工人不上班，敦促行政领导处理事故隐患。

五、对干部、工人必须严格进行安全技术培训。从一些事故中暴露出，干部和工人安全技术知识太少。大学设置的课程也缺乏煤矿安全知识方面的内容。要从现在起，规定个期限，把基层干部和工人的安全技术培训任务完成，达到应知应会。搞些形象化的教育，如电视片、科教电影、图片展览等。报纸也可以专版刊登煤矿安全知识，连篇累牍地讲安全问题。总之，通过各种形式，采取有力措施，加快培训工作，这对安全生产是十分重要的。

六、煤炭部和各省煤炭局都要加强对小煤窑的管理。现在小煤窑归地方管理。但小煤窑的安全生产、安全培训、安全技术措施等问题，煤炭部和各省煤炭局都要抓起来。要注意一不能破坏资源，二保证安全，还有一个运输问题。所以必须加强对小煤窑的管理，煤炭部不要把它当作分外的事，而应把小煤窑作为重要的力量、重要的单位，抓紧管好。

七、在改革当中不能影响安全生产，不能影响质量。全国都在进行经济改革，煤矿改革的工作也不少，如工资制度的改革、干部制度的改革、机构改革等，还有各种承包。这些改革工作，首先都不能影响安全，只能加强安全工作。必须向大家讲清楚，凡是在改革当中影响安全的，不能说这个改革是成功的，应当说是失败的。

万里副总理还指出：煤矿不能只搞“安全月”，要天天安全，年年安全。

（原载《劳动保护》1983 年第 6 期）

5. 安全第一　预防为主

——国务委员张劲夫就第五次全国“安全月”活动发表广播电视讲话

1984 年 4 月 27 日

国务委员、全国“安全月”活动领导小组组长张劲夫，在 4 月 27 日为第五次全国“安全月”活动发表的广播电视讲话说，今年的经济形势很好，但是，在经济生活中还存在不少问题，安全情况不好是突出的问题之一。现在，重大伤亡事故时有发生，特别是小煤窑、小矿山事故频繁；铁路、船舶和汽车伤人事故，城乡火灾、爆炸事故，工矿企业重大设备事故，农村触电和农药中毒事故也相当严重；生产环境中尘、毒浓度高，职业病发病率仍然是上升趋势。

他说，造成上述情况的主要原因是：

一、有的省、自治区、直辖市、主管部门和企业的领导，对安全和生产的关系认识不全面，例如，有的为了完成眼前任务，硬拼设备；有的玩忽职守，违章指挥；有的对职工缺乏必要的安全教育，管理不严，有章不循，违章作业；有关安全的措施经费得不到保证。

二、法制观念薄弱，有法不依、执法不严、违法不究的现象比较严重。发生重大事故处理当事人的多，追究主管领导责任的少。

三、有的单位推行的经济承包责任制缺少安全生产的内容；有些地方乡镇工业发展很快，安全措施没有跟上。

这种状况必须迅速地坚决改正。

张劲夫讲话中提出，今年“安全月”的奋斗口号是：树立安全第一，预防为主的思想，落实责任制，加强法制，实现安全生产、文明生产，提高经济效益。

张劲夫说，为了搞好今年的“安全月”活动，要作好以下工作：

一、各级政府和经济部门的领导必须牢固地树立安全第一、预防为主的思想，搞好安全生产是社会主义企业管理的一项根本原则，是一切经济管理部门、企业主管部门和各级领导干部与全体职工的重要职责。各级领导要带头执行安全法规，管生产的必须管安全。

二、安全工作要坚持预防为主。各级政府、各部门的主要领导，必须把安全作为一件大事来抓，加强经常性的基础工作，抓隐患，抓苗头，抓措施，抓落实，在“安全月”活动中，扎扎实实地解决一批实际问题。

三、安全生产要和企业整顿、技术改造密切结合。企业整顿、企业的技术改造、经营承包责任制必须包括安全生产的内容，有安全生产的要求和措施。各厂矿企业要结合技术改造有计划地解决事故隐患，控制尘、毒危害。城镇集体企业和乡镇企业要搞好劳动保护工作。

四、提高职工素质，加强安全生产的培训。各地区、各部门都应抓紧组织各种类型的培训。有计划地培训企业的领导干部，加强对职工进行安全技术和工业卫生知识、纪律和法制的教育。重要岗位的工人必须经过培训，考试合格才能上岗位操作。

五、要加强监督检查工作。各级劳动部门、卫生部门、公安部门要坚持原则，勇于负责，加强对劳动保护、工矿安全、消防和工业卫生的监督检查工作。要敢于向不顾职工生命安全的现象作坚决斗争。对渎职、玩忽民命者应绳之以法纪，各级工会要发动能工巧匠，开展技术协作活动，改善职工的劳动条件，同时要教育职工遵章守纪，对厂矿企业的安全卫生状况进行群众监督。

张劲夫强调，开展“安全月”活动的目的是“以月促年”，把安全生产经常化、制度化。“安全月”中检查发现的问题，凡有条件的，要立即着手解决。一时解决不了的，要纳入技术改造计划限期解决。要把“安全月”活动和经常性的安全生产工作密切结合起来，努力减少伤亡事故，控制职业病的发展，促进“两个文明”建设，提高经济效益，迎接建国三十五周年。

（原载《劳动保护》1984 年第 5 期）

6. 把安全工作提高到一个新水平

——国务委员、全国安全生产委员会主任张劲夫在全国安全生产委员会第一次会议上的讲话

1985 年 1 月 3 日

最近，全总党组向中央书记处汇报时，耀邦同志等几位中央领导同志强调提出了安全生产的问题。国务院于 1984 年 11 月 26 日批准了全国“安全月”领导小组的报告，同意成立全国安全生产委员会。党中央、国务院从来重视安全生产，我们应当同心协力，把这件事办好。

党的十一届三中全会以来，安全情况虽有好转，但并未根本好转，情况仍很严重。全国经济形势发展很好，农业连年大丰收，工业生产大幅度增长，但安全情况不好，这是一个相当突出的矛盾。

1984 年 1 月至 10 月，全国县以上企业职工因工死亡和重伤事故虽有所下降（死亡人数比 1983 年同期下降 0.6%，重伤人数下降 6.3%），但幅度不大。而一次死亡 3 人以上的重大事故和死亡数，比 1983 年同期都有上升。1984 年 1 月至 11 月一次死亡 3 人以上的重大事故件数比 1983 年同期上升 39.7%，死亡人数上升 4.3%。有些企业生产中尘毒浓度很高，危害严重，而且是上升的趋势。

全国城市（105 个的统计）1984 年 1 月至 11 月，共发生交通事故 91118 起，死亡××人，伤××人，比 1983 年同期分别上升 13.7%、16.8%和 8.8%。

1984 年入冬以来，火灾也有上升。

造成安全情况不好的原因，有老问题，如企业改善劳动条件的资金长期缺乏正常来源，有些单位设备长期不检修，抵御事故和自然灾害能力很弱，等等。也有新问题，这主要是在新形势下，领导思想不端正和工作没有跟上。如在企业实

行经济承包责任制中，不少单位忽视了安全内容和对新职工的安全教育；又如，乡镇企业发展很快，安全工作无人管理。这类企业绝大部分设备差，职工素质低，规章制度不健全，潜在隐患多。有些小煤窑不具备开采条件，不经批准，乱掘滥采，等等。

1984年12月2日，印度博帕尔市郊联合碳化物公司农药厂，发生了震动世界的毒气泄漏事故。这是一个警钟。我们应该引为鉴戒。

安全生产的情况不好，不仅是一个经济问题，也是一个政治问题。我们必须遵照党中央、国务院的要求，适应经济体制改革的新形势，把劳动保护、安全工作切实抓起来。

一、开展宣传。在经济体制改革宣传中，要把保护劳动者的安全和健康作为一项重要内容。强调安全第一，预防为主。主要领导要亲自过问。实行厂长(经理)负责制，就包括对安全的责任。要大力表扬先进典型，严肃批评差的单位。

二、切实加强安全生产管理。进行企业整顿、技术改造和实行经营承包责任制时，都必须包括安全内容，并有具体要求和措施。要结合技术改造，消除事故隐患，控制尘毒危害。新建厂矿企业，包括中外合资和引进的技术项目，必须具备安全、防尘和防火条件。总之，这方面的老账要积极地逐步地还；新账则不能再欠。乡镇企业及其主管部门要切实做好劳动保护、安全生产工作。

三、认真实行和逐步完善国家监督（劳动部门）、行政管理（经济主管部门）和群众监督（工会组织）相结合的制度。搞好安全生产，是一切经济管理部门和企业的重要职责。讲经济效益时，要包括安全在内。各级领导要带头执行安全法规。严格贯彻“管生产必须管安全”的原则。在体制、机构改革时，对劳动保护、安全卫生工作和机构不应削弱，而应适当加强和充实。劳动部门要按照国务院的要求，搞好立法工作，认真履行监督职责。要把监察和服务正确地统一起来。工会要组织群众，协助和监督企业行政搞好安全生产。对于违反国家规定、违章指挥的行为，工会要认真维护工人群众的权益，敢于坚持原则。

四、加强对职工特别是新职工的安全技术、安全管理和劳动纪律的教育，加强培训和考核工作。劳动部门、生产管理部门和大中型企业，有条件的要配备安全工程师。

五、进一步制订安全卫生法规，加强法制；严肃处理重大责任事故。

希望各地区、各部门共同努力，把安全生产工作提高到一个新水平，以符合“两个文明”建设的要求，发展当前的大好形势。

（原载《中国劳动》1985 年第 2 期）

7. 国务委员张劲夫在全国安全生产委员会第二次全体会议上的讲话

1985年4月11日

全国经济形势很好。国务院领导同志指出：如何使持续、稳定、协调发展的大好形势继续发展下去是我们面临的重大任务。我们在大好形势下，一定要保持清醒的头脑。目前，有一种片面追求高速度的现象，使许多工作不相适应，这种情况值得特别重视。

在经济体制改革中，安全生产只能比原来搞得更好。努力缩短和先进国家在这方面的差距，并不断努力，搞得更好，才能显示社会主义制度的优越性。1984年的安全状况只有微小的进步，今年第一季度的安全情况又不好，这对经济体制改革很不利，也有损于我国的声誉。

安全方面有老问题，也有新形势下的新问题。必须明确在推行经济承包责任制中，一定要把安全作为重要内容，一定要反对要钱不要命的偏向。

安全状况不好，有客观原因，但主要是领导思想认识和管理上的问题。管理一定要严格。鞍钢安全生产经验很好，就在于严格管理；大庆搞得好，也是严字当头；武汉柴油机厂那位联邦德国的“洋厂长”，最大的特点是要求严格。今后，不组织“安全月”活动了，这并不是说安全工作可以有丝毫的放松。安全生产活动要经常化、制度化。要认真贯彻落实安全第一，预防为主。要建立严格的安全生产责任制，定期检查，消除隐患，要有具体措施。要搞好职工的安全技术培训，推广先进经验，提高队伍的素质。对于失职造成的重大事故和损失，要追查责任，严肃处理。

在经济体制改革中，很多部属企业要放到中心城市去管理。但这并不是说，各部门在安全生产上就无所作为了。在行业规划和指导方面是应当加强的。所以，只是在工作内容和工作方法上有所改变。

我们要认真贯彻“三结合”的安全工作制度。劳动人事部门要代表国家进行监察，要认真行使职权。工会要代表工人利益说话，搞革命要依靠群众，搞“四化”建设也要依靠群众，工会要组织群众进行监督。行政主管部门要搞好安全生产责任制，加强管理，认真负责地把安全生产搞好。

党中央和国务院是十分重视安全生产工作的。这次人大代表提出了许多宝贵意见，包括安全生产问题。这对我们是一个很大的促进。对于安全生产，我们要从思想上重视，从制度上加强，从措施上落实，以巩固和发展当前的大好形势。

（原载《劳动保护工作》1985 年 7 月 8 日）

8. 国务委员、全国安全生产委员会主任张劲夫在全国防尘防毒工作会议上的讲话（摘要）

1985年6月

这次会议是在党中央、国务院领导同志关怀下召开的很重要的会议。会议的主要任务是交流经验、统一认识、同心协力贯彻落实国务院关于加强防尘防毒工作的决定。当前，全国的政治、经济形势很好。但是，我们也应注意在发展中存在的一些问题，才能更好地发展好形势。问题之一，就是企业的伤亡事故和尘毒危害相当严重，职业病还在发展。在这个问题上，有不少是多年积累留下来的，反映了我们发展中国家的历史条件。我们这一代人要下大决心改变这种落后状况，不能留给后人。不然，与我们当前的大好形势和国家的声望很不相称，与人民和党的要求也不适应。

首先，我们领导思想要明确。建国三十几年来，党中央、国务院对安全生产、防尘防毒三令五申，为什么至今解决得不好？我看主要是有些地区和部门不重视，出了事故就问一问，事情一过就放在一边。今后一定要改变这种状况。一些经济管理部门和生产领导人员，有重物不重人的倾向，没有把重视安全生产提高到人命关天的高度来看待。我们是共产党领导的社会主义国家，人是第一宝贵的，是生产力中最活跃最积极的因素，必须重视广大职工在生产劳动中的安全健康。能办到的事一定要办到，不要强调客观，主要应该从主观上来检查。

保护职工安全健康，要切实做点实事，不能空喊口号。例如推行经济承包责任制，必须包括安全、防尘防毒内容。坚决反对要钱不要命的倾向。要保持清醒头脑，反对片面追求高速度。事故严重的单位，速度再高也不能算先进。要研究一个考核的要求。我们要搞“两个文明”建设，职业病严重，既不符合物质文明的要求，也不符合精神文明的要求。现在我们的实际状况比某些发达国家还有不小的距离。今后对企业的要求要提得高一点，其他再好，安全（包括伤亡事故和尘毒危害）搞不好就不能作为先进单位。计划部门在编制、审批基本建设的工程项目、计划任务书，下达投资计划时，必须包括防尘毒危害和保护安全措施的要求。这笔钱不能省，省小钱误大事，得不偿失。各级政府、经济主管部门、各行业都要把安全生产、防尘防毒措施作为自己重要的职责，思想重视，制定切实的规划，认真地组织实施。经济管理部门对现有企业进行技术改造的时候，必须努力解决尘毒危害问题，不能是“两张皮”，要统一管起来。现在环境污染要罚款，我看要研究对发生工伤事故、尘毒危害严重的单位，可不可以采取经济制裁手段？现在工业的扩散，搞城乡结合，这是很好的形势。但是，我们应该注意，要禁止在城市工业扩散中，把尘毒危害转嫁给乡镇企业，让他们承受尘毒危害，这是不能容许的。对于造成严重损失的死亡三人以上的重大事故，要查清事实，严肃处理，不能姑息迁就。

根据国务院的规定，在劳动保护工作上，要把国家监察、行政管理和群众监督相结合的制度认真付诸实行。在劳动卫生的国家监察方面，劳动、卫生部门应该分工协作，各有侧重，发扬过去的密切协同的好作风、好经验。

建国以来，全国涌现出一批防尘防毒先进单位。比较突出的像牡丹江市、赣南钨矿等。他们从思想上提高认识，组织上统筹规划，落实措施、经费，健全管理制度，总结典型经验，解决了一系列问题。这个经验值得推广。实践证明，只要领导重视，采取切实的措施，尘毒危害是可以得到治理和预防的。

这次会议之后，希望把安全生产、防尘防毒工作向前大大推进一步，要下大决心尽快改变目前的严重状况。我们大家要担起这一历史责任，争取在不太长的时间内，使安全生产状况能经得起人民的公开检验。

（原载《劳动保护》1985 年 6 月）

9. 江泽民同志关于安全生产工作的讲话

1986年10月13日

刚才，李晓航同志分析了今年以来全市消防工作的情况，提出了改进意见和措施，我完全同意这些意见。希望我们各个部门、全体干部都能高度重视消防工作。

今年以来，上海的火灾特别多，而且损失越来越大。据统计，1月至9月与去年同期相比，火灾次数增加38.4%，直接经济损失737万元，增加了两倍多。这是十几年来罕见的。生产多增长一点，大家高兴，但千万不要让失火的发生率升高。对于今年上海的火灾情况，特别是这次二轻局大楼发生大火，我们市的领导都感到坐卧不安。这个地方人口密度高，大楼后面就有100多户人，假使100多户都烧着了，弄得居民无家可归，这个问题就大得很啊！就在南京路火灾的第二天，南市区的自来水管又发生爆裂，水流成河。电视台在这一点上报道是非常及时的。不过，这些报道不能只给市民看了以后大吃一惊，还应该使广大市民了解我们上海的基础设施确实积累的问题不少，并且看到我们正在逐步地加以改善。要告诉大家一定要提高警惕，防火防灾，否则，万一失火，将有多么严重的后果。上海存在的问题确实比较多、一会儿失火，一会儿自来水管爆裂，我们感到心情非常沉重。不久前，“繁新”轮又起火，因为靠近市政府，烟尘都进了市府大楼的窗子。明火焊接和切割引起的火灾已经不止一次，我同有关部门讲过多次，要搞一个规程、明火焊接用什么防范措施，保证不出火灾事故。我是搞电的，电力部门总结了若干年的历史经验和教训，规定了操作任何一个电气设备都要有工作票制度，操作时后面还要有一个监督的，做到万无一失。我们现在重复性的事故这样多，是发人深省的。

希望通过今天这个会议，能够引起全体市民，首先是全体领导干部对消防安全的重视。下面我讲几点意见：概括起来三句话，第一句“隐患险于明火”，第二句“防范胜于救灾”，第三句“责任重于泰山”。

先讲“隐患险于明火”。这一点必须引起大家重视。在容易燃烧或是容易爆炸的场所，进行明火作业，造成的火灾事故已经很多了。过去文化广场的大火，就是不遵守操作规程引起的。但是，我们还是一而再，再而三发生同样的事故，没有吸取教训，也没有采取切实有效的措施加以防范，这是一个方面。现在要讲的另外一种情况，上海现在还存在着许多火灾隐患，这些隐患可能比明火操作的危险更大。国庆前夕，公安部门对全市 2 万多个单位进行安全大检查，发现隐患 7900 多处，这里有不少部门过去发生过火灾，或者受到过公安部门的警告，但是仍然没有改进，这是非常令人担心的。若是一定要到出了事再来改进，为时晚矣。这次只是突击检查一下就查出 7900 多处隐患，反映了这些单位和领导思想上的麻痹大意。思想上的麻痹大意，表现最突出的是单纯的生产观点，或者叫片面的生产观点。我们现在搞生产，把经济搞上去，是一个完整的系统工程。今后衡量一个企业的成绩，究竟是好是坏，不能只看生产是否增长而别的什么都不管。如果出了事故，就要扣分数。尽管你生产成果、产量、质量，包括经济效益，这些都很好，但没有把消防工作做好，也不行。火灾的预防是经济建设系统工程中一个很重要的环节，恐怕我们很多工厂企业还没有把它提到应有的高度和引起足够的重视。

思想麻痹还表现在一些领导干部存在侥幸心理。刚才晓航同志讲了这个问题，有些单位认为反正有保险公司，我这个单位财产保了险，因此值班的人也不要了。如果思想上存在这种侥幸心理，实际上是最不保险的。保险公司本身也不能单纯地“重赔偿，轻消防”。将来保险公司收保险费的高低，应该根据厂房的质量好坏、危险的程度及防火的措施，拉开保险费的差距，促进企业保险以后，不是放松警惕，而是始终保持防火的责任心。隐患险于明火，首先是思想上的麻痹，这两种麻痹思想，我们都要坚决克服。

另外，还有一个隐患表现在各种消防设施落后上。那天我在二轻局失火场看到的一部云梯车，还是解放前“工部局”的。据说，新式登高云梯车北京有九部，天津有六七部，上海这么大的城市只有两部。我们无论如何要挖出些钱来买些先进的消防装备，为了保护1200万上海人民的生命财产安全，这个钱是非花不可的。现在，高楼大厦盖起不少，万一有火警，没有设备，上不了那么高，后果不堪设想。再说，许多地方消防楼梯都被堵塞，一旦着火，人家来救你也很困难。这些都是火险隐患。消防楼梯被堵塞问题要限期整改，尽管你有这样那样的困难，但必须要做到。市政府也下了决心要尽快更新消防设备，各个单位要支持，开绿灯。消防部门也要有个规划，逐步地装备起来。隐患比明火还危险，这是我讲的第一句话。

第二句话是“防范胜于救灾”。每当遇到火灾。我们的干部、公安干警、人民群众不顾个人安危来抢救国家财产，同火灾作斗争，涌现了很多英雄人物。这是我们队伍中的好人好事，但你总得承认火灾终究是个坏事。“城门失火，殃及池鱼”，一场大火造成的是多方面的损失。所以，消防消防，要立足于“防”，等到火已经烧起来，再来救，已经晚了一步。

上面我已讲过首先要克服麻痹思想，思想上要树立“防患于未然”的观念。消除隐患是最好的防范。但是光说克服思想麻痹，没有实际行动，没有一定制度保证，也不行。所以，各单位要研究制定切实可行的管理制度。制度有了，落实跟不上也不行。有些单位的值班制度现在已经成了一种形式主义，值班员值班时睡大觉。既然你值班，就得按值班制度办，要巡逻，至少是值班开始时，先要把各个地方检查一下，值班当中还要再作检查。现在，值班制度流于形式，值班人员形同虚设，这种现象还是不少的，不敢说全部，依我看大有人在。消防安全措施要一项一项地落实。特别在那些防爆、防漏、防火重要的化工单位以及居民区内有一些危险工厂还没有迁走的，要加强检查。有时生产与防火会产生矛盾，有的单位在消防安全方面确实不合格，而且在短期之内没有办法解决的，是该停产的还是要停产，不能因小失大。假如出了事故的话，那损失就不得了。现在，对于消防制度和好多的操作规程来讲，并不是没有规定，可就是没有照着干，执行不严格，措施不落实。我看要从严，要狠抓，坚持按制度和规定办事。同时，我们也要细致地、积极地、主动地帮助一些基层单位来研究，在现有的条件下如何做好消防安全工作。为什么要讲现有的条件？我想，任何问题都不能把它说死。现在上海按照严格的检查要求，恐怕我们好多地方不符合消防安全条件，已经很难进行生产了。所以我说要结合实际，就是要在现有的条件下面，增加若干个切实可行的措施，基本保证安全生产。这里面有一个掌握分寸问题，如掌握得过严，在现有的条件下就难以办到，就会影响工作，过松就要出事。所以既要抓得严，又要热情帮助，真正做到防患于未然。这是第二句话。

第三句话，“责任重于泰山”。首先是各级领导干部的责任很重大，关键的问题是领导。我过去在长春第一汽车制造厂当过几年动力分厂厂长，就是常念这个“经”，逢会必讲安全生产。在有可燃气体的工厂或化工厂里面，管生产的厂长，就是要经常讲安全。防火这个问题要提到重要的议事日程上来，不仅仅是工厂，包括南京路、福州路的很多办公大楼都得很好检查。为什么呢？因为大楼里面都是“螺蛳壳里做道场”。不少大楼里面搭建房间的材料都是易燃的木夹板，不符合防火的规定，若要一下子把它全拆掉也不可能，因为没有房子。但是一定要研究采取一些措施来保证不出问题。值班的同志都要学一学灭火器怎么用，事到临头，怎么用都不会，那不行。脑子里要有安全的弦，防火的弦，特别是领导者。我看今天就有人这根弦没有绷紧，连这样重要的会议都不来。要一级抓一级，层层抓。

长年以来，“大锅饭”吃惯了，或者说法制观念不强，常常有一个错误观念，好像疏于职守没什么了不起，大不了给一个“行政处分”，十几年如一日，工作勤勤恳恳，稍微有一点疏忽，作点检讨就行了。这就是没有法制观念或法制观念薄弱。我们要彻底把它扭转过来。由于你的失职引起火灾，这是对人民对国家犯罪的行为。刚才讲，对消防部门的规定不执行，或者拒绝消防部门整改要求的，你屡教不改，这个情节就严重了，领导和责任者都要受到惩处。《治安管理处罚条例》里面就有这个条文，至少是主管领导要给予纪律处分。真正由于责任事故造成火灾，损失严重的，还要追究刑事责任。有时候，我们容易心慈手软。这个事情，我今天讲清楚，责任的大小，取决于你平时重视的程度如何。你如果非常重视，确实是不可抗拒的灾害，这是情有可原，你如果是吊儿郎当，平时放松防范，就应该过加一等。所以责任重于泰山，这一点对我们领导干部来说是要切记的。

不仅要从制度上、措施上各方面去加强，更重要的是思想上要做好工作。党的部门要做思想政治工作，行政部门也不例外，大家都要做过细的思想工作。一有事故苗子，就要立即把它根除。

冬季即将来临，冬天失火的频率比较高，通过今天的会，要狠抓防火措施的落实。我希望大家今年很好地过个年，千万不要再出事。二轻局大楼火灾查出来的结果是电线起火，据说这个地方电气安装是找农民干的，六个人中有四个人是外行，两个人稍微懂一点电，因此，电气线路安装根本不合格。我建议继续组织力量检查大楼的电气设备。另外还得检查保险丝，用的规格不对头，就不保险了。所以，各个地方电气方面的安装是否符合规格，都应请行家来查一查。真正年久失修容易失火的，要定期加以整改。用电安全要提到一个重要位置上来，防患于未然。

我衷心期望，各级领导干部回去要很好地研究落实。12 月份市政府要专门听一次汇报，请公安部门作些准备。同时，我认为应该是边检查，边整改，凡是能改的，今天检查了，明天就改。特别是有许多措施性的事，比如值班制度、专职人员负责等，应该很快确定。像消防队需要的车子等装备，要有计划、有步骤地解决。

10. 从严强化安全工作

——江泽民同志在上海市安全生产工作会议上的讲话

1986 年 12 月 23 日

今年以来，我们上海的工伤死亡事故，据市劳动局统计，1 月至 11 月与去年同期相比，虽然下降了 9.25%，但是，你不能单纯看下降的数字，重大事故、恶性事故一再发生，1 月至 10 月，几乎月月都有恶性事故发生。加上火灾、交通事故等情况，使人寝食不安。再不抓不得了啦！特别是工伤死亡事故，死亡 2 人以上的就有 6 起，共死亡 20 人，占全市工伤死亡总人数的 10% 左右。

从这些事故的情况来看，没有什么复杂的技术问题，主要还是管理上的问题。因此，我们首先要从管理上找原因。不少事故看起来发生在职工身上，如冒险操作、盲目蛮干，其实归根到底还是由于我们企业在安全管理上处于松散的状态。有的企业虽然抓了，但是没有抓在点子上，抓得不严。我们有句老话，“抓而不紧，等于不抓”。在这个问题上，我要给大家敲一敲警钟，在当前经济改革中，各项工作都要放宽搞活，但是安全工作却要“从严”“强化”，这是一个用鲜血和生命换来的教训。

一、首先要落实各级安全生产责任制

对于安全生产这个问题，我在各种场合一再强调，不少企业的领导确实比以前重视得多了。但是为什么事故严重的局面仍得不到控制呢？看来就是这个责任制没有真正落实。要落实安全生产责任制，首先要改变在领导思想上那种重经济效益而不重视安全生产的观念。作为一个厂长、经理，根据安全生产责任制的要求，应对全厂工作负总的责任。对于这一点，我认为不能只讲讲而已，今后一定

要根据中央和国务院的有关规定执行，出了事故，要查找领导责任，该处分的要处分，严重的负有刑事责任的，要依法处理，决不允许把工人的生命安全置于不顾的现象再存在下去。

其次是要改变那种认为安全只是安全部门的事的观念。国务院《关于加强企业生产中安全工作的几项规定》明确指出："企业单位中的生产、技术、设计、供销、运输、财务等各有关专职机构，都应该在各自业务范围内，对实现安全生产的要求负责。"这就是说，在一个企业里，安全生产工作在厂长的领导下，各职能部门在各自的业务范围内都有安全生产的职责。这个责任制，应该由市政府各委办和区县局的领导带头落实。今后，市经委、市建委、市交通办等各部门，在计划、布置、检查、总结、评比生产的时候，都要同时计划、布置、检查、总结、评比安全工作。因为安全工作的好坏，是一个系统、一个企业各项工作的综合反映，安全工作不渗透到各个部门、各个环节，不和各个部门的具体业务结合起来是不行的。有些生产岗位本身在工艺、技术上不合理，如设备发生故障未能及时修复，操作人员为了要维持生产的正常进行，被迫改变规定的操作方法。这种情况发生事故，往往提出的结论就是职工违章操作。其实，根子是车间或设备部门没有认真担当起应负的安全职责，因而对事故应负主要责任。至于安全生产方面的整改措施，涉及的面就更广了，有生产计划的问题，有财务上经费安排的问题，有技术设计和施工问题，还有供销部门的采购设备、材料等问题。这些问题光靠安全部门怎么能完全解决得了呢？这只能靠各职能部门贯彻各级安全生产责任制来实现。当然，安全部门也应该拿出更多的精力深入生产现场，加强检查监督，了解情况，为厂长、经理提出搞好本企业安全生产的措施和办法，当好企业领导的参谋和助手，同时督促各职能部门落实各自业务范围内的安全职责。安全生产责任制还要求每一个职工自觉遵章守纪，不违章作业，并能阻止他人违章操作。这样，就可以做到"横向到边"（即各职能部门对安全生产负责）、"纵向到底"（即从厂长全面负责到车间、到每个职工的遵章守纪），使安全生产责任制真正落到实处。

二、要加强法制观念，严格执行各项规章制度、法规、条例，进行规范化操作

现在有些职工和干部，为什么置安全规章制度不顾，违章操作，冒险蛮干，在一定程度上还是缺乏法制观念的表现。安全操作规程，一经颁布，在一定程度上具有“法”的效果，是一定要严格执行的。另外，行之有效的规章制度，又是用鲜血和生命换来的，是科学规律的总结。科学的东西来不得半点虚假。一是一，二是二，所有的操作规程不严格执行是不行的。对于一些容易发生事故的岗位，应学习电力部门规定的采取一人操作、一人监护的办法，杜绝操作失误而造成事故。对于规范化操作，这里要克服一个习惯性的问题，有些职工以为从前一直是这样操作的，其实这是一种侥幸心理。从事故中可以发现，一些事故往往是由几种因素汇合而成的。你那老的操作方法，虽然以往没有发生事故，然而发生事故的可能性是一个客观存在，如果几种因素同时出现，那么事故就成为不可避免的了。这个道理我们要给职工讲清楚。像石化一厂那种事故的发生，也不是没有制度，操作规程上规定的清清楚楚，40 只螺栓应全部拧上，但是只拧了 13 只，有的螺栓 8 个牙只拧了 3 个牙。所以，也不是没有操作制度，也不是操作制度不完善，而是你是不是坚决地贯彻。在操作中一定要严格遵章守纪，切忌冒险蛮干。另外，要加强对危险性较大的特种作业人员的培训教育工作，所有特种作业人员都要做到培训考核合格，持证上岗操作，不合格者不准上岗。

当然，要使职工人人都能遵章守纪，还必须建立在对职工进行道德和自我保护的教育、增强安全意识的基础上，使每一名职工无论在产品制造、安装施工、设备维修、装卸运输作业中，都要本着对人民高度负责的精神，遵守工艺纪律，使自己的操作完全符合规范要求，做到安全生产万无一失。这就要求每个企业在职工中开展学技术、守纪律、讲文明生产、讲职业道德的活动，使安全生产、文明生产在职工中能够成为自觉行动。

同时，希望本市各新闻单位要积极配合，动员社会舆论，在全社会普及安全知识，大力开展职业道德和自我保护的教育活动，为实现安全生产创造条件。

三、做好安全工作还要依靠各级安全干部的努力，加强督促检查

做好安全工作还要依靠各级安全干部的努力，加强督促检查。最近市劳动局会同各区县局对经过培训考核合格的5000多名安全干部颁发了《上海市安全干部证书》，使他们得到了系统的安全技术管理知识的训练，提高了政策、业务水平，增强了责任感。因此，要求各企业领导充分发挥他们的参谋和助手作用，对生产中的不安全因素加强监督检查。企业领导也要使这些安全干部有职有权，凡是严重危及职工生命安全的问题，安全干部有权指令停止作业，经过整改，基本具备安全生产条件后才能恢复生产。对于安全干部的工作，领导要给予指导和支持，对他们在工作中、生活中碰到的困难，要给予关心，以充分调动他们的积极性。

在这里，我要求劳动部门要充分发挥综合管理部门的作用，对那些涉及全市安全生产的重大问题，要多从宏观控制上考虑，发现问题要及时报告市政府，以便及时采取措施。对各工厂企业的安全工作，劳动部门要行使政府监察的职权。当然，在实行监察时，必须做到有法可依，我希望我们上海的《劳动保护监察条例》能早日出台。

四、最后，我再次强调一下，在安全生产问题上，还是要牢固树立“安全第一，预防为主”的思想，特别是搞生产的领导，要正确处理好安全与生产的关系

首先要做好预防工作。当然亡羊补牢也需要，但重要的还是要把预防工作做在事故之前，做到“防患于未然”。第二就是要坚持“安全第一”，当生产过程中出现紧急的不安全因素时，应该抓紧消除事故隐患，解决安全问题后才能继续生产。从上海这个老工业基地的情况来看，厂房陈旧、场地拥挤、设备老化，在这样的情况下要确保安全生产，我们更要树立“安全第一、预防为主”的观念。

现在离年底只有七八天了，离春节也只有37天时间，这段时间往往是容易发生事故的时候。今年的事故还有一个特点是重复事故多，如明火作业本都有操

作规程，但事故一而再，再而三地发生了。特别是在现代化的工业城市里，每一起事故后，我们都要有档案记载，不断地进行教育，要吸取教训，不仅仅在本厂。我们劳动局是综合部门，这个厂出的事故，随时发通报给另外的厂。我希望各系统、各单位要根据年终生产和冬令的特点，认真地抓一下安全工作，尽一切努力，做到不发生重大恶性事故。在这个基础上，及早研究、部署明年的安全工作。今天的会议以后，各系统都要结合各自的特点，踏踏实实地干些实事，不要仅仅停留在会议的传达上，而是要按照本部门、本地区、本单位的实际情况，拿出切实有效的措施和办法，使我们上海明年的安全生产情况有个显著的改进。

11. 端正经营管理思想　提高安全生产水平

——李鹏副总理在地方煤矿安全生产工作会议上的讲话

1987 年 5 月 10 日

1987 年 5 月 10 日至 14 日，国家经委、国家计委、煤炭工业部、农牧渔业部、劳动人事部在京联合召开了全国地方煤矿工作会议。李鹏副总理在会上作了重要讲话。

李鹏副总理说，党的十一届三中全会以来，党中央和国务院在煤炭工业发展方针这个问题上作了一项重大的决策。这个决策就是提出了大家办煤矿这样一个思想，具体说就是“大、中、小煤矿一起搞”，“国家、集体、个体一起上”的方针。这个方针是党中央、国务院集体决定的，是正确的。这个方针调动了各地、各级、各行业办煤矿的积极性，全国地方煤矿出现了建国以来大发展的新局面，走出了一条适合我国国情的煤炭工业发展的新路子。现在我们年产 8.9 亿吨煤炭，地方矿和国家统配矿大体上各占一半。地方煤矿产量还要多一点。在地方煤矿产量中，地方国营煤矿和乡镇煤矿的比例大体上也是各占一半，乡镇煤矿发展是比较快的。由于地方煤矿的发展，多年来在国民经济中煤炭供应紧张的状况有了相当大程度的改变。现在，我们国民经济能够持续稳定地发展，这几年能够保持一个比较高的速度，这是和煤炭工业所取得的成绩分不开的。特别是地方煤矿是出了大力的，是为国民经济作出了大贡献的。

李鹏副总理指出：乡镇企业和个体煤矿事故多，而且恶性事故不断发生，瓦斯爆炸、透水、群伤群亡，有时发生一个爆炸事故伤亡几十人，骇人听闻。去年百万吨死亡率很高，有些省更严重，贵州今年一季度百万吨死亡率超过全国平均水平的6倍，过去，山东、安徽、河南也曾发生过大事故。

造成这些安全上的问题，原因是多方面的。有的是由于技术装备非常落后，连防爆报警都没有；有的是靠自然通风；有的是缺乏必要的安全知识，工人下井的时候没经过什么训练。这里的核心，就是经营管理的思想问题，如果不抓住这个主要环节，这些问题就解决不了。有的集体、个体煤矿，只考虑多生产、多出煤、多挣钱，不考虑工人和农民的健康，挣了一点钱就分光吃净，也不进行技术改造，增添安全设施。有的省一而再，再而三发生重大伤亡事故，如果提到原则的高度，就是我们人民政府对人民生命财产的安全采取什么态度的问题。要在安全上真正地、切切实实地解决一些问题。首先就是要端正经营管理思想然后层层采取有效的措施，进行必要的整顿，使安全水平有所提高，死亡率下降，恶性事故少发生，不发生。有些安全情况，当然需要花钱，需要采取措施，有的是只要加强管理就可以解决的，对特别不像话的煤矿封它几个，具体步骤各省根据自己的情况决定。当然，我们也不能要求他们达到大矿那样的水平，都装上电子计算机报警装置，那不现实，但要有起码的适应本矿具体实际情况的安全作业措施。你如果是瓦斯矿，不通风行吗？你不戴安全灯行吗？那就有爆炸的危险。起码的安全措施必须采取。

李鹏副总理说，乡镇煤矿企业由煤炭工业部门实行行业管理，煤炭工业部门要首先对乡镇煤矿的负责人进行一些安全知识、采矿知识的培训，还可以派一些技术人员。现在有这样一个混乱的状况，在大矿下面开小矿，相当普遍，这对于大矿是个很大的威胁。但也不是说绝对都不能开；有的有条件的经过批准可以开，可是总得要有一个统一的规划和安排。大矿可以把边角余料适合群众开采的划给群众开采，有些鸡窝矿储量很小，国家开采不合适，巷道打进去，综采进去了；但没有多少资源。那就由地方矿或集体矿开采。总要有一个很合理的规划，经过一定的批准手续，来管这些事情。乡镇企业煤矿的安全不论由哪个部门管，谁管谁就有责任，责权利得结合起来，不能只拿利不负责任。以后要定一条规矩，将来如果再发生恶性事故，造成群伤群亡，各级地方政府不负责任那还行！各级主管部门不负责任那还行！那就要追究责任。因为我们是人民政府，要对人民负责，我们人民政府要关心人民的疾苦，更不要说他们的生命财产。这里还有一个劳工利益的保障问题。有些煤矿很不像话，没有任何的劳动保障，煤矿工人的劳动、生活条件非常差，这种情况不能容忍长期存在下去，当然我们也不要求他们达到国营企业那种水平，但总是要逐步有所改善，应该把所得到的利润用于改善安全条件、改善工作条件和改善他们的生活条件。不能操之过急，不能一刀切，但是这件事应引起我们劳动部门、主管部门应有的重视。

李鹏副总理强调指出，中、小煤矿所得到的一些利润，不能分光吃净，应该把它用于提高简单再生产。就是要有企业发展基金。这是关系到小矿今后能巩固发展的一个重要环节。为了发展恐怕逐步要走联合的道路，因为光靠一个矿自我改造很困难，由于规模比较小，资金也有限，最后不就是分光吃净完了，要干啥也干不了。许多煤矿集中起来就可以有计划地使用，今年解决这个矿，明年解决那个矿。

12. 努力开拓全国安全生产工作的新局面（摘录）

国务委员、全国安全生产委员会主任 邹家华

1988 年 11 月 30 日

党和政府历来都十分重视安全生产，李鹏总理非常重视安全生产工作。今年六月，他亲自提议召开了以铁路为中心，包括民航、交通、公安的全国交通安全工作会议。当前我国正处在全面深化改革的时期，十三届三中全会提出明后两年改革和建设的重点要突出地放在治理经济环境和整顿经济秩序上。我们安委会的工作必须据此作出安排，要严格控制重大恶性事故的发生，保护国家财产和人民群众的安全健康，减少对改革进程的干扰。新的一届全国安全生产委员会已组建起来，并已由国务院公布。我们要努力工作，开拓安全生产工作新局面。

今后一段时期内的工作重点

针对当前安全生产的状况，对今后一段时期内的安全生产工作提出以下几点意见：

（一）坚定不移地认真贯彻执行“安全第一、预防为主”的方针

广大的职工和干部，特别是领导干部认真贯彻执行“安全第一，预防为主”的方针，仍然是当前组织各种生产活动中的首要任务，要抓这一方针在基层的落实工作。各部门和各地区的领导在组织和指挥生产时，首先要想到和提出在安全上有什么问题，有针对性地研究好预防性措施。一定要处理好安全和生产的关系，要明确地提出生产必须安全，只有安全才能更好地生产。当两者在人力、物力和财力安排上出现矛盾时，一定要在保证安全的前提下合理地解决，因为只有

安全生产才能得到有效的社会和经济的效益。一切不利于安全生产的思想和行为都应该得以纠正和克服，例如“事故难免论”，“我们进行这样大的建设事业，还能不死几个人?”，“生产那么紧张，哪能顾得上安全”，以及侥幸、麻痹、马虎等思想都是要不得的。对待事故一定要坚持预防为主，就是要求我们把事故消灭在萌芽之中，防患于未然。事故后的处理当然对后来人有教育意义，但是毕竟已经造成损失，人死了不能复生，因此，我们的工作重点必须放在预防上。要从思想上、组织上、技术上、管理上以及制度上采取多方面的预防措施以减少事故的发生。

今后要把安全管理的好坏作为考核企业领导的一个重要指标，一个企业或者单位的主要领导要对本企业、本单位的安全生产负主要责任。只管生产，只知道完成生产任务，单纯去追求生产速度，而不加强对安全的领导，是不合格的领导。要强调管生产必须管安全，安全生产只能加强，不能削弱。

总之，各部门、各地区要以对人民负责的高度责任心，加强对安全生产的领导，从主管领导自身做起，必须改变对安全工作无能为力的精神状态。继续贯彻全国交通安全工作会议的精神，认真落实“安全第一、预防为主”的方针，深入了解具体情况，切实解决具体问题，坚持下去，安全生产工作必然会有好的结果。

(二) 广泛开展安全生产的宣传教育工作

安全生产状况不好，在很多情况下与干部和职工的素质下降有着密切关系。许多同志不重视安全生产，有的同志不懂得安全生产的重要性，不了解安全生产应该注意哪些问题，应该采取哪些措施才能做到安全生产，缺乏安全生产的知识。安全生产委员会应针对这个问题为提高干部、职工乃至全社会的安全意识大力开展宣传教育工作。

冶金工业部等部门针对本领域专业的实际情况，编制了录像宣传资料，这一做法值得学习。

根据即将出台的职业安全卫生监察条例，劳动部门负责组织的全国厂、矿长(经理)安全生产管理技术考核、发证工作已在一些地区和部门开展，要继续搞下去。各部门和各地区应积极配合做好这项工作。提高企业领导干部对安全生产的认识和自觉性是十分重要的环节。

开展多种形式的安全生产宣传教育，如编辑印制《重大事故资料汇编》《重大事故反思》新闻图片，发到部门、地区、企业，图片可在城市的宣传橱窗和企业的宣传展览中张贴。

要加强安全生产的社会宣传，充分利用报纸、广播电台、电视台和电影这些渠道，经常反映安全生产方面的问题，传播安全生产的知识，动员全社会来关心安全生产工作。

（三）抓安全生产问题要突出重点

为了有效地控制事故发生率，各部门、各地区都要明确工作的重点，首先抓影响最大、伤亡人数众多、经济损失巨大的重大恶性事故。就全国安全生产工作来说，明年仍然抓以铁路为中心，包括民航和交通的事故隐患，最大限度地减少重大恶性交通事故的发生，要抓煤矿，特别是乡镇煤矿以及火炸药的安全生产。

各部门都要在落实全国交通安全工作会议精神、进行安全检查整顿工作的基础上，认真查出事故隐患，并明确提出消除事故隐患的对策。根据全国交通安全工作会议的要求，在今年年底前要制定出本地区、本部门的以消除事故隐患为重点的安全规划和大幅度降低重大事故的奋斗目标，并上报国务院。

搞安全规划一靠政策、二靠管理、三靠科技，要全面综合地考虑。国家科委组织《中长期科技发展纲要》编写工作，这个《纲要》增列了安全生产这个专题。最近，科委责成劳动部牵头，19 个部委、科学院等有关专家参加编写。安全生产列入国家科技发展纲要，为依靠科技进步解决安全生产问题提供了重要渠道。各部门要配合写好这个纲要。

（四）及时总结推广安全生产的经验

我们要十分重视先进典型的作用，抓住好经验要及时推广。总后勤部在全军开展的红旗车驾驶员评比活动值得借鉴。他们持之以恒，搞了 10 年，取得了显著的成绩。从 1978 年至今的 10 年里，车辆事故率下降了 70%。事故起数由 1978 年的 4097 起降至 1987 年的 1138 起，受伤人数由 1978 年的 3397 人降至

1987年的879人，死亡人数由1978年的1020人降至1987年的298人。

全军有35万辆汽车，每年行程25亿车公里，1987年万车死亡率为8.7人，而全国是49.8人。总后勤部开展的以爱车、守纪、安全、节约为基本内容的红旗车驾驶员活动的经验可在全国推广。提议在全国汽车司机、首先是公路客运司机中开展红旗司机的活动，包括国营、个体等各类司机。具体办法由公安部牵头，交通、劳动、财政等部门和全总参加，提出方案后再定。

要加强安全生产的管理工作，要制定各种安全生产的有关制度，并经常地检查执行情况。

我相信，各部门在安全生产方面都有许多好的经验和典型，我们要及时发现，认真总结，并加以推广。

（五）安全生产委员会的职责

这次会议原则上通过了安委会的职责，为加强安委会的组织建设打下了一定的基础。

全国各省、自治区、直辖市大部分都成立了安全生产委员会（或安全生产领导小组）。有的部门也成立了类似的机构。为了有效地进行工作，必须明确职责，建立一定的工作制度，以便上下同步，协调行动。全国安全生产委员会是国务院下设的非常设机构，其主要任务是在国务院领导下研究、协调重大安全生产问题，指导全局性的安全生产工作，进行安全状况评估和在国务院授权下组织专家对重大事故进行调查。各地区、各部门的安全生产委员会也是非常设机构，并据此确定相应的职责。经过充分准备，在明年适当时候要召开一次全国安全生产委员会主任会议，交流经验，统一认识，统一步伐，有效地发挥从中央到地方的各级安全生产委员会的作用。

13. 必须下大力气抓好安全生产工作

中共中央书记处书记　吴邦国

1995 年 2 月 20 日

今天国家安全生产专家组正式成立了，刚才伯勇同志作了重要讲话，为 72 名专家颁发了证书，证书虽然不大，但是分量很重，是党和国家、是人民的重托。我代表党中央和国务院向大会表示热烈祝贺。

最近几年，我国改革开放，经济建设和各项事业都取得了新的进展。去年 11 月 28 日，中共中央和国务院在北京召开了中央经济工作会议，这是一次十分重要的会议，会议正确分析了当前经济形势，并且明确提出：坚持邓小平同志建设有中国特色社会主义的理论和党的基本路线，全面贯彻党的十四大和十四届三中全会、四中全会精神，继续把握“抓住机遇、深化改革、扩大开放、促进发展、保持稳定”的全党全国工作大局，进一步处理好改革、发展、稳定的关系，加快建立社会主义市场经济体制，实现国民经济持续、快速、健康发展和社会全面进步。

搞好安全生产工作，建立良好的安全生产环境和秩序，是保证社会稳定、经济发展的重要条件，也是建立社会主义市场经济不可忽视的一个重要环节，也是贯彻落实中央经济工作会议精神的一个重要内容。社会主义市场经济建立和发展的过程，是生产力不断提高的过程。而严重的事故，对生产力产生了不可低估的破坏和阻碍，因此，必须下大力气抓好安全生产工作。安全问题涉及范围广，影响面大，社会敏感性强，安全工作搞得不好，会造成一系列严重的社会、政治和经济问题。我们是社会主义国家，为了保证人民群众的安全和健康，为了促进社会的繁荣与稳定，各地区、各部门都要把安全工作当作大事来抓，不可等闲视之。

安全生产工作要纳入法制化、科学化轨道，也就是说，一方面，要用科学的方法论分析、解决安全生产问题，要充分利用各行各业专家的智慧和国内外先进的科学技术成果做好安全生产工作；另一方面，一旦发生事故处理安全问题要公正、客观、实事求是。近几年，重大恶性事故屡屡发生，但有些事故调查处理的公正性不尽人意，没有严格地坚持"三不放过"的原则，这对于吸取事故教训，避免同类事故发生十分不利。作为国务院负责管理全国安全生产工作的职能部门，劳动部成立国家安全生产专家组，独立地、公正地进行特大事故调查、重大事故隐患评估和安全技术咨询是十分必要的。原全国安委会专家组在事故调查、隐患评估方面做了许多富有成效的工作。事故调查中，他们以国家利益为重，调查过程不受任何个人、任何组织的干扰和影响，维护了调查的超脱性、独立性，得出的结论是客观的、科学的，为国务院做出处理决定提供了重要的依据。此外，安委会还组织专家对十余家企业进行了安全评估，辨识其危险程度，提出隐患整改计划和预防事故发生措施，这些工作对促进我国的安全生产工作是十分重要的。

下面我想对新成立的国家安全生产专家组和劳动部提几点希望：

第一，成立的专家组是国家安全生产专家组，不是代表哪个部门哪个地区去工作的，而是站在国家、人民的立场上以科学的方法工作。专家组的责任和性质要求每一位专家必须具有超脱性、公正性和科学性。这是我们成立专家组一个很重要的一条要求。尽管专家来自不同行业、不同领域、不同部门，但作为一名国家安全专家，就应该以国家利益为重，要站得高一点，看得远一点，办事超脱一点，这就是超脱性；公正性是要求专家公正地处理问题，不偏不倚，不受任何组织、任何个人的影响，坚持实事求是，一就是一，绝不含糊；科学性是要求专家用科学的方法、认真的态度和渊博的知识去分析问题、解决问题，得出的结论要经得起国内外同行及科学的检验。

第二，安全生产工作涉及的专业知识和领域非常广，要做好这些工作，要依靠科学，依靠各领域专家的力量和智慧，希望专家及时向劳动部反映安全生产信息，提供技术帮助，共同解决重大安全生产问题。

事故调查、隐患评估和安全咨询既是技术性很强，又是政策性很强的复杂工作，随着国民经济的发展，各行各业都在不断应用新设备、新技术、新工艺，高技术密集型产业更是发生着日新月异的变化，这对专家提出更高的要求，所以，专家要注意工作经验的积累，在专家组内要相互学习，相互尊重，形成良好的学风。

第三，要建立和加强与国内外同行的联系，交换信息，交流经验，并把国内外的科技新成果及时有效地应用到实际工作中去。

第四，要加强对专家组的领导。劳动部要充分发挥专家组作为技术班子、智囊团的作用，并在特大事故调查、事故隐患评估和安全技术咨询与审查中有效地工作；遇有重大安全生产问题时，要请专家参与，提出切实可行的对策报送国务院或提请有关地区、有关部门执行。培训问题也很重要，除了专家自身学习外，要很好地利用专家的知识和经验，加强对事故调查人员和事故隐患管理人员、监测人员的培训工作。

专家组成员比较分散，要建立联系，要协调好专家所在的主管部门，搞清工作关系，以便执行任务，要把松散的专家组管理得有序而有效。有关部门要积极支持专家组的工作，为他们提供便利的条件。同志们，各位专家都是从各部门精选出来的，大部分专家多年来致力于本专业的研究，造诣很深，专业知识渊博，实践经验丰富，享有崇高的威望，而且经过本系统严格审核，品质优良，办事公正，我希望各位专家多为国家的安全工作献计献策，协助国家有关部门做好安全生产工作。

14. 做好安全生产工作是改革、发展和稳定的必要条件

——吴邦国同志在全国安全生产工作电话会议上的讲话

1995 年 7 月 24 日

今天，我们召开全国安全生产工作电话会议，刚才劳动部李伯勇同志通报了今年以来全国安全生产情况和存在的问题，并提出了总的要求；煤炭部王显政同志和公安部牟新生同志分别就煤矿安全工作和消防工作，通报了情况，提出了措施。我同意他们的意见，希望各地区、各部门，尤其是我们各级领导同志，对安全生产工作要引起足够的重视。

几年来，由于各方面的努力，安全生产工作取得了一定的成绩。今年上半年事故有所下降，特别重大事故比往年少，安全状况趋于相对平稳。但是，我们也应该看到，事故的苗头大量存在；一些重大事故还时有发生，火灾、爆炸、煤矿事故也比较严重；某些行业重复发生同类事故的频率也有所增长，安全状况并没有根本好转，许多问题并没有彻底解决。如刚才新生同志提到的，今年上半年仅火灾事故，全国就发生了近 2 万起，直接经济损失达 4 亿多元，还发生了郑州天然商厦、江西大中大商厦、深圳罗湖大酒店、鞍山商场、乌鲁木齐卡拉 OK 厅、汕头邮电大楼等特大火灾，不仅造成重大的经济损失和人员伤亡，而且在社会上造成不良影响。如淮南矿务局谢一矿今年 3 月 16 日发生了一起死亡 6 人的瓦斯爆炸事故，仅隔三个月，6 月 23 日又发生了一起特大瓦斯爆炸事故，死亡 76 人，伤 49 人。以上众多事故的发生，当然原因是多方面的，但往往同我们企业

的一些领导对安全生产工作重视不够，违章指挥、违章操作、违反劳动纪律等“三违”现象有关，原来一些行之有效的管理办法没有得到真正的贯彻执行。所以，安全生产状况一时的相对平稳，只能说明我们做了一些工作，也取得一些效果，但不能有任何自满情绪，来不得丝毫麻痹大意。根据以往的经验，每年第三、四季度是事故易发季节，要特别引起我们重视和警惕。我们可以简要地回顾一下近两年的情况。1993 年 8 月至 10 月间，全国各类重大、特大事故就发生了十多起，最典型的例子是“8・5”深圳安贸储运公司化学危险品仓库发生特大爆炸事故，死亡 15 人，伤 141 人，直接经济损失 2.5 亿元。1994 年 11 月份，在短短不到一个月的时间里，就相继发生“11・15”吉林博物馆、“11・27”辽宁阜新艺苑歌舞厅、“12・8”新疆克拉玛依友谊馆几起特大恶性火灾事故。仅这三起火灾事故就造成死亡 560 人、伤 150 人，经济损失巨大，在国内外产生了不良影响。总之，每年的这个时期由于水灾、干旱、酷暑、严寒以及各种不利因素的影响，都可能诱发事故。因此，我们绝不能对安全生产工作有丝毫的放松和麻痹，要继续努力，加大安全生产工作各方面的力度。下面我就安全生产工作再强调三点意见。

一、做好安全生产工作是改革、发展和稳定的必要条件

大家知道，在今年的全国八届人大三次会议上，李鹏总理在政府工作报告中谈到为改革和发展创造良好的社会环境时，专门讲了安全生产的问题，他指出：“去年我国重大火灾、交通事故和恶性生产事故较多，人民生命财产蒙受巨大损失，教训深刻。各级政府、有关职能部门和执法监察人员，都要督促企事业和所有单位，认真落实安全措施，严格管理制度，防范类似事故的发生，并严肃处理责任者。”李鹏总理的报告把安全生产工作提到了促进改革和发展、维护社会稳定的高度来强调，并明确指出，各级政府和有关部门，以及所有单位对安全生产工作都负有重大责任。我们要深刻领会李鹏同志的讲话精神，深刻认识安全生产工作的重要意义，为建立社会主义市场经济体制，保持国家经济持续、快速、健康发展，创造稳定的社会环境。

当前，我国的经济形势很好。随着改革的深入、建设的发展、人民生活的提高，人们对安全防灾工作提出越来越高的要求。我们要清醒地认识到，由于主观、客观上的原因，当前安全生产中隐患特别多，只要稍有疏忽就可能酿成大事。这对条件比较差，历史欠账多的企业是如此，就是对现代化企业也是如此。现代化企业如忽视安全生产，一旦发生事故，较之传统企业发生的事故规模更大，危害更严重，经济损失也巨大。

一旦发生事故，不仅会给国家、群众造成巨大财产损失，而且会造成人员伤亡，甚至会影响社会的稳定。上面提到的淮南矿务局谢一矿“6·23”特大瓦斯爆炸事故，死伤共125人，这就要影响几百个家庭的上千个亲属，给他们精神上造成极大的痛苦，影响他们的工作和生活。新疆克拉玛依友谊馆事故的善后工作至今还留下一些问题，影响社会安定。因此，做好安全生产工作，保护劳动者的安全和健康，避免发生各类事故，这是我们党和政府的重大责任。各级党委、政府一定要从改革、发展和稳定的大局出发，进一步提高对安全生产工作的认识，把安全生产工作摆到重要议事日程上来，下大力气抓实抓好，努力减少国家财产和人民生命的损失和伤害。

二、安全生产工作是企业管理的重要内容

党中央、国务院确定，企业改革特别是国有企业改革是今年经济体制改革的重点。加强企业管理是深化改革的一个重要组成部分。管理加强了，可以促进企业各项改革的顺利进行，提高企业的经济效益和参与市场竞争的能力。而加强企业管理的一项重要内容，就是要保护劳动者的安全与健康，保护国家财产不受或少受损失。因此，国家不允许，企业也不应该忽视安全生产工作。过去的经验、教训告诉我们，当经济高速发展的时候，安全生产工作往往容易被忽视，这也反映了我们企业管理中的问题。而我们大量事故的发生都是与管理不严、违章操作有关。我们强调，企业管理要以提高产品质量、提高经济效益为中心，但这丝毫不意味着可以忽视安全生产。如果一旦发生事故，造成生命财产的损失，正常的生产秩序被打乱，这哪里还谈得到经营和效益的提高？从这个意义上说，搞好安

全生产工作也是为了提高企业的经济效益，也是为了企业的改革和发展作出贡献。

安全生产工作是最基础的企业管理内容之一。基础工作有疏漏，势必影响其他工作的正常进行。作为企业法定代表人，安全生产工作的责任无疑是十分重大的。如果安全上发生了问题，首先要追究企业法定代表人的责任，严重的还要追究其法律责任，这是我们处理重大事故时一贯坚持的原则和做法。因此，作为企业法定代表人更要充分认识安全生产问题的严重性，加强安全生产工作的基础建设和管理。要坚决贯彻“安全第一、预防为主”的安全生产方针，加强事前管理，消灭安全隐患，把预防为主的思想落实到安全生产的各个环节，切实把安全生产工作转移到预防为主的轨道上来。要增加安全生产资金的投入，重视安全设施的改造。不能等出了事故，发生了危害，才来采取措施；也不能等上面强调一次，才重视一阵，要时时刻刻确保企业的生产安全。在机构和人员的配备上，要有长远考虑，不能只顾眼前利益。据劳动部的同志介绍，深圳市在一些企业试行建立“注册安全主任制度”。安全主任经上级劳动部门考核同意，厂长任命，协助企业法人做好本企业安全生产和安全检查工作，效果较好。总之，强化安全生产工作的基础建设和管理，开动脑筋，会有很多办法，关键还是领导重视。

三、当前要重点抓好以下几个方面的工作

第一，认真落实各级领导的安全生产责任制，各级领导抓安全生产工作，不能停留在口头上、一般号召上，而是要踏踏实实，真正承担责任，确实解决实际问题。国际航空公司承担着繁重的国内外航件的运输任务，还承担着党和国家领导人出访专机的飞行任务。公司成立 40 年，没有发生过一起重大飞机事故，原因就在于他们的领导重视安全，落实责任制，关键人员、关键设备、关键部位的安全工作明确责任，并落实到人，落实到制度，他们善于吸取别人的经验教训，做到“不吃一堑，也长一智”。铁道部天津分局落实领导安全生产责任制，突出“四个强化”，狠抓安全标准线的建设、取得了“四个突破”，即强化干部作用，落实安全生产责任制，在解决干部作风顽症上有了突破；强化关键制度的落实，

在解决要害问题上有了突破；强化职工安全应急处理，使职工操作技能上有了突破；强化检修、整治，在提高设备质量上有了突破。截至 6 月底，实现无行车重大事故 1379 天。我们要把各级领导的安全生产责任作为一种制度固定下来。要落实"企业负责、行业管理、国家监察、群众监督"的安全生产管理制度，保证各个环节不出问题。同时，各级党委和政府要充分重视并发挥工会的作用，支持和接受工会对政府管理安全生产工作的监督。

第二，加强安全生产立法和执法。今年 1 月 1 日实施的《中华人民共和国劳动法》对于保护劳动者合法权益，加强安全生产和劳动保护，作了明确的规定。各地区、各部门要加紧制定配套的安全生产地方法规和部门规章，使《劳动法》得以更深入和具体的实施。从现行的安全生产法规看，国家制定了《矿山安全法》，全国已有二十八个省制定了《矿山安全法实施办法》，这就为加强矿山安全法制化管理、遏制矿山事故创造了条件。各行各业也建立了一些安全生产法规和标准。当前最紧要的是要抓紧制定《安全生产法》《消防法》等重要的法律法规，促进我国安全生产法律法规体系的逐步完善。

在立法工作取得较大进展的同时，必须特别强调执法工作。很多不安全问题的出现都与执法不力有关，执法部门的权威也没有足够的树立起来。安全生产方面有法不依、执法不严、违法不究的现象，还在一些地区和部门严重存在。1993 年深圳致丽工艺玩具厂职工宿舍火灾事故，造成人员和财产重大损失，其中一个原因，就是严重违反消防制度，把宿舍、库房、车间搞在一起。类似这些血的教训，应当汲取。颁布了法规，就要实施，不实施，不执法，法规等于一纸空文。从这个意义上说，执法与立法同样重要。负责安全生产监察、监督的部门，一定要忠于职守，严格执法。由于执法部门失职渎职，甚至执法犯法，导致严重后果的，更要依法受到严肃处理。

同时，我们必须根据各项安全生产法规，建立配套的监督实施机制。有了法规，没有切实有效的监督实施办法，就不能发挥法规应有的效力。国务院办公厅最近批转的公安部《消防改革与发展纲要》，对于加强消防工作，控制各类火灾事故的发生具有重要意义，各有关部门都要认真贯彻落实。中国石化总公司建立的安全保障基金，对那些事故危险性大的行业具有很好的借鉴意义。石化总公司安全保障基金主要用于重大事故隐患整改、设备改造、提高设备本身安全水平、进行安全宣传教育等方面。基金建立以后，他们已经完成了8个国家级重大隐患的整改。正是由于他们重视安全工作，所以尽管石化是危险性大的行业，但却很少发生重大事故。石化的做法值得我们很好总结。另外，利用工伤保险费率的杠杆作用，激励企业重视和促进安全生产，在某些国家已经过多年的实践，并形成了较为完善的体系。我们可以结合自己的国情和本单位本部门的实际情况，进行研究借鉴，逐步建立完善的安全生产约束和激励机制。

第三，提高安全生产的科学技术水平。科学技术是第一生产力，科学技术的发展与应用能为安全管理提供科学的依据，促进管理的科学化。生产过程中某些新材料、新工艺、新技术的应用，一方面促进了生产，另一方面也会带来新的危险和危害，需要通过发展安全科技解决新出现的问题。世界各国，特别是工业发达国家非常重视把科学技术运用到安全生产领域，提高安全生产工作的科技含量。工业发达国家的煤矿，安全管理水平现在已相当高，主要就是得益于现代科学技术的广泛应用。而我国煤矿事故依然非常严重，平均百万吨死亡率是工业发达国家的几十倍。因此，如何提高安全生产和安全管理的科学技术水平，就显得尤为迫切。希望有关生产部门加强与科技部门的合作，重视科学技术在安全生产领域中的广泛应用。科技部门也要积极给予配合和支持。同时，大力发展安全生产中介机构，提供社会性的安全科技咨询服务，是社会主义市场经济发展过程中的必然趋势。目前我国安全生产方面的中介组织还很不发达，有关部门应支持和扶持这些组织的建立，逐步形成我国安全生产科技咨询服务体系。

提高安全生产的科学技术水平，很重要的一个方面是要提高职工和全民的安全生产素质。这既是安全生产的一项重要基础性工作，也是一项长期而艰巨的任务。各级党委和政府要通过加强安全生产宣传和教育、提倡安全文化等措施，促进全社会的安全生产意识和素质的普遍提高。

第四，切实治理事故隐患，严肃查处事故。刚才，伯勇、显政和新生同志的讲话中都提到，目前，全国的事故隐患还十分严重，一旦失管失控，后果不堪设想。消除这些事故隐患，主要靠企业的力量。各主管部门和地方政府要督促企业加强对隐患的监控和治理，并从技术上给予支持，从资金上给予必要的补充，特别是要制定治理事故隐患的总体规划，在地区经济发展计划中专项作出安排，保证人民生命和国家财产不受损失。

事故查处是一项十分严肃的工作，尤其是对特别重大事故的调查处理，党中央和国务院十分重视。去年的几起特别重大事故，党中央和国务院领导同志都亲自过问，并作了重要指示，事故的责任者，不论职位高低，都受到了严肃处理，引起了较大的社会反响。几年来，各级党委和政府对这项工作是重视的，劳动部门、监察部门、检察机关和其他有关部门，也抓紧了对重大、特别重大事故的调查、处理和结案工作。今年劳动部、监察部还全面调查和督促了对 1994 年以来发生的特别重大事故的处理，总的情况是比较好的、少数没有结案的，也正在抓紧处理之中。但是，仍有个别地区或部门对自己管理权限内的事故，抓得不紧，处理不严，结案率不高，影响了党和政府的声誉。在此，我特别提醒大家，对任何事故，都要及时查处，及时结案。各级党委和政府要提高认识，严肃认真地对待事故查处工作，并踏踏实实地做好事故的各项善后工作。对于拖延事故结案的单位，有关部门要予以通报。对于弄虚作假，故意淡化事故性质的单位，要给予有关领导党纪、政纪处分，违反法律的，要追究其法律责任。各部门、各地区对每起特别重大事故要向国务院有交代，向国家负责。以上是我谈的三点意见。

同志们，党和政府历来十分重视安全生产工作。保护职工的安全与健康，体现了我们党为人民服务的根本宗旨，是保持社会稳定和经济健康发展的需要。各级党委和政府对安全生产工作一刻也不能放松，要以对人民生命和国家财产高度负责的精神，真抓实干，把安全生产当成长期的、突出的大事抓紧抓好。

15. 坚持不懈地抓好安全生产工作

——吴邦国同志在全国安全生产工作电视电话会议上的讲话

1996 年 1 月 22 日

今天召开这次全国安全生产工作电视电话会议，主要目的是要统一思想，提高认识，落实措施，坚持不懈地抓好安全生产工作，为“九五”时期安全生产开好头，起好步。刚才，4 个省和 4 个部门的同志发了言，劳动部王建伦同志通报了去年全国的安全生产情况，并对今年全国安全生产工作做了具体部署，我都赞成。下面我讲几点意见。

一、安全生产工作取得很大成绩，但形势仍很严峻

改革开放以来，特别是“八五”期间，各地区、各部门认真贯彻“安全第一、预防为主”的方针，做了大量认真细致的工作，安全生产取得了很大进展。一是加快了安全生产法制的建设。一批法律法规比如《中华人民共和国劳动法》《中华人民共和国矿山安全法》《中华人民共和国道路交通安全管理条例》等陆续出台，部门的规章得以制定、修订和完善，依法管理、依法监察得到加强，有法不依、执法不严、违法不纠的现象得到有力纠正。二是确立了安全生产工作体制。“企业负责、行业管理、国家监察、群众监督、劳动者遵章守纪”的体制得到了完善，加重了企业安全生产的责任，对劳动者遵章守纪提出了具体要求。三是加强了事故的调查处理和事故隐患的监控治理。重大事故的调查逐步规范化，事故处理工作逐步严肃化，事故的结案工作取得重大进展。对全国的重大事故隐患进行了初步调查，基本掌握了事故隐患的分布，并进行了全国的分析，制定了隐患监控和治理措施，多年未解决的隐患得到了有效治理。四是建立了安全生产责任制。全国范围内，建立起以政府、部门、企业主要领导为责任人的安全生产责任制，安全生产工作责任到人、重大事故有专门领导负责解决的局面基本形成。五是推动了安全生产知识的普及。以提高劳动者安全生产素质和全社会安全生产意识为主要内容的宣传教育活动蓬勃展开，违章指挥、违章作业、违反劳动纪律的现象得到进一步制止。通过以上五方面的工作，收到明显效果。1995 年 1 月至 11 月，全国道路交通一次死亡 10 人以上事故起数、死亡人数比上年同期分别下降6.6%、14.4%；1995 年 1 月至 12 月，特大火灾起数、死亡人数比上年同期分别下降 23.1%、71.6%；矿山企业职工伤亡事故起数、死亡人数比上年同期分别下降 8.34%、2.44%。非矿山企业事故起数、死亡人数比上年同期分别下降 16.63%、14.06%；铁路重大行车事故起数、重大路外伤亡事故起数分别比上年同期下降 44.1%、41.2%。重大特大事故得到了一定遏制，安全生产形势呈现平稳趋势，有效地保护了人民生命财产安全，促进了社会稳定和经济发展。

但是，安全生产形势仍然不容乐观。根据历年来的经验，元旦、春节前后往往是各类事故的高发期，今年也不例外。最近一个时期出现了不少问题，建筑事故突出，去年 12 月 8 日，在建的四川省德阳市棉麻公司综合楼，在主体结构完工以后进行内装修过程中，突然整体坍塌，造成 17 人死亡，19 人受伤。煤矿事故相当严重，去年 12 月 31 日，贵州省盘江矿务局老屋基矿采区发生瓦斯爆炸，当场死亡 53 人，在抢救过程中又发生第二次爆炸，炸死救护人员 12 人。火灾事故又有抬头，去年 12 月 8 日，广州市广涛阁芬兰浴馆中心发生火灾，致使 18 名女工被烧死；今年元旦之日，深圳市胜立圣诞饰品有限公司简易宿舍发生特大火灾，造成 20 人死亡，109 人受伤。交通事故屡有发生，去年 12 月 16 日，从浙江绍兴开往山东胶州的大客车，途中从南京马汊河大桥上翻入河中，致使 18 名乘客溺水而死，11 人受伤。这些事实表明，安全生产工作还存在严重问题。如果任其发展下去，人民生命财产就要受到极大威胁，经济发展和社会稳定就要受到严重影响。这与我们党和政府为人民服务的宗旨是相违背的，与我们发展经济的愿望是相违背的，与社会稳定的要求是相违背的。拿楼房倒塌来说，这在建国以来是罕见的，教训十分深刻。今后，建筑必须遵守建设程序，保证质量，保障人民生命财产安全，绝不能偷工减料，把建筑当儿戏。我们要总结国内国外的经验教训，把好建筑质量关。产生上述问题的主要原因，是责任心不强，管理松懈，甚至于违章违法、玩忽职守。据统计，因管理不善、违章指挥、违章作业、违反劳动纪律而发生的事故占70%以上。各级党委和政府要引起高度重视。

二、保证人民生命财产的安全是党和政府的神圣职责

保护劳动者、保证人民生命财产安全，是我们国家的一项基本政策。我们党和政府，把保证人民生命财产安全视为自己的神圣职责。1994 年全国政法工作会议部分同志座谈会上，江泽民总书记指出："不能保一方平安的领导，不是称职的领导。各级政府和公安机关还要把预防发生特大火灾等严重治安和灾害事故作为自己的重要工作。要经常进行认真负责的安全检查，发现违反规定的就要重处、重罚，直至给予直接责任人和主要领导以党纪、政纪或刑事处分，这是对人民负责，决不能含糊。"在同一会上，李鹏总理也指出："各级党委政府都要对本地的社会治安负责，要为官一任，保一方平安，凡是发生重大社会治安问题，包括特大火灾等责任事故，都要追究直接责任者和主要领导责任，构成渎职罪的，应依法治罪。最近发生的几起火灾，我们处理了一批有关责任人。不这样做，不足以平民愤，也不会引起各级领导的警惕。"对这些重要指示精神，我们一定要认真学习，深刻领会，落实到实际工作中去。

我们党和政府一贯把保护人民生命财产摆在十分重要的地位。早在 1922 年，中国共产党就提出《劳动法大纲》，1931 年中国共产党召开的中央工农兵第一次全国代表大会制定了《劳动法》，其中都规定了保护劳动和劳动者的条款。1949 年 9 月通过的《共同纲领》，提出了劳动保护的要求。新中国成立以后的历次宪法都包含了劳动保护的内容。改革开放以来，为适应社会主义市场经济体制的建立，中央每年都对安全生产提出新的要求，并适时作出规定。以《中华人民共和国劳动法》为代表的一系列法律法规陆续出台，明确规定劳动保护、

职业病防治、安全生产的内容，使保护劳动者的安全、保障劳动者合法权益从法律上进一步确定下来。目前，我们正在制定《中华人民共和国安全生产法》。这是一部专项法规，将会对我国的安全生产管理进入法制化轨道起到重大作用。中央对于在安全生产方面发生的重大事故，都十分重视。对重大责任事故，坚决依法查处。近年来，所有造成重大人员伤亡和经济损失、产生重大影响的事故，都是中央组织调查处理，或者是由中央委托有关部门和省级人民政府组织调查处理。新疆克拉玛依特大火灾事故、辽宁阜新艺苑歌舞厅事故等，中央都派出了精干的调查处理工作组。一些有影响的事故都结了案，得到了人民群众的好评。

三、安全生产是实现“两个根本性转变”的重要保障

党的十四届五中全会指出，实现今后15年的国民经济和社会发展目标，关键是实现两个具有全局意义的根本性转变。实现“两个根本性转变”的前提条件是社会的稳定。搞好安全生产是保障社会稳定的重要方面。事故造成人员伤亡和经济损失，影响家庭幸福，就有可能引发社会问题，影响社会稳定。一些重大、特大事故，还产生了不好的国际影响。各级党委和政府必须担负起保持社会稳定的历史使命，严肃认真地对待本地区、本部门的安全生产问题，使安全生产的政策、立法和各项措施尽快适应社会主义市场经济体制的需要，促进“两个根本性转变”的实现。

“两个根本性转变”的目的是促进生产力发展，提高经济效益。这就要求我们必须搞好安全生产。只有搞好安全生产，企业才能有效地组织生产，一心一意地抓经济效益，才能保护生产力，使每个职工在安全、卫生的环境中创造经济价值。不搞好安全生产，就可能频发伤亡事故，劳动者的人身就会受到伤害；不搞好安全生产，就可能造成机器设备和生产设施的严重破坏；不搞好安全生产，生产的产品就可能报废；不搞好安全生产，就会整天忙于处理事故。抓安全生产与促效益是相统一的。我们一定要在促进企业深化改革和提高经济效益的同时，督促企业加强安全生产管理，落实企业的安全生产责任制。

四、认真做好“九五”期间安全生产的规划和实施

目前，各地区、各部门都在制定“九五”计划和2010年长远规划，要把安全生产作为重要内容纳入计划之中。要注意以下几个问题。

一是把安全生产建立在科技进步的基础上。科学技术是第一生产力，这不是一句空话。搞好安全生产同样也要依靠科技进步。安全生产的科学研究要考虑安全生产实际需要，注意抓好安全生产科学技术的开发与推广，促进安全生产科技产业化。在“九五”期间，要在安全生产工作急需的重点的科技项目和关键技术上有所突破，在科研成果的推广应用与安全生产相结合方面见到实效，促使安全生产科技产业化上一个新台阶。

二是安全生产工作必须坚持预防为主。这是我们多年来抓好安全生产工作积累的一条宝贵经验。预防就是把工作抓在出事之前，经常分析安全状况，对本地区、本部门的事故隐患做到心中有数。目前我国的事故隐患是惊人的，据劳动部调查，有重大隐患959项，其中特大隐患206项。隐患是诱发事故的直接因素。隐患既已发现，就不能等闲视之，必须彻底解决。特别是“九五”期间要重点解决一批隐患。各地区、各部门要根据自己的经济实力，加大对安全生产的资金投入。存在事故隐患的企业必须下大力气，多方筹集资金，认真治理。上海市在治理事故隐患时，根据行业特点拓宽资金渠道。医药行业和化工行业，从利润中提取一定比例的资金，用于治理事故隐患和改善劳动条件，目前医药行业积累的资金达到1亿多元，化工行业达8000多万元，较好地解决了一批事故隐患，保障了这两个行业的安全生产。只有坚持预防为主，才能从根上减少事故的发生，安全生产才能取得成效。

三是要进一步加强安全生产的管理与监察。随着机构改革和政府职能的转变，专业经济管理部门将逐步改组为不具有政府职能的经济实体，或改为国家授权经营国有资产的单位和自律性行业管理组织。需要强调的是，无论怎样改，安全生产管理和安全生产责任只能加强，不能削弱。各有关部门必须承担起自己的责任。劳动部门更要有效地发挥职能作用，对安全生产实行监察，监督检查安全

生产管理是否到位，国家关于安全生产的法律、法规是否真正落到实处。要继续探索完善新时期的安全生产监察体制，并在“九五”期间有一个实质性的进展。各个方面、各个系统必须统一认识，顾全大局，搞好协作，使安全生产工作尽快适应社会主义市场经济体制的需要。

四是要建立工伤保险与安全生产相结合的机制。通过工伤保险的差别费率和浮动费率对安全生产进行制约和促进，这在许多市场经济国家已有成功的经验。迄今为止，我国安全生产的制约机制还没有形成，今后应加强这一工作。可以从工伤保险中提取一定比例，用于安全生产宣传和职工安全生产教育培训，奖励对安全生产做出突出贡献的单位和个人，适当补偿安全设施、设备建设中的资金不足，减少伤亡事故和职业病的发生。劳动部门要认真组织好这项工作，可以选择部分中心城市开展试点，总结经验，再行推广。

五、加强领导，狠抓措施落实

安全生产工作是一项实实在在的工作，必须制定有效的措施保障，并把这些措施落在实处。光说不干不行，有了措施不落实也不行。安全生产工作来不得半点虚假和马虎，严重的事故给我们以深刻的教训，搞好安全生产一定要抓好措施落实。

第一，进一步落实安全生产责任制。安全生产的责任制在很多地区和部门已经建立起来，但不够落实，有的还只是一种形式。各级党委和政府必须加强对安全生产的领导，把搞好本地区、本部门的安全生产工作作为自己的重大责任。不能抱侥幸心理，不能有临时思想，不能在自己任职期间得过且过。要以对人民生命财产高度负责的精神，认认真真地发现问题，踏踏实实地解决问题。各级政府不仅要抓好自己任期内的安全生产，还要为下届政府奠定安全生产基础。落实安全生产责任制，要有相应的措施。一些地方在这方面已有很好的经验。福建省和安徽省狠抓责任制，从省到地方、到县、到企业，层层建立了责任制，并采取措施予以落实，切实解决了一些影响安全生产的问题。福建省政府不仅对安全生产工作做具体部署和要求，省领导还经常下基层检查落实，现场办公，解决问题，有力地促进了省内各级政府、部门及企业对安全生产工作的重视，产生了很好的效果。到“八五”末期，全省安全生产形势趋于稳定，重大、特大事故得到有力遏制，特别是1995年比1994年重大、特大事故下降了40%。安徽省在“八五”期间彻底治理了33项重大事故隐患，对重大事故的查处建立了严格的制度。最近又作出了《关于依法加强安全生产工作的决定》，建立了事故汇报和检查制度，出了重大事故由主管市长、专员向上级汇报、检查。安全生产责任制就是要使我们的各级领导真正担任责任，哪个地区哪个部门发生安全问题，就要追究哪个地区哪个部门的领导的责任。

第二，要严肃事故查处工作。事故的调查和处理的政策性、技术性很强，对事故原因和责任的调查必须做到公正、科学、客观、权威，必须认真地组织好。事故原因和责任查清以后，对责任者的处理必须依法办事，严肃处理。是哪层领导的责任，就处理哪一层领导。不能推诿扯皮，不能徇情枉法，不能大事化小、小事化了。处理重大事故，要严把事故批复结案关，每起事故要在规定期限内结案。各地区、各部门要在自己的权限内，对重大、特大事故调查处理的各个环节进行有效管理，适时通报一些有重大影响的事故。新闻单位也要适当地对重大事故调查处理情况进行跟踪报道，公布重大事故的调查结果。

第三，开展安全生产检查，加强现场监察。各地区、各部门要组织安全生产检查，督促落实《劳动法》《矿山安全法》《重大事故隐患管理规定》以及其他各项管理规定。对事故多发行业和地区的安全生产状况，对易燃、易爆物品的管理，对运输繁忙季节的运输安全生产，都必须加强现场监察。各地区、各部门要通过检查督促，落实责任制，发现问题，制定措施，报告结果，重大情况报国务院。

同志们，春节即将来临，春运将进入高峰，今年3月初要召开全国人大、政协会议。我们一定要以对人民高度负责的精神，做好工作，保证春运和“两会”的安全，保障社会的稳定，为经济建设和人民生活创造一个良好、安宁的环境。

16. 加强领导，落实措施，努力开创安全生产工作新局面

——吴邦国同志在全国安全生产工作电视电话会议上的讲话

1996 年 12 月 26 日

今天召开全国安全生产工作电视电话会议，通报当前安全生产形势，部署1997 年安全生产工作。刚才，四个省和四个部门的同志发了言，我都赞成，下面我讲三点意见：

一、正确认识当前全国安全生产形势

今年（指 1996 年）1 月全国安全生产工作电视电话会议以后，各地区、各部门加强领导，落实各项措施，安全生产工作取得了一定的成绩。特别是今年 7 月，“关于控制重大、特大恶性事故的紧急通知”发出以后，各地区、各部门结合安全生产实际，以易燃易爆危险场所、建筑施工企业、矿山企业、化工企业、道路交通等为重点，有针对性地采取多种形式，开展安全生产大检查或专项检查，取得较好的效果。全国安全生产总的来看趋于相对平稳，一些行业事故呈下降趋势，特别是重大、特大事故得到一定程度的遏制。从今年 1—10 月统计数字看，全国发生火灾（不含森林、草原、军队火灾）的起数、死亡人数、直接经济损失分别比去年同期下降 8.6%、18.9%、15.2%；全国铁路发生路外伤亡事故的起数、死亡人数、重伤人数和中断正线行车时间，分别比去年同期下降15.3%、15%、18.1%和 5.6%；全国非矿山企业发生职工伤亡事故的起数和死

亡人数，比去年同期下降 15.54% 和 14.34%。这与各级领导和广大安全生产工作者的辛勤工作是分不开的。

但是，在肯定成绩的同时，对安全生产形势不能估计过高。1—10 月，全国公路交通事故的起数、死亡人数、受伤人数、直接经济损失分别比去年同期上升了 5.6%、3.9%、9% 和 13%；全国矿山企业因事故造成职工死亡人数，比去年同期上升 2.89%。据有关部门报告，进入 11 月份以来，全国各类重大、特大事故又有所抬头。11 月 15 日，贵州省遵义汽车运输总公司驾驶员驾驶的一辆大客车行至广西河池地区境区发生坠河事故，死亡 30 人，伤 16 人，失踪 1 人。11 月 27 日，大同市东村煤矿发生瓦斯爆炸事故，死亡 114 人。12 月 20 日，广东韶关市白桥坑公路大桥，在施工时突然发生坍塌，造成 29 人死亡，60 人受伤。

以上情况说明，当前安全生产工作的基础并不牢固，安全生产工作中的一些深层次问题还没有得到根本解决，安全生产管理不适应社会主义市场经济发展的需要。有些地方、部门和企业的领导对安全生产工作重视不够，责任制不落实，一些职工安全意识不强，“三违”（违章指挥、违章操作、违反劳动纪律）现象严重。一些企业安全设施不配套，事故隐患多，致使类似事故重复发生。在新建、改建、扩建工程中“三同时”（安全卫生技术措施和设施与主体工程同时设计、同时施工、同时投产使用）原则还没落实。安全监察力量与其所承担的任务不相适应，等等。这些都必须引起各地区、各有关部门的高度重视，看到问题的严重性，进一步增强解决这些问题的紧迫感和责任感。

二、认真做好 1997 年安全生产工作

当前我国现代化建设进入新的发展时期。在推进两个根本性转变、实现国民经济持续快速健康发展中，对安全生产工作提出了新的要求，我们要充分认识安全生产工作的重要性，切实做好 1997 年各项工作。

第一，要遏制各类重大、特大事故发生。重大、特大事故的连续发生，给国家财产和人民生命造成巨大损失，也带来了不良的政治影响和不安定因素。遏制重大、特大事故的发生，是各级政府和部门安全生产工作的当务之急。从当前反

映出的情况看，煤矿、道路交通运输、建筑施工、火灾、内河客运船的重大和特大事故发生的频率比较高，这是我们安全生产工作的重点。明年要着重控制这一类重大、特大事故的发生，力争取得明显成效。同时，要做好事故调查处理和结案工作。严肃查处事故，找出发生事故的原因，分清事故责任，真正吸取教训，防止类似事故再次发生。凡发生特大事故，要按国务院有关规定做好事故的调查、处理、批复和结案工作。

第二，继续抓好事故隐患整改工作。做好事故隐患的整改工作是“安全第一、预防为主”方针的具体体现，也是搞好安全生产工作的关键。只有消除隐患，才能保证安全。由于历史的原因，我国安全生产方面的隐患还是相当严重的。因此，要把重大事故隐患的确认、评估、整改放在重要的议事日程上。各地区和各有关部门要认真组织查找重大事故隐患，对查出的重大隐患要密切跟踪分析，确定整改工作的重点，督促和帮助企业积极整改，消除隐患；对随时可能发生事故的重大隐患，必须采取果断措施，该停产整改的要坚决停产整改，决不能因小失大。

第三，要保证企业安全生产的资金投入，基本建设和技术改造项目要按规定提取足够的资金用于安全投入。对于每一个新建工程、新建项目，都要严格执行有关安全的标准和规定，要经过严格审查，不能因建设资金不足而削减用于安全生产的资金，留下事故隐患后再补救，再整改。无论是大中型企业，还是小型企业，都要有足够的资金用于事故隐患整改。把生产与安全、效益与安全有机结合起来，不能只顾赚钱，看见事故隐患不闻不问，把危险留给职工和群众。企业技术改造要注意采用新设备和新工艺，完善各类安全设施，提高安全度。对不具备基本安全生产条件的企业，要限期整改，仍然达不到基本要求的，要坚决关闭。

第四，要积极推进安全生产标准化建设。一些部门和企业经过长期的探索，实行了安全生产标准化管理，从厂、车间到班组直至每一个岗位，都建立了一整套科学的安全标准和管理方法。通过标准化管理，为安全生产打下坚实的基础。有色金属工业总公司兰州公司，在总结标准化管理的基础上，经过10年的努力，全系统逐步建立健全了安全生产标准化体系。有色总公司正在全行业推广他们标准化管理的做法。山西阳泉矿务局把防止瓦斯事故作为安全生产的头等大事来抓，根据安全标准，健全落实各项制度和技术措施，进行严格管理，从一个有名的瓦斯矿变成无瓦斯事故的先进矿，十多年没有发生重大瓦斯事故。煤炭部正在推广他们的经验。各地区和各有关部门都要积极推进安全生产标准化工作，力争有较大进展。

第五，要依法强化安全监察。对安全生产工作依法实行监察，是国家保障人民生命财产安全的重要手段。各级安全生产监督、检查部门要切实履行好职责，经常开展预防性监察，用法律和经济的手段，督促企业做好安全生产工作。同时，要建立一支强有力的安全监察队伍，特别是加强生产一线的监察力量，配备充足的人员和必要的交通、通讯工具。要加强对监察人员的政治思想教育，提高他们的业务能力，使监察人员做到秉公执法，勤政廉政。

第六，要抓好安全生产宣传教育和岗位培训工作。努力创造良好的安全生产环境，是每一个公民义不容辞的责任。当前，安全生产意识淡薄仍然是一个带有普遍性的问题。据统计：现在有 60% 以上的事故是由于缺乏安全意识，违章指挥、违章操作、违反劳动纪律造成的。这充分说明认真做好安全生产宣传教育和岗位培训工作的重要性和紧迫性。要加强对企业法定代表人的安全培训工作，坚持对职工进行三级安全教育和特种作业人员持证上岗等制度。要大力加强宣传活动，利用报刊、广播、电视等传播媒介，广泛、深入地宣传《劳动法》《矿山安全法》《消防条例》等法律法规，宣传党和国家有关方针政策，教育广大干部、群众知法、懂法、守法。要认真组织好每年一次的“安全生产周”活动，普及安全生产知识，扎扎实实地把这项活动引向深入，促进国民经济持续、快速、健康发展。

三、加强领导，落实安全生产责任制

明年是我国历史发展上的重要一年，我国将恢复对香港行使主权和召开党的第十五次全国代表大会，做好明年安全生产工作具有重大意义，我们要进一步统一认识，加强领导，狠抓落实，务求实效，争取明年有新的起色。

（一）要进一步提高认识，增强工作的主动性。党中央、国务院对安全生产非常重视，11月9日，《人民日报》发表了江泽民同志在1986年上海市消防工作会议上作的《责任重于泰山》的重要讲话，泽民同志在讲话中指出："隐患险于明火"，"防范胜于救灾"，"责任重于泰山"。他不仅强调了"预防为主"的方针，而且强调领导在安全生产工作中的关键作用。泽民同志当时作为上海市市长，以身作则抓安全，为我们各级领导做出表率。安全生产工作关系到人民生命财产，关系到社会稳定，各级领导不能有一点松懈和麻痹，要有"寝食不安"意识，真正负起安全生产的责任。要正确处理好安全与生产、安全与效益的关系。要坚持"安全第一"的方针，以对党、对国家和对人民高度负责的精神，主动把安全生产工作做好、做到位。安全生产形势的好坏，是检验各级领导称职与否的重要标准之一，一个地区和部门经常发生事故，甚至发生重大、特大事故，那么这个地区和部门的领导就负有不可推卸的责任。不能保一方平安的领导，不是一个称职的领导。今后凡是发生重大、特大事故，一定要依照国家法律和有关规定，分清责任，严肃处理。

（二）要认真落实安全生产责任制。自1989年全面推行安全生产责任制以来，各地区、各部门按照有关要求加强对安全生产的领导，使这项工作取得了一定的成绩。但是，我们也应当看到，一些地区和部门把领导重视只是当成一句口号，并没有认真抓落实，事故多了就抓一抓，平时就放到一边，甚至不予过问。各地区、各部门一定要认真落实安全生产责任制，明确职责，自上而下，制定科学的、实事求是的目标和实施细则，做到领导负责，逐级落实，一级抓一级，一直抓到基层。各级领导和管理人员要深入到安全生产第一线，加强管理，加强监督检查，严格考核，切实解决存在的问题，确保安全生产责任制目标的实现。劳动部作为安全生产的综合管理部门，要切实履行职责，加强监督检查，会同各地区和各有关部门把安全生产责任制落到实处。国家经贸委和行业主管部门，要落实管生产必须管安全的要求，在组织生产和管理活动中，确保安全生产。

这里，我特别要强调，企业要落实全员安全生产责任制。以企业法人为第一责任人的全员安全生产责任制，是多年来企业安全生产工作经验的总结，是行之有效的制度。企业要明确制定出领导、职能部门、工程技术人员和工人的安全生产责任制，做到责任明确，落实到人，奖罚分明，实现“横向到边，纵向到底”的全员责任制。要建立一套科学的、行之有效的安全生产规章制度，制定预防事故的各项措施，防止事故发生。企业领导要定期进行安全生产检查，杜绝违章指挥、违章操作、违反劳动纪律的行为。

（三）要总结经验，不断提高安全生产工作的水平。1993 年以来，为适应社会主义市场经济的要求，我们将“国家监察、行政管理、群众监督”的体制，发展为“企业负责、行业管理、国家监察、群众监督”。之后，又考虑到许多事故是由于劳动者违章造成的，又加上了“劳动者遵章守纪”。实践证明，它更加符合安全生产的办法。如深圳市提出“注册安全主任制度”；兵器工业总公司对所属企业进行了全面的安全评估；石化总公司针对事故隐患，加大投入，避免了一些特大事故的发生等，都是很好的经验，取得了较好的成效。随着经济发展，还有许多新的问题有待我们去研究、去总结。例如，如何加大安全生产的科技含量，使安全生产建立在科技进步的基础上；如何建立和完善企业安全生产自我制约和激励机制，真正实现企业全员安全生产责任制等。希望大家进一步重视这方面的工作，特别是各级领导要深入企业，深入安全生产第一线，调查研究，总结经验，提出对策，使安全生产工作上一个新台阶。

同志们，新的一年即将来临，元旦和春节往往是事故的高发期，也是一年安全生产工作打好基础的关键时期。我们一定要以对党和人民高度负责的精神，努力做好安全生产工作，为国民经济发展创造一个良好的环境，迎接党的第十五次全国代表大会的召开。

17. 江泽民总书记在接见全国民航安全工作会议代表时的讲话

1997 年 1 月 9 日

这几年，民航安全工作成绩显著。到目前为止，保持了运输飞行安全 29 个月、空防安全 31 个月的纪录，创造了自 1982 年以来最长的运输飞行安全周期，安全飞行 235 万小时，达到国际先进水平。初步实现了以航空安全为主要标志的民航事业发展的良性循环，在国际上进一步树立了中国民航的良好形象。这个成绩来之不易，是民航战线广大干部职工共同努力的结果。

1993 年底中央加强民航领导班子以来，民航的各项工作都取得了新的进步。运输飞行和空防安全形势平稳发展，运输生产稳定增长，经济效益逐年提高，改革开放迈出重要步伐，基础设施建设进展顺利，服务质量逐步改善，党的建设和精神文明建设得到加强，整个民航行业开始进入持续快速和相对平稳的发展轨道。中央对民航工作是充分肯定的。

民航事业所以取得这样的进步和成绩，一是坚持党的基本路线，认真贯彻中央的精神，从民航的实际出发，用你们概括的“三句话、八个字”“一严两抓”的民航工作“总体要求”，统一大家的思想和行动；二是把握民航发展的主要矛盾，牢固树立“安全第一”的思想，坚持不懈地抓安全，不断巩固和发展航空安全形势；三是领导带头，严格要求，严格管理，广大干部和职工的精神面貌有了新的改观；四是从行业整顿入手，标本兼治，以治本为主，狠抓基础工作，加强民航安全、正点和服务的标准、规范、程序和制度建设，积极推进法制化和科学化管理。这几条也是你们工作中的主要经验，希望继续坚持和发扬。

民航系统广大干部职工在新的一年里，继续抓好安全工作，努力实现运输飞行“三连冠”的目标，实现第三个运输飞行安全年，推进我国民航事业的持续、快速、健康发展。希望你们谦虚谨慎，居安思危，防微杜渐，锲而不舍地把航空安全的良好势头保持下去；继续处理好改革、发展、稳定的关系，努力实行两个根本性转变，提高民航的整体发展素质；大力加强思想政治工作和职业道德建设，坚持“为人民服务、树行业新风”，走在全国精神文明建设的前列；发扬民航的优良传统，不断带出一支思想、业务、作风过硬的好队伍，使民航工作为全国的经济建设和社会发展作出更大的贡献。

18. 李鹏同志关于安全生产工作的指示

1988年1月22日，国务院代总理李鹏在听取铁道部、交通部、民航局三个工作会议汇报后的重要讲话摘录：

交通运输的安全问题是一个非常重要的问题，关系到旅客生命财产的安全，所有的交通部门，都必须贯彻安全第一的方针。

1988年2月17日，国务院代总理李鹏在首都1988年春节团拜会上，就当前的安全生产问题作了重要指示。他说："春节前发生的几起重大交通事故，给人民生命财产造成了很大损失，经过各方面的共同努力，目前事故的善后工作已基本得到妥善处理。我们一定要查明事故原因，分清责任，采取防范措施并作出必要的处理。企业生产不安全，不仅谈不上什么经济效益，而且还会给企业造成严重后果，影响社会安定。因此，各级政府、一切生产建设部门、交通运输部门和其他有关部门，都必须坚决执行安全第一、预防为主的方针，切实防止各种事故，特别是恶性事故的发生。"

在此之前，李鹏同志于2月2日在给煤炭部部长于洪恩的信中强调指出："春节前后正是煤矿容易发生事故的时候，望抓紧贯彻'安全第一、预防为主'的方针，严防重大事故的发生。"

2月12日，李鹏同志在全国企业承包经营责任制座谈会上说："交通不安全不行，生产不安全也不行。一个企业，生产不安全，不仅什么经济效益都谈不上，而且会造成严重后果，甚至影响企业以至社会的安定。"为此，李鹏要求各级政府、各级经济部门，特别是各企业，必须坚决执行安全第一、预防为主的方针。

李鹏同志说："企业出事故特别是出大事故，一般都是劳动纪律松弛、违反规章制度造成的，有时也与劳动力素质不高、设备状况不好有关。因此，企业在推行承包责任制中，要把对安全生产的要求当作一项重要的承包内容加以落实”。

1992 年 1 月 21 日下午，国务院总理李鹏接见了出席全国民航工作会议的代表，在与会议代表合影后作了重要讲话。

李鹏总理说：“民航工作重点要抓安全，安全第一。飞机上天以后，旅客把生命交给你们了，也包括你们自己的安全在内。所以民航工作始终要安全第一。其次要正点运行，因为正点运行是民航质量的标志之一，不正点运行会给旅客带来极大的不便。此外还要进一步改善服务质量，提高我们的职业道德。我们总有一天要取消国家对现在民航的这种特殊的保护政策，总有一天，让大家到国际民航市场上去竞争，进入国际市场，就要求我们各方面都要按照国际惯例工作，这是一种压力，又是一个机遇。”

1994 年 2 月 26 日民航工作会议间，李鹏总理让陈光毅同志并转全国民航会议全体代表的批示：“我国民航事业，在改革开放的大好形势下，正在持续快速发展，广大民航干部职工为此付出了辛勤劳动。”

1994 年 3 月 4 日，李鹏总理在国务院召开的全国外资工作座谈会上，强调了必须加强对外资企业职工的劳动保护。

李鹏总理说：“最近外资企业发生几起严重的不安全事故，说明一些外资企业劳动安全条件差，有的甚至侵犯职工的权益。保护外资企业职工合法权益，应该提到各级政府和工会的议事日程上来。”

李鹏总理强调，“利用外资是我国经济工作的一个重要方面。在当前改革开放的有利形势下，要研究如何进一步做好利用外资的工作。我们不能牺牲社会主义精神文明去吸收外资。因为这些东西是和社会主义精神文明不相容的。”

1995 年 1 月 6 日，全国民航航空安全工作会议在北京召开，李鹏总理转给中国国际航空公司飞行总队的贺信：

“民航总局转中国国际航空公司飞行总队：

四十年来，中国国际航空公司飞行总队圆满地完成了民航与专机任务，并保持连续安全飞行，这是一件十分不易的事，也是对国家、对人民、对事业高度负责的具体表现。民航要保证安全第一，搞好优质服务，这二者不可缺一。希望中国国际航空公司保持与发扬优良传统，在激烈的国际竞争中立于不败之地。”

1995年1月22日，李鹏总理在陈光毅局长关于《全国民航工作会议的报告》上的批示：“中国民航正处在高速发展时期，必须时刻注意贯彻安全第一、优质服务、正常飞行的方针，以更好地为祖国经济建设服务，为中外旅客服务，努力使中国民航达到国际先进水平，在激烈的竞争中立于不败之地。”

1996年1月24日，李鹏总理对陈光毅同志送去的汇报提纲做重要批示：

“光毅同志送来的汇报提纲已看过了。民航是交通运输战线上的尖兵，现代化的交通工具，对国民经济和社会发展，对执行公务，开展国内外旅游和促进国际交流都起着十分重要的作用。民航这几年在党中央、国务院的领导下，在全体民航职工的努力下，各方面的工作都有新的进展，对此，我们感到十分欣慰，并向你们表示感谢。

民航各级领导要严明纪律；严格要求自己；学会科学管理，带好队伍，为全面提高民航队伍的素质，作出不懈的努力！

希望民航广大职工认真学习江泽民总书记的重要批示，继续贯彻安全第一、优质服务、正点运行、提高效益的方针，在新的一年做出更大的成绩。”

1997年1月9日，李鹏总理在接见全国民航安全工作会议代表时的讲话摘录（根据录音整理）：

“刚才总书记讲了安全问题，我完全同意，飞机就是要‘安全第一’。我再补充两点。一个是激烈的竞争，国际航班现在是买方市场，是激烈的竞争。我看国内竞争性也不小，铁路一涨价，你们的飞机生意就比较好一点；如果铁路、公路都上来了，那你们也面临着激烈的竞争。所以，要优质服务，以优质服务来吸引旅客，这也是个买方市场，也是市场观念问题。所以我再补充一点，就是要服务好。还有一个当然是效益问题。去年民航效益不错，利润增长28%。提高效益就会使民航企业增加自我周转的能力。总之，民航事业是发展的事业，希望大家按照总书记刚才的指示，努力去做。”

19. 朱镕基同志传达江泽民总书记对安全生产工作的三点重要指示

1997 年 5 月 11 日

1997 年 5 月 11 日，在全国安全生产工作电视电话会议上，朱镕基同志传达了江泽民总书记对当前安全生产工作提出的三点重要指示：一、坚决树立安全生产第一的思想。任何企业都要努力提高经济效益，但是必须服从安全第一的原则。要防止一切麻痹松懈的思想和骄傲自满情绪，尤其是交通运输、煤炭、电力、石油、化工、林业等部门及其企业更要重视安全。二、认真完善安全生产的规章制度，并且坚决贯彻执行，改变那种纪律松弛、管理不严、有章不循的情况，对责任事故要严肃追查责任者，从严处理。三、提高政治警惕，严防政治破坏，各级政法部门要严厉打击破坏安全生产的犯罪活动，依法从严惩处。

朱镕基同志要求各地区、各部门尽快把江泽民总书记的重要指示精神传达到基层，认真贯彻落实。要立即行动起来，组织全国性的安全生产检查，消灭事故苗子，防患于未然，确保国民经济的正常发展和社会的安定团结，促进香港的顺利回归和党的十五大的胜利召开。

20. 切实抓好安全生产工作

——吴邦国同志在全国安全生产工作紧急电视电话会议上的讲话

1997年5月11日

党中央、国务院对最近发生的几起安全生产事故非常重视。江泽民总书记5月9日指出：今年两件大事，一是香港回归，二是召开党的十五大。在距香港回归只剩50多天，继4月29日湖南火车事故以后，又发生了南航波音737飞机解体，人员伤亡惨重的重大事故，影响很大，影响很坏。他对当前安全生产工作提出了三点重要指示：一是必须坚持安全第一。这两次重大事故都和思想上不重视有关系。我们要讲效益，但不能把安全和效益对立起来。没有安全，哪里还谈得上效益。如再不重视，还会接二连三地发生重大事故。二是纪律松弛、管理不严、有章不循，是事故发生的重要原因。现在的问题是太松、不严，所以导致不该发生的事故经常发生。三是不排除会有人搞破坏，领导干部政治上要提高警惕。

李鹏总理在南航"5·8"飞行事故报告上批示：要认真查明原因，妥善处理后事。并从国外打电话给我，提出具体要求。镕基同志对安全生产工作非常重视，要求认真贯彻落实江总书记和李鹏总理的指示精神，立即召开电视电话会议，进行工作部署并在这次会议上作重要指示。锦涛同志也针对当前安全生产中存在的问题作了批示：近来，煤矿、铁路、民航陆续发生了一些安全事故，应引起高度重视。考虑到香港回归和十五大召开在即，维护社会稳定十分重要，建议采取必要措施；尤其是提醒各级领导同志克服松懈麻痹情绪，确保安全生产，安全运输。

几位领导同志指示非常重要，非常及时，这次电视电话会议，就是针对4月29日与5月8日两次特大交通事故，针对今年以来重大特大事故上升的严峻形势，为贯彻落实江总书记重要指示精神，部署当前安全生产工作而召开的。对领导同志的重要指示，我们要认真学习和领会，落实到实际工作当中去。下面，我根据几位领导同志的指示精神，结合当前安全生产形势，讲三点意见。

一、认清严峻形势，增强安全意识

在各地区、各有关部门的共同努力下，1996年全国安全生产形势相对平稳，重大、特大事故得到一定程度的遏制。比如，民航从1994年以来已连续33个月18天保障了飞行安全，上海、哈尔滨、呼和浩特铁路局等安全运行都超过了1000天，水运、火灾等事故1996年比上一年都有一定程度下降。生产安全有效地保护了人民生命财产，促进了社会稳定和经济发展。但今年以来，全国各类重大、特大事故出现上升势头，1月至5月连续发生了多起重大、特大事故：

——1月29日，湖南省长沙市燕山酒家发生特大火灾，死亡40人，重伤28人；

——2月23日，湖南省娄底市汽车运输公司发生大客车坠江事故，死亡42人；

——3月4日，河南省平顶山市鲁山县梁洼镇南街村联办煤矿发生瓦斯爆炸事故，死亡87人；

——3月25日，福建省莆田市新光电子有限公司职工宿舍楼发生坍塌事故，死亡31人，受伤79人。更为严重的是4月29日，324次旅客列车与818次旅客列车在湖南境内荣家湾站发生追尾冲撞，死亡126人，受伤230多人；5月8日，就在香港回归前50多天，南方航空公司一架波音737型客机在深圳机场降落时失事，飞机解体，死亡35人。在国内外造成很坏影响。

这些事故的发生，既影响了生产的正常进行，造成巨大经济损失，又危及人民生命财产安全，影响社会安定，还损害了国家声誉，影响对外开放，后果十分严重。

今年是我国历史发展上的重要一年，我国将恢复对香港行使主权和召开党的十五大。做好安全生产工作，对维护社会稳定，保证两件大事的顺利完成，具有十分重要的意义。各地区、各有关部门一定要认清当前安全生产的形势，进一步提高对做好安全工作重要性和紧迫性的认识，从讲政治的高度，以对国家和人民高度负责的精神，坚决克服麻痹思想和侥幸心理，采取切实有效措施，加强对安全生产工作的领导，防止各类事故发生，尽快扭转被动局面，确保一方平安。

二、客观分析原因，总结经验教训

安全生产状况，是人员素质、管理水平、设备能力和社会环境等多种因素的综合反映。当前出现的安全事故，原因是多方面的。有客观原因，更有主观原因。近来发生的几起重大事故，正如江总书记所指出的，是由于“纪律松弛、管理不严、有章不循”。具体来看，当前安全生产工作中主要存在以下问题：

第一，安全生产意识不强。一些领导对安全生产工作认识不足，重视不够，没有牢固树立“安全第一、预防为主”的思想。当安全生产形势出现平稳时，思想松懈麻痹；当出现一点成绩时，往往对成绩估计过高，盲目乐观甚至出现自满情绪。重大、特大事故的发生，都与领导思想不重视有直接关系。一些领导没有警钟长鸣的意识，更谈不上常抓不懈。一些地区、部门和企业，没有摆正安全生产与经济发展、安全生产与经济效益、安全生产与改革开放、安全生产与社会稳定的关系，放松了对安全生产工作的领导。

第二，安全生产责任制不够落实。一些地区、部门以及企业，没有落实安全生产责任制，安全管理松懈，工作作风不扎实，形式主义严重。有些领导，“用会议贯彻会议，用文件贯彻文件、用讲话贯彻讲话”，没有因地制宜地制定具体措施，没有对安全生产工作实行严格细致管理，致使违章指挥、违章操作、违反劳动纪律的现象严重。一些企业对事故隐患抱有侥幸心理，只顾眼前利益，不愿对安全生产进行必要的投入，安全技术措施不到位，事故隐患长期得不到消除，从而导致事故的发生。

第三，安全生产事故查处不严。一些地方和部门对事故查处不及时、不认真、不得力，事故责任得不到应有的处罚，甚至大事化小，小事化了。一些地区和部门只追究直接责任者的责任，对负有责任的领导人不严肃追究，或只作一些不痛不痒的批评。查处不力，致使不能达到真正吸取教训、举一反三、防止类似事故再次发生的目的。比如，去年底今年初，有个单位两次发生同样原因的火灾，前后只差20多天，而且第二次比第一次更严重（第一次死亡20多人，第二次死亡90多人）。这个教训极为深刻。

第四，安全生产宣传教育不够。一些领导和职工安全意识淡薄，缺乏基本的安全生产知识。有些中小型企业的厂长经理缺乏安全责任心，不对职工进行安全教育，也不注意改善安全生产条件。部分矿山、建筑等危险性大的企业，大量使用未经培训的农民工，由于这些人员文化素质低，安全意识差，往往是造成事故的直接责任者和受害者。

以上几点，主要是针对近期安全生产的突出原因讲的。就今后而言，随着改革开放的深入，经济发展的加速，安全生产工作将会面临一些新情况、新问题。因此，我们要在今后的工作中，采取更加积极、主动的措施，未雨绸缪，防患于未然。

三、采取切实措施，狠抓贯彻落实

保护劳动者、保护人民生命财产安全，是我国的一项基本政策，党和政府历来把保护人民生命财产视为自己的神圣职责。安全生产工作是一项长期、复杂的工作，必须常抓不懈。严重的事故给我们以深刻的教训，搞好安全生产一定要狠抓工作落实。

（一）各地区、各有关部门要立即组织力量，从现在开始到6月15日，开展一次全国性的安全生产检查。这次检查的重点是各类交通运输、矿山、建筑、石化、电力、化工等企业，特别是易燃易爆危险场所。要采取企业自查，行业主管部门重点抽查，行政执法部门监督检查的方式。要查思想认识，查制度建设，查措施落实，查隐患整改，查实际效果。检查过程中，要认真查找、及时发现存在的各种问题。对于重大事故隐患，一定要加大整改力度，保证足够的资金投入，采取坚决措施，及时消除。对一时难以消除的，必须加强管理，采取严格的监控措施，制定应急计划，防止发生重大事故。

（二）抓紧落实各级安全生产责任制。落实责任制，是做好安全生产工作的关键。要按照“企业负责、行业管理、国家监察、群众监督、劳动者遵章守纪”的体制明确职责，各司其职、各负其责。要将安全生产作为评价有关领导政绩的重要依据，纳入考核内容。要督促企业建立健全并落实全员安全生产责任制，严格遵守安全生产的法律法规和规章制度，制定预防事故的各项措施，定期开展安全生产自查，杜绝违章指挥、违章操作、违反劳动纪律的行为，使每个劳动者真正做到遵章守纪。各级工会组织，要参与对安全生产的监督，保障职工的合法权益。考核各级领导安全生产责任制是否落实，归根到底是要看重大、特大事故是否得到有效的控制和预防。劳动部要尽快制定安全生产责任的具体规定，经国务院批准后下发实施，并督促检查落实情况。

（三）加大执法力度，严肃事故查处。各级安全生产监督检查部门，要加大执法力度，特别要加强对重点行业和企业的安全生产监督检查工作。对事故隐患严重的企业，该停产的坚决停产，该关闭的坚决关闭。要依法严肃查处各类事故，对造成重大损失和恶劣影响的，要追究领导责任；对因严重官僚主义和失职渎职而造成重大、特大事故的领导干部，要依法从严处理，不得姑息迁就。劳动部门要把好事故批复结案关。

（四）加强安全生产宣传教育。安全生产的宣传教育是一项长期的任务，必须持之以恒。落实安全生产工作，关键在人，人的安全意识和素质的提高是做好安全生产工作的基础。从 1991 年开始，我们年年开展“安全生产周”活动，取得较好效果。5 月 12 日，全国第七次“安全生产周”活动就要开始。各地区、各有关部门一定要按照劳动部的部署，认真组织好这次活动，切实做到加强管理、保障安全。同时，要加大安全生产的宣传力度，采取多种形式，广泛宣传安全生产工作的重要性，提高全民的安全生产意识，营造“人人重视安全，事事注意安全”的良好氛围，进一步促进安全生产。

（五）各级领导要提高政治敏锐性和警惕性。对于危险性大的企业、重要岗位和重点部位一定要加强管理，堵塞漏洞；同时，要做好政治思想工作，及时化解矛盾，避免酿成人为事故。

各级公安机关要配合有关部门，指导企业加强重要目标和重点部门的治安管理，做好安全防范工作，防止人为破坏。对制造事端的违法犯罪活动，各级政法机关要坚决依法打击，确保安全生产。

另外，一些自然灾害对人民的生命财产危害也很大，必须予以高度重视。当前，东北、内蒙古等地天干物燥、大风天多，有不少火灾隐患，有的地方已发生森林火灾。希望提高警惕，采取积极防范措施，做好防灾减灾工作。

同志们，香港回归在即，党的十五大也将召开，我们一定要以高度负责的精神，做好安全生产工作，保持社会稳定，为两件大事的顺利进行创造一个良好的环境。

21. 江泽民同志关于安全生产工作的指示

1990年7月7日，江泽民总书记在《关于武警四川总队参加梨子园隧道抢险情况报告》上批示："这次四川总队协同解放军、公安干警、民兵共同作战，扑灭梨子园隧道大火，体现了我们军队的优良传统，英勇顽强、连续作战的大无畏精神，应继续发扬。"

1994年12月23日，江泽民总书记在全国政法工作会议部分同志座谈会上指示："各级政府和公安机关还要把预防发生特大火灾等严重治安灾害事故作为自己的重要工作。要经常进行认真负责的安全检查，发现违反规定的就要重处重罚，直至给予直接责任人和主管领导以党纪、政纪或刑事处分。这是对人民负责，决不能含糊。"

1995年1月22日，江泽民总书记对陈光毅局长《关于全国民航工作会议的报告》的批示："民航工作与我国改革开放和现代化建设密切相关。它关系着人民的生命财产安全，关系着国家的形象，责任十分重大。在过去的一年里，民航工作有明显进步。实践证明，中央关于加强和改进民航工作的决策是正确的，民航这支队伍是好的。根据民航工作的特点，特别要加强管理、严格要求。在新的一年里，希望民航的全体干部职工大力弘扬新时期的创业精神，认真贯彻执行你们一贯强调的'三句话、八个字'。也就是'安全第一，正常飞行，优质服务'的民航工作方针和'团结、求实、创新、廉洁'的民航工作作风，进一步开创民航工作的新局面。"

1995年4月24日，江泽民总书记在中央办公厅秘书局《电话记录》关于新疆乌鲁木齐水产公司大楼火灾一文上批示："（1）新疆去年克拉玛依发生过同类事故，已经是一次血的教训，为何又重复发生，是没有认真吸取教训，采取有力措施，还是有什么别的缘故。（2）像卡拉OK这类舞厅，是否应该有些规范化的、法制性的规定。以上两点请会同新疆一道研告。”

1996年1月17日民航工作会议前，江泽民总书记听取陈光毅同志工作汇报后的重要批示：“这两年民航工作有显著成绩，中央关于加强民航工作的决策是正确的，你们提出的总体要求、工作思路也是对的，希望继续认真抓下去，把民航办得更好。

“必须始终坚持‘安全第一’，的指导方针，时刻保持警惕。居安思危、防微杜渐，对民航来说更加重要。务必牢记。

“要重视党的建设和思想政治工作，加强组织纪律性，保持和发扬民航的优良传统，带出一支思想、业务、作风过硬的好队伍。”

1998年5月18日，江泽民总书记给贾春旺部长打电话，指示：“最近火灾接连不断，有建筑火灾，还有森林大火，全党同志要敲起警钟，既要及时灭火救灾，更要强调预防。我在电视上看到救火缺乏水源，要尽快搞好消防设施建设，小洞不补，大洞受苦。各地公安机关要及时向党委政府汇报，抓紧研究落实。现在已进入夏季，石油化工、易燃易爆物品容易着火，要引起高度重视。”

1999年1月16日，江泽民总书记对锅炉质量检验和安全生产作了重要指示：“我刚才从电视上看到宁夏回族自治区发生锅炉爆炸事故的消息，心里很是不安。像锅炉这类压力容器，它的质量好坏，直接关系到国家财产和群众生命的安全，切不可稍有疏忽。国家经贸委是管安全生产的。对锅炉这种产品，从制造到安装，每一环节都必须进行严格的质量检验，不合格的绝不允许出厂和使用。运行中的锅炉，也必须定期严格检查，及时发现和消除隐患，防患于未然。几十年前我们就是这么做的，现在有些制度松弛了，不那么严格了，这是非常危险的。人命关天的事，一定要慎之又慎，确保万无一失。希望你们对安全生产问题认真进行检查和总结，从发生的事故中吸取深刻的教训，切实加强和改进这方面的工作。”

22. 朱镕基同志关于安全生产工作的指示

1996年1月23日，朱镕基副总理听取陈光毅同志工作汇报后的重要批示：“1994年以来，民航工作有了显著的进步，在安全、服务、提高经济效益等方面做出了很大的成绩。这是民航总局领导得力、全体职工努力的结果。请光毅同志向民航系统全体职工转达我衷心的祝贺和感谢。

“我完全同意民航总局提出的1996年的工作要求和部署，特别是‘安全第一’的方针要继续坚持和落实。‘一严两抓’非常重要，要严就会得罪一些人，但是，少死一些人，挽回国家资产的损失和国家的声誉，意义十分重大。”

1998年11月21日，在山西临汾地区临汾市河底乡三交村西沟煤矿发生特大瓦斯爆炸事故后，朱镕基总理对煤矿事故作了重要批示：“汲取教训，坚决关井”。

1998年12月1日，朱镕基总理针对沈阳至四平高速公路“10·25”事故，明确指示：“车毁人亡，血的教训，不可就事论事。设计、施工、监理均在一个系统，相互包庇，如何不出质量问题。”

1998年12月12日，河南省平顶山市宝丰县大营镇一矿发生瓦斯爆炸事故。1998年12月15日，朱镕基总理作出重要批示：“请华仁、宝明同志阅，整顿煤炭行业刻不容缓，最近连续发生煤矿死亡事故，经贸委应集中通报全国，引起警觉。”

1998年12月24日，辽宁省沈阳矿务局红菱煤矿发生瓦斯突出事故，死亡28人。1998年12月27日，朱镕基总理批示：“请华仁、宝明同志阅。恶性事故尚无抑制之势。”

1999年1月11日，朱镕基总理就四川达川市通州百货大楼特大火灾作出批示：“要切实加强消防检查工作，隆冬季节，要防患于未然。”

1999年3月13日，朱镕基总理在中办国办信访局《群众反映》(第31期)《关于改革我国煤矿安全保障体制的建议》上批示："请邦国同志批示"。吴邦国同志3月15日批示："请华仁、宝明同志阅研。我国每年煤矿事故死亡近万人，必须改革目前煤矿安全保障体制。请借鉴美国等先进国家经验，提出改革意见，将死亡人数大大降下来。"

23. 尉健行同志关于安全生产工作的指示

1999 年 4 月 5 日

1999 年 4 月 5 日，尉健行同志在《情况参考》(第 99 期)“深圳外来工伤残情况秘访报告”上批示：“俊九同志，看了这份材料，心情久久难以平静。请考虑，即做好以下几项工作：1. 向中央领导同志写一汇报，反映深圳工伤等情况，材料要实在，并指出问题所在。2. 向深圳市委、市政府发一通报，请他们研究并及时采取对策。3. 向广东省和深圳市总工会发一通知，要求他们就此总结教训，明确工会应对这些恶果承担严重失职的责任，并提出应对的办法。4. 总工会应举一反三，提出从全国范围加强三资企业和私营企业劳动保护方面的管理和监督措施及工会应尽的职责。”

根据中央领导的指示精神，国家经贸委、劳动保障部、监察部、全国总工会组成联合调查组，赴深圳进行了调查。4 月 14 日，吴邦国副总理在国家经贸委等部门《关于推动深圳市加强外来劳务工劳动安全工作情况的报告》批示：“拟同意，报健行同志阅示。企业尤其是‘三来一补’、民营企业中外来劳务工的劳动安全工作值得重视，不能以劳动者的致残来换取外资引入和经济的增长。”4 月 15 日，尉健行同志批示：“同意邦国同志的批示，全总应就此进一步做好维护工作。”

24. 吴邦国同志关于安全生产工作的指示

1998年10月25日5时左右，在沈阳至四平高速公路北行118公里的青洋河大桥上发生了一起恶性交通事故，3台大货车相撞，当场死亡2人，重伤2人。1998年10月28日，吴邦国副总理作出重要批示：“请镇东同志阅。混凝土厚度不足，水泥标号不足，钢筋位置不对，这类工程质量问题是设计造成的，还是施工造成的，监理事务所又是如何把关的，请予调查，若情况属实，通报全国，举一反三。”

1998年12月26日，安徽省定远县物资局所属化学品建筑材料供应公司一辆装载6万支普通雷管、44000米导火索的运输车，与迎面驶来的巢湖市柘皋镇的一辆载有10余人的个体客运汽车相撞，造成18人死亡，60余人受伤。1998年12月29日，吴邦国副总理在公安部信息快报（387号）上批示：“请秀诗同志阅示，雷管、导火索的运输要有管理办法，一是防止被盗、遗失，二是确保运输的安全。”

1999年1月3日，辽宁省铁法矿务局内部1辆客运火车和1辆货运火车相撞，造成23人死亡事故。1999年1月4日，吴邦国指示：“请宝明同志阅。这是一起完全可以避免的事故，请予彻查。煤炭行业近来事故不断，关键还是领导安全意识和管理问题、‘安全第一’、安全责任制问题，要在工作会议上反复强调，以遏制事故上升势头。”

1999年1月25日，国务院副总理吴邦国在民航工作座谈会上强调：

“民航工作坚持安全第一、预防为主的方针不能动摇。切不可把安全和效益对立起来，没有安全就没有效益。从一些事故的征候看，多数飞行事故是由于人为因素造成的，因此，加强制度建设，狠抓安全管理，落实安全责任制，对于做好民航工作至关重要。民航在经济效益压力很大的情况下，一定要保持清醒的头脑，绝不能因为抓效益而放松了安全工作。相反，更要做好安全工作，为提高经济效益创造良好的基础和条件。否则，安全出了问题，不仅影响企业的效益，更会对社会稳定产生不良影响，因此，要从保持社会稳定的政治高度来认识民航安全工作的重要性。党中央、国务院十分关心民航的安全问题，希望同志们再接再厉，做出新的成绩，创造更好的安全记录。"

1999年3月28日，河北省邢台市临城县发生严重冒水事故，到30日，已死亡4人，尚有36人还在井下，估计井下人员生还的可能性已不存在。1999年3月30日，吴邦国副总理在《国内动态清样》(第933期)《关于河北省发生一起严重煤矿冒水事故》上批示："万鹏、宝明同志：近来煤矿事故增加，应引起高度重视。机构改革后，安全生产职能转到经贸委，请主动衔接，避免出现管理真空。此外，此类个体煤矿是否属关井之列。请一并研究。"

1999年4月28日，吴邦国副总理在河北省人民政府办公厅《邯郸市磁县观台镇两家个体煤矿透水事故及调查处理进展情况的报告》上批示："请华仁、宝明同志阅。非下决心关闭非法小煤矿不可，决不允许以人民的生命换取某些人的利益。"

1999年6月24日，吴邦国副总理在盛华仁同志关于煤矿安全保障体制问题的报告上批示："镕基、岚清、家宝同志：此报告没写清楚。本意为：94个国家重点煤矿下放后，实行政企分开，地方煤炭局（原归属煤炭部领导）不再直接管理企业。为从体制上加强矿山安全监督工作，大幅度降低工伤伤亡人数，建议将原地方煤炭局改组为矿山安全监督机构，实行垂直管理，原经费渠道不变。当否，请予批示。若同意这一思路，建议批请中编办研处。"6月28日，朱镕基总理批示："原则同意，请忠禹、德福同志核批。"7月4日，王忠禹同志批示："矿山安全特别是煤矿安全急需加强，如何改法，请编办提出意见。"李岚清、温家宝同志已批阅。

25. 罗干同志在全国城市公共消防设施建设工作会议上的讲话（摘录）

1999 年 8 月 21 日

消防工作事关经济和社会的发展，事关国家、集体财产和人民群众生命财产的安全，事关社会稳定。做好消防工作意义重大。为此，我讲几点意见。

一、认真贯彻落实江泽民总书记的一系列重要指示，以对党、对人民高度负责的精神加快公共消防设施建设，切实做好消防安全工作

党中央、国务院历来十分重视消防工作，江泽民总书记等中央领导同志多次对消防工作作出重要指示。“隐患险于明火”，“防范胜于救灾”，“责任重于泰山”。总书记这一精辟论断，是我国消防事业建设与发展的指导思想。去年有段时间，全国连续发生几起大火。针对这一情况，总书记指出“全党同志要敲起警钟，既要及时灭火救援，更要强调预防。”“要尽快搞好消防设施建设，小洞不补，大洞受苦。”再次为加强消防安全工作指明了方向。因此，进一步加强消防工作，加快城市公共消防建设，是贯彻落实总书记指示要求的一项重要措施。各级政府一定要在思想上高度重视，从国家经济建设和社会发展的大局来认识做好消防工作的重要性，以对党、对人民高度负责的精神，抓紧城市公共消防设施建设，真正把总书记的指示落到实处。

加强消防工作，加快城市消防基础设施建设，也是贯彻执行《消防法》《城市规划法》和《消防改革与发展纲要》的客观要求。《消防法》和《纲要》对做好各项消防工作包括城市公共消防设施建设，都有明确的具体要求和规定。从这几年的实际情况来看，各级政府普遍加强了对消防工作重要性的认识，不断加大对消防的投入，城市公共消防设施和消防装备建设有了较快发展，涌现出了一批像青岛这样重视城市公共消防设施建设的城市。但是总的看，消防工作与国家规范要求和城市发展的客观需要之间还有较大差距，而且随着经济建设的快速发展和城市规模的日益扩大，公共消防基础设施建设滞后的问题会越来越突出。公安部有个统计，在全国 231 个地级以上城市中，消防站欠账 45%，消火栓欠账 46%，消防规划、消防装备、消防通信等方面也远不能适应需要。这些年来，我国火灾严重的状况一直未能从根本上得到改变，暴露出来的诸多问题中比较突出的还是城市公共消防设施严重滞后，由此造成了对火灾既不能做到有效的预防，又不能及时扑救的问题。近几年发生的多起重大、特大火灾，很多是由于火场周围没有消防水源，消防车只能到很远的地方往返拉水，延误了救火时间，影响了及时扑救。究其原因，主要还是领导重视不够，没有深刻认识到“小洞不补，大洞受苦”的道理，心存侥幸，得过且过，以为在消防基础设施上少花钱或者不花钱，也不会出什么大事。而事实告诉我们，这种认识和做法是错误的，也是危险的。其他地方的教训你不去认真汲取，举一反三，不知哪一天，问题就会在你那个地方发生。像克拉玛依大火，到现在还留下后遗症。近年来各地一些火灾和水灾的教训都反复说明了这一点。因此，面对火灾隐患不断增多，火灾危害日趋加重的新形势，要赢得消防工作的主动权，最大限度地减少火灾给国家、集体财产和人民群众生命财产造成的损失，各级政府必须认真负起责任，把加快城市消防基础设施建设作为一件大事抓紧抓好。

加强消防工作，加快城市消防基础设施建设，还是贯彻国家可持续发展战略的一项重要内容。我国是世界上最大的发展中国家，随着改革开放和现代化建设步伐的进一步加快，确保经济、社会协调发展，资源开发和保护并重的问题，日益引起社会各界的普遍重视。实践证明，无论是社会的安全、文明，还是资源的节约、保护，都同消防工作直接相关。这些年来，一些地方经济发展很快，但城市公共消防设施和消防装备落后，发生重大火灾不能及时扑救，造成重大人员伤亡和财产损失，既使辛辛苦苦积累起来的巨额财产毁于一旦，直接损害了经济和社会的进步，又影响了社会的稳定，教训十分深刻。在新的形势下，我们要坚决克服只求发展不顾安全、只讲开发无视保护的短期行为，大力加强城市公共消防设施的规划、建设和管理。这是实现经济可持续发展的客观要求，也是一个地区、一个城市文明进步程度的重要标志。

解决忽视消防安全和城市公共消防设施严重滞后的问题，同其他工作一样，关键是领导的思想认识是否到位。我看了将在这次会议上发言的几个省市的经验材料，他们的经验也证明了这一点。希望各地通过认真贯彻这次会议的精神，进一步解决思想认识方面的问题，将城市公共消防设施建设和整体消防工作提高到一个新的水平。

二、进一步强化城市消防安全保障功能，尽快解决城市公共消防设施建设中存在的突出问题

关于城市公共消防设施建设的总的要求，《消防法》《城市规划法》和《消防改革与发展纲要》都已经十分明确。现在的主要问题是：有的地方在城市规划和建设中，没有按国家有关规定综合考虑消防安全布局和公共消防设施的规划与建设；有的地方虽然有消防规划，但在实施过程中执行得不好，有的甚至只停留在纸面上、口头上；有的地方公共消防设施虽然有了，但管理工作跟不上，不能正常发挥作用，一旦发生火灾，这些设施成了聋子的耳朵。因此，当前和今后一个时期城市消防工作的主要任务是，进一步统一对加强消防工作的认识，解决突出问题，加快建设步伐，使我国城市的消防安全保障功能在跨入新世纪之际有一个大的提高。为此，要明确这样一个指导思想，即政府负责，落实规划，不欠新账，快补旧账，健全设施，加强管理，使城市公共消防设施建设尽快适应经济和社会发展的要求。首先，各级政府要切实担负起领导责任。要按照职责分工建立科学合理的工作机制，根据本地区的实际情况，提出明确的目标和要求，组织计划、建设、公安消防等部门有计划、分步骤实施，按期达到目标要求。其次，要及时制定并严格执行消防规划。各级政府要抓住规划这个“源头”，在制定城市总体规划时一定要做好消防规划，有了规划还要认真落实。目前在地级以上城市中尚未制定消防规划的要在 2000 年前完成，已制定消防规划的要抓紧落实；一些经济比较发达的城镇，也要着手搞好消防规划，同步建设相应的消防设施。第三，不能再欠新账。新建城市和开发区的公共消防设施建设，必须高起点、严要求，严格按国家规定的标准一步到位，不能等到发生火灾后再去补账。那样难度更大，代价更高。第四，要尽快补上旧账。对过去由于忽视城市公共消防设施建设遗留下来的问题，要深入调查研究，加快补救进度，逐项及时解决，力争尽快达到国家标准。第五，城市公共消防设施建设，既要确保工程的质量，不能滥竽充数，搞豆腐渣工程，又要加强建成后的经常性管理，使其始终保持良好的状态和性能，确保一旦发生火灾，能够充分发挥作用，切实改变过去一些地方只重视建设，不重视管理，一旦需要又用不上的问题。只要我们每年扎扎实实在消防建设上狠抓几件实实在在的事情，我国城市公共消防设施落后的面貌就能稳步得到改变；再经过三五年的努力，就能上一个新的台阶，形成比较完善的城市消防安全保障体系，适应经济建设和社会发展的需要。

三、各级政府要切实加强对消防工作的领导，认真履行消防工作职责

在社会主义市场经济条件下，政府职能转变中有两个需要加强的方面，一个是管理职能，一个是服务职能。在这两个职能中，都包含着消防安全的内容。多年来，一些地方的政府领导认为，消防工作主要由公安消防部门负责，对本地消防安全状况关注较少，或者说过问不够经常，没能充分履行政府责任。《消防法》明确规定，消防工作由地方各级人民政府负责。这是由消防工作的性质和政府的职能所决定的，也是人民政府对人民负责的具体体现。做好消防工作，确保一方平安，是各级政府、各级领导义不容辞的责任和义务。

各级政府要把消防工作纳入政府的任期目标，列入重要议事日程，切实加强领导。一是要全面了解和认真研究本地区消防工作的状况，制定消防事业发展的总体规划，切实抓好落实，保障消防工作与经济、社会同步发展。二是要加大对消防的投入，提供必要的经费保障。尽管各级财政现在还有一定的困难，但消防方面的必要开支是不可缺少的一块，该花的钱一定要花。三是要充分发挥政府作为消防工作组织领导者的作用，组织各有关方面认真贯彻实施《消防法》和

《城市规划法》，督促检查各部门、各单位落实消防安全责任制和消防安全的工作措施。在政府内部要形成消防管理的有效机制，不仅分管的领导要尽职尽责，义不容辞，其他领导也要对分管范围内的消防安全切实负起责任，该谁管的要自觉管好，该谁办的要主动办好。四是要按照《消防法》的规定，大力发展多种形式的消防组织，加强消防组织建设，强化扑救火灾的能力。城市人民政府要按照国家规定的消防站建设标准建立公安消防队、专职消防队，镇人民政府可以根据当地经济发展和消防工作的需要，建立专职消防队、义务消防队。生产规模大、火灾危险性大的企业要按规定建立和加强专职消防队伍。机关、团体、企业、事业单位以及乡、村，也可以根据需要建立义务消防队。要发动群众、依靠群众做好消防工作。这一点，不仅在我们国家目前经济还比较落后的情况下需要大力推动，即使将来经济比较发达了，也要坚持下去。这也是发达国家在消防力量建设上的一个成功经验。五是要经常进行消防宣传教育，组织新闻、文化、教育等部门，开展形式多样、扎实有效的宣传教育，提高全社会的消防安全意识。

最后，我想强调一下依法行政问题。公安消防和建设部门都是国家行政执法部门，必须坚持依法行政，严格按照法律、法规的规定切实履行职责。江泽民总书记在党的十五大报告中指出，依法治国是党领导人民治理国家的基本方略。九届全国人大二次会议通过的宪法修正案，已经将实行依法治国，建设社会主义法治国家的治国方略载入宪法。前不久，国务院又专门召开全国依法行政工作会议，朱镕基总理要求各级政府和各部门的工作人员特别是领导干部，要从巩固我们党的执政地位，保障国家长治久安的高度，充分认识依法行政的重要性，全面地、切实地推进依法行政。要做到这些，一切执法人员尤其是领导干部，要学法、懂法、守法，严格在法律、法规的范围内行事，真正做到公正执法、严格执法，自觉做维护法律尊严的模范。应当看到，目前在消防执法领域，仍存在有法不依、执法不严、违法不究，甚至滥用职权、执法犯法、徇私枉法的问题，既影响了党和政府的形象，又埋下了火灾隐患。各级政府和消防监督管理、城市建设部门都要正视这些问题，采取标本兼治的措施，加强执法队伍的思想、政治、法律和业务素质教育，提高执法者的职业道德和行政执法水平，完善执法机制，加强内外监督，真正做到清正廉洁、热情服务，保证国家法律法规的正确执行。

同志们，建立卓有成效的社会消防安全保障体系，提高全社会抵御火灾的能力，既是长期而艰巨的历史任务，又是十分紧迫的当务之急。我们要认真贯彻党中央、国务院和江总书记关于消防工作的一系列重要指示，增强历史使命感和紧迫感，扎扎实实地做好消防安全工作，为人民群众安居乐业，为祖国繁荣昌盛作出新的贡献！

26. 国务院副总理吴邦国在全国安全生产工作紧急电视电话会议上的讲话

1999 年 12 月 1 日

刚才华仁同志通报了今年以来的安全生产情况和近期发生的重大、特大事故。从通报的情况看，虽然今年伤亡事故比去年同期有所下降，但是，安全生产的形势仍然相当严峻，特别是 10 月份以来，重大、特大事故频繁发生，人员伤亡惨重，经济损失巨大，造成了很不好的社会影响。现在已近岁末年终，工作千头万绪，很容易忽视安全工作，而当前安全生产的严峻形势，又容不得丝毫疏忽大意，越是任务重，工作忙，越要重视安全。当前，安全生产形势严峻，突出表现在以下几个方面：

一是在一些地区和行业同类事故重复发生。10 月份以来，广东省 17 天内连续发生两起重大火灾事故，死亡 35 人；辽宁省半个月内连续发生 4 起矿山重大事故，死亡 20 多人；河北、山西、河南、黑龙江、内蒙古等地接连发生煤矿瓦斯爆炸事故，死亡近 150 人。

二是恶性道路交通事故频繁。每年因公路交通事故、铁路路外事故死亡都在 8 万人以上。今年 11 月 18 日，广西一辆大客车在梧州境内坠入河中，死亡 31 人，受伤 23 人；10 天后，重庆江津市一辆农用客车坠入河中，死亡、失踪 17 人，受伤 23 人。

三是责任事故居高不下。每年因违章指挥、违章作业、违反劳动纪律造成的责任事故占事故总数的 90% 以上。刚才华仁同志通报的事故案例，绝大部分属于责任事故。

四是因工程质量低劣、假冒伪劣产品而酿成的事故明显增加。大家都知道的重庆綦江彩虹桥垮塌事故，就是一起典型的严重违反基本建设程序，建设管理混乱，有关领导急功近利，相关人员腐败、严重失职、渎职，设计、施工质量存在严重问题而导致的重大责任事故。

11月24日发生的“大舜”号特大海难事故，302名乘客和船员，仅有22人生还，这是我国近年来发生的最大一起海难事故，震惊了全国，在国内外产生极其恶劣的影响，给国家和人民生命财产造成严重损失。这起严重事故引起了党中央、国务院、中央军委领导同志的高度重视。中央政治局常委专门听取了有关方面负责人的汇报，泽民同志作了重要指示，强调越是任务重，工作忙，越要重视安全，人命关天的事，千万不可疏忽大意。他要求，国务院有关部门、山东省委省政府、山东驻军和有关地方党委政府密切配合，共同负责，尽最大努力搜寻和抢救遇难者，做好善后工作。并要求组织专门力量深入调查分析事故原因，认真总结经验教训，举一反三，切实做好安全生产工作。镕基同志在国外访问，知道这一事故后，立即作出重要批示，要求继续全力以赴组织好打捞、寻找失踪人员和抢救、善后工作。他指出，对于发生这一近年来最严重的交通事故，国务院十分重视，并将认真组织调查，依法严肃处理直接责任人员，并吸取教训，改进工作。有关方面按照中央领导同志的指示精神，迅速组成国务院“11·24”特大海难事故调查处理领导小组赶赴现场，动员各方面力量，军民协手，全力以赴组织救援，打捞、寻找失踪人员，积极做好抢救和善后工作。这起严重事故给大家的教训是十分深刻的，也是十分惨痛的。教训告诉了我们，坚持安全第一的方针一刻也不能放松，人命关天，一定要慎之又慎，玩忽职守，就是对人民的犯罪。

从华仁同志刚才通报的情况分析，最近一段时间重大、特大事故频繁发生的原因，主要有以下几方面：一是有的地方、部门和单位对安全生产重视不够，安全意识不强，思想上麻痹松懈；二是有的片面追求经济效益，只顾挣钱，忽视安全生产；三是有的安全责任制不落实，有法不依，有章不循，纪律松弛，管理不严；四是有的安全生产措施不到位，对重大事故隐患未能及时采取有力措施，病船、病车、病设施带病运行，对重大设备的监控、检查不及时，整改不得力；五是有的对已经发生的事故调查处理不及时、不严肃，久拖不决，没有从事故中吸取教训。10月17日，山东烟大汽车轮渡股份有限公司曾发生过“盛鲁”轮沉船事故，但没有吸取教训，采取相应措施，不到40天的时间里，又发生了“大舜”轮翻沉的特大海难事故。这个教训够惨痛的了。

安全与生产，安全与效益从来都是统一的。安全生产是效益的保障，没有安全生产，哪能有经济效益和社会效益，又怎么谈得上经济发展和社会稳定。正确处理好安全与生产、安全与经济发展、安全与人民生活的关系至关重要。它关系到改革、发展、稳定的大局，关系到经济的正常运行，关系到人民群众的安居乐业。当前我国经济发展处于关键时期，国有企业改革进入攻坚阶段，一些深层次矛盾集中暴露出来，更需要十分重视和切实加强安全生产工作，为改革和发展创造一个良好的环境。

党中央、国务院一贯重视安全生产工作。泽民同志反复强调，安全工作“责任重于泰山”。1997年5月，在民航、铁路、煤矿连续发生多起事故后，他作了三点重要指示：第一，要坚决树立安全第一的思想，任何企业都要努力提高经济效益，但是必须服从安全第一的原则，要防止一切麻痹松懈的思想和骄傲自满的情绪，尤其是交通、煤炭、电力、石油、化工、林业等部门及其企业更要重视安全。第二，要认真完善安全生产的规章制度，并且坚决贯彻执行，改变那种纪律松驰、管理不严、有章不循的情况，对责任事故要严肃追查责任者，从严处理。第三，要提高政治警惕，严防政治破坏，各级政法部门要严厉打击破坏安全生产的犯罪活动，依法从严惩处。江总书记的这三点重要指示，是我们搞好安全生产工作的重要指导思想，一定要认真学习，深刻领会，并在工作中继续全面贯彻落实。镕基同志强调，要把安全生产工作当作“人命关天的大事”来抓。他指出，对重大责任事故“不严肃追查责任，责任事故是难以消灭的”。

“11·24”特大海难事故发生以后，中央领导同志再次对安全生产工作作了一系列重要指示，国务院对加强安全生产有关问题发出了紧急通知，今天国务院又专门召开紧急电视电话会议，目的就是要全面贯彻落实党中央、国务院关于加强安全生产工作的要求，采取有力措施，狠抓薄弱环节，坚决遏制重大、特大事故的发生，迅速扭转当前安全生产形势严峻的局面。下面，我就安全生产工作再强调几点：

第一，高度重视安全生产工作，切实加强领导。从历史上看，我国在1958年、1970年和1978年出现的3次事故高峰，都与不按客观规律办事，安全意识淡薄，规章制度破坏，忽视安全生产有直接关系。历史的教训值得重视。各级领导干部要从讲政治、促发展、保稳定的高度，以对人民高度负责的态度，真正把安全生产工作当作人命关天的大事，放在经济工作的突出位置来抓。各地区、各部门、各单位要认真贯彻落实中央领导同志的重要指示，认真贯彻落实党的十五届四中全会的决定，加强对安全生产工作的领导，提高认识，增强安全生产意识，做到警钟长鸣，常抓不懈。要牢固树立安全第一的思想，坚持预防为主，落实安全措施，确保安全生产。在机构改革和企业改组、改制过程中，对安全生产工作只能加强，不能削弱，确保安全生产监督管理队伍人心不散、工作不断、力度不减。

第二，立即开展全国安全生产大检查。按照国务院紧急通知要求，各地区、各部门、各单位要立即行动起来，集中一个月的时间，对本地区、本部门、本单位安全生产工作进行一次全面、深入、彻底的大检查。这次大检查，各地区、各部门领导要亲自挂帅，精心安排、精心组织，有布置、有检查，有落实。安全检查采取单位自查和组织抽查相结合的形式。检查的主要内容；一是安全生产责任制落实情况；二是规章制度建设和执行情况；三是事故隐患监控和整改情况；四是安全监督管理力量配备和职责履行情况；五是事故调查和处理结案情况；六是宣传教育和培训情况。检查的重点：一是民航、铁路、公路、水运企业；二是煤矿等矿山企业；三是石油化工、烟花爆竹等生产易燃易爆物品的企业；四是重大工程设施及施工现场；五是各类学校和体育场馆、大型商场、影剧院、游乐场等公共场所，特别是集体居住和活动场所。大检查一定要讲求实效，不能走过场。

第三，切实加强对重大事故隐患的监控和整改。各地区、各部门、各单位要坚持边检查、边整改的原则，将重大事故隐患的监控和整改纳入重要的议事日程。对查出的不符合安全生产条件的各种问题，要立即采取有力措施，进行整改，该关闭的一律坚决关闭，该停运的要坚决停运，该停业整顿的要坚决停业整顿。要加大安全生产的投入，依靠科技进步，积极治理重大事故隐患，防范发生重大事故。对一时难以根治的重大事故隐患，要有计划、有步骤地整改，人盯死守，严密监控，防患未然。要科学制定事故应急预案，提高处置突发事故的能力，把损失降低到最小程度。

第四，依法严肃查处各类事故。对已经发生的事故要抓紧调查分析事故原因，对造成事故的直接责任人和负有领导责任的人员，要坚决依法追究责任，绝不姑息迁就。要做到“三不放过”，即事故原因没有查清不放过，事故责任者没有严肃处理和广大职工没有受到教育不放过，没有防范措施不放过。对已发生的社会影响大的群死群伤事故，要在认真调查处理的同时，切实做好善后工作。对查明的典型重大事故的原因和处理情况，要及时公开报道，以教育广大干部群众，深刻吸取教训。要严格执行事故报告和事故调查规定，对疏于管理，有法不依、有令不行、有禁不止造成重大、特大事故的责任人和有关领导，必须依法追究，严肃处理。对隐瞒事故、弄虚作假，漠视人民生命安全的有关责任人要加重处罚。近来，一些地方事故迟报、漏报现象较为严重，甚至还有个别地方和个别单位隐瞒不报，这种现象要坚决纠正。要设置事故险情和安全举报电话，对举报的问题必须逐个调查，对存在的问题必须严肃处理。

第五，进一步落实安全生产责任制。实践证明，实行安全生产责任制是搞好安全生产，减少事故发生的有效措施。要进一步明确企业经营管理者是安全生产第一责任人，落实领导和各级组织管理人员的安全生产责任制，层层把关，层层负责，制定切实有效措施，控制各类重大恶性事故的发生。要加强安全生产法规建设，建立健全各项规章制度，做到依法行政，依法管理，加大安全生产监督管理的力度，建立和完善安全生产自我约束机制。要配备懂专业、会管理、责任心强、数量足够的安全管理干部，强化管理和监督，保障安全生产。无论企业如何发展和变化，安全第一的思想不能变；企业经营管理者作为安全生产第一责任人不能变；党政工团齐抓共管，依靠广大职工搞好安全生产工作的传统不能变。

第六，大力开展安全生产宣传教育工作。要进一步宣传贯彻党中央、国务院以及中央领导同志对安全生产工作的一系列重要指示精神，通过组织开展形式多样、生动活泼的宣传教育活动，深入宣传安全生产法律法规和安全生产知识。要认真总结历年来安全生产工作的经验教训。宣传推广安全生产工作的好典型、好经验，牢固树立安全生产“只有起点，没有终点”的观念，形成人人讲安全，人人重视安全的良好氛围。要大力开展安全知识和安全技能培训工作，坚持特种作业人员的岗前培训，持证上岗。要通过培训教育，使职工特别是农民工掌握安全生产的基本知识，了解应该做什么，怎样去做，提高他们的自我保护意识和对事故的规避能力，杜绝违章指挥、违章作业、违反劳动纪律的“三违”行为。同时，还要加强事故抢险救灾人员的培训工作，提高紧急救援的快速反应能力和救护能力。

同志们，当前全国形势很好，在举国上下欢欣鼓舞地庆祝中华人民共和国成立五十周年大庆之后，我国载人航天工程第一艘试验飞船发射成功，澳门即将回归祖国，大事多，喜事多。现在又近岁末年终，两节和春运高峰即将来临，经济工作和社会稳定任务十分繁重，工作千头万绪。各地区、各部门要恪尽职守，保持良好的精神状态和工作秩序，坚守岗位，认真履行职责，确保安全生产，为促进国民经济持续快速健康发展，保持社会稳定，作出积极的贡献。

27. 国务院副总理吴邦国在加强安全生产防范安全事故电视电话会议上的讲话

2000 年 4 月 7 日

去年“11·24”烟台特大海难事故发生后，国务院下发了《关于加强安全生产有关问题的紧急通知》，并于12月1日召开了全国安全生产工作紧急电视电话会议，对加强安全生产工作进行了全面部署。但是，从刚才华仁同志通报的情况看，当前全国安全生产和防范安全事故形势仍然相当严峻。近一个月来，一些重大、特大事故接连不断地发生，有些事故的严重程度及其后果实在触目惊心，在社会上造成恶劣影响。党中央、国务院领导同志对此高度重视。3 月 12 日深夜，江泽民总书记从新华社《国内动态清样》上看到关于 3 月 11 日江西省萍乡市一家私人爆竹作坊发生爆炸事故的报道后，当即作了重要批示：“这样的事故已发生多次了，我们也作过多次批示，但同类事故仍不断发生，令人十分痛心。我相信有关部门也一定已有规定，问题是没有得到认真落实。值得有关部门深思。这是一项系统工程，从安全生产规范到营业执照管理，从产品质量标准到防爆防火的安全教育，无一不值得我们很好总结教训。特别是家庭、学校、社会，要加强对少年儿童的安全教育，关心他们在各方面的成长，以体现我们党对广大人民群众的关心爱护。通过这件事，也要看到反腐败是很具体的，在社会主义市场经济的条件下，不能允许只要有钱赚，就可以危及人民的生命安全。”朱镕基总理也作了重要批示。江泽民总书记的重要批示，提出了在社会主义市场经济条件下加强安全生产和防范安全事故是关系人民群众生命财产安全的重大问题，指出了做好这项工作的要求、途径和办法。为全面贯彻落实江泽民总书记的重要批示，进一步加强安全生产和防范安全事故工作，党中央、国务院决定召开这次会议，下面我讲三点意见：

一、以对国家和人民负责的精神，高度重视安全生产和防范安全事故工作

安全生产和防范安全事故工作，关系到国家和人民生命财产安全，关系到社会稳定和经济健康发展。江泽民总书记多次强调："隐患险于明火，防范胜于救灾，责任重于泰山"，"人命关天的事，一定要慎之又慎，确保万无一失"，"任何企业都要努力提高经济效益，但是必须服从安全第一的原则"。党中央、国务院其他领导同志也作过许多重要批示。近几年来，党中央、国务院就加强安全生产和防范安全事故，保持社会稳定问题，下发了一系列文件，召开了多次会议，进行了全面部署。但是，1999 年以来，工矿企业职工伤亡事故、道路交通事故、水上交通事故、火灾事故等均没有得到有效遏制，发生在公共娱乐场所、游乐设施、宾馆饭店和学校的事故明显增多，重大、特大事故频繁发生。其重要原因：一是对安全生产和防范安全事故工作重视不够。主要表现在一些地区、部门和单位的领导干部重生产、轻安全，把安全生产和经济发展对立起来，对一些重大事故隐患视而不见，空洞说教多，具体落实少，监督检查流于形式，走过场。二是有法不依，有章不循，执法不严，违法不究。主要表现在一些地方非法生产经营猖獗、安全管理混乱、安全监督薄弱，甚至有极少数人徇私舞弊、贪赃枉法、搞权钱交易。这些问题已经到了非下决心认真解决不可的时候了。各地区、各部门、各单位要认真学习、深刻领会、全面贯彻落实江泽民总书记关于加强安全生产和防范安全事故工作的一系列重要指示精神，切实加强领导，从讲政治、保稳定、促发展的高度，以对国家和人民高度负责的精神，正确处理安全生产和防范安全事故与发展经济的关系，坚持"安全第一，预防为主"的方针，采取强有力的措施，狠抓薄弱环节，坚决扭转安全生产和防范安全事故形势严峻的局面。在社会主义市场经济条件下，安全生产和防范安全事故工作只能加强，不能削弱。各级党委和政府要加强安全监督管理队伍的建设，确保人心不散，工作不断，力度不减。

二、进一步加强安全大检查，严格执行有关法律法规和各项规章制度

加强安全生产和防范安全事故重在预防。预防的重要措施是加强安全监督检查，关键在于严格执行有关法律法规和各项规章制度。这里提三点要求：

（一）要按照国务院有关通知的要求，结合当前正在开展的对烟花爆竹生产经营活动的清理整顿工作，深入进行一次安全大检查，检查要做到全面彻底，决不能留死角。检查的主要内容：一是安全生产责任制的落实情况；二是规章制度建设和执行情况；三是事故隐患监控和整改情况；四是安全监督管理力量配备和职责履行情况；五是事故调查和处理结案情况；六是宣传教育和培训情况。检查的重点：一是交通运输、煤炭、电力、石油、化工、建筑、林业、商贸等行业；二是生产、运输、经营和存放烟花爆竹等易燃易爆物品以及有毒、有害等危险物品的企业及场所；三是锅炉、压力容器、电梯、索道等危险设备和设施；四是各类学校、体育场馆、医院、商场、车站、码头、机场、文化娱乐场所、旅游风景区、宾馆饭店等公共场所。

（二）要坚持边检查边整改的原则，落实整改措施，把检查和整改结合起来，以检查促整改。要针对查找出来的突出问题，采取有效措施，认真整改，及时消除事故隐患。对查出的不符合安全条件的各种问题，要指定专人负责，限期整改，一抓到底，抓出成效，该关闭的一律关闭，该停运的一律停运，该停业整顿的一律停业整顿。交通运输行业和企业要认真汲取“11·24”特大海难事故的教训，重点解决车辆、船舶的超高、超载、超重、超速和非法营运问题；公安、交通管理部门要依法坚决查扣私自改装、超限运输和非法营运的车辆、船舶以及病车、病船。对生产、运输、销售、贮存、使用烟花爆竹等易燃易爆物品以及有毒、有害等危险物品的单位和个人，公安、工商、质量技术监督等部门要重点查处和坚决打击无批准文件、无安全许可证、无营业执照等非法生产、运输、销售、贮存、使用的行为。对各类学校、体育场馆、医院、商场、车站、码头、机场，旅游风景区、宾馆饭店等公共场所，公安消防部门要重点进行消防安全检查，消除火灾隐患，对未经消防部门审核的，一律要坚决查处，对存在火灾隐患

的，要人盯死守，限期整改。对煤矿企业要结合关井压产，坚决关闭不符合安全生产条件的小煤窑。

（三）要严格执行有关法律法规和各项规章制度。从严管理、强化监督，是加强安全生产和防范安全事故的有效途径。目前，责任事故仍居高不下，占事故总数的90%以上。这种状况必须坚决改变。各地区、各部门、各单位要加强安全管理，常抓不懈，严格执行有关规定和要求，真正把各项规章制度层层落实，落到实处。各监督执法部门要认真履行职责，依法行政，加强经常性的监督检查，做到执法必严，违法必究。各企事业单位要严格执行有关法律法规，严肃纪律，完善规章，从严管理，做到有章必循，责任到人。要在安全检查的基础上，不断健全和完善有关法律法规和各项规章制度，强化日常管理，使安全生产和防范安全事故工作逐步走上法制化、规范化轨道。

三、依法从严从快查处各类事故，全面落实责任制

（一）要依法从严从快查处各类事故。对疏于管理、有法不依、有令不行、有禁不止造成重大、特大事故的责任人和有关领导，必须依法追究，严肃处理。要通过事故查处，找出事故原因，分清事故责任，吸取事故教训，防止同类事故再次发生。各级党委、政府和有关部门一定要严格执行事故报告和调查处理的规定，坚持做到“四不放过”，即事故原因没有查清不放过，事故责任者没有严肃处理不放过，广大职工没有受到教育不放过，防范措施没有落实不放过。各级安全监督管理部门、纪检监察部门和工会组织要认真履行职责，共同做好事故的查处工作。对隐瞒不报、弄虚作假、漠视人民生命财产安全的有关责任人要依法加重处罚。对因徇私舞弊、贪赃枉法、权钱交易等腐败行为酿成事故的责任人，要依法从严惩处，绝不姑息。今后凡发生重大、特大事故必须及时上报，并按国务院规定的调查处理程序，抓紧进行调查、处理、批复、结案工作。对重大、特大事故的处理要向广大人民群众公布，以接受人民群众的监督。

（二）全面落实责任制。实践证明，实行责任制是搞好安全生产和防范安全事故发生的有效措施。各地党政一把手要对本地区安全生产和防范安全事故工作负总责，做到守土有责，确保一方平安。各部门党政一把手要对本部门的安全生产和防范安全事故工作负起责任。各监督执法部门和行业主管部门要按照职能分工，尽职尽责，工作必须到位。各企事业单位的主要负责人是本单位安全生产和防范安全事故工作的第一责任人，要对本单位的安全生产和防范安全事故工作负总责。

各级教育行政管理部门要加强对各级各类学校的安全、防火、防事故等工作的组织领导和监督检查。大、中、小学校要对教室、宿舍、食堂、礼堂、图书馆、实验室等场所进行定期的安全检查，积极采取措施，消除事故隐患。要加强对学生安全知识的教育，增强学生的自救能力。目前，正值春游季节，对学生的春游活动要切实加强组织管理，确保安全。李岚清副总理指示，这次会后，请北京市与教育部在教育系统开个会，贯彻本次会议精神，具体部署北京教育系统安全、防火、防事故等工作。

各级党委、政府和文化、公安、工商等部门，要切实加强对文化娱乐场所经营活动和消防、治安等方面的日常监督管理，把定期检查和抽查结合起来。会后，各地区、各有关部门要对文化娱乐场所执行《娱乐场所管理条例》情况逐个进行彻底检查，凡经营范围、娱乐项目、安全和消防设施、卫生条件等不符合规定和存在安全隐患的，要限期整改；情节严重的，要坚决依法严肃查处；构成犯罪的，要依法追究刑事责任。

各级党委、政府和林业主管部门要按照全国森林防火电视电话会议的精神，把森林防火工作作为当前林区第一位的任务，切实抓紧抓好。要针对薄弱环节，从严治火，狠抓落实，防患于未然；要广泛动员，开展群防群治；要严字当头，狠抓野外火源管理；要抓紧时机，搞好森林防火阻隔带建设；要标本兼治，加快火险区综合治理步伐；要严阵以待，做好扑救的各项准备工作，确保不发生大的森林火灾。

各级党委和政府要组织协调各方面力量，加强社会治安的综合治理，严厉打击各种刑事犯罪活动。要高度重视并妥善处理因各种人民内部矛盾引发的群体性事件，防止由小变大，由个别地区发展到局部地区。对于严重影响社会稳定、扰乱社会治安的群体性事件，要采取果断措施，尽快控制住局面，防止事态扩大蔓延。要提高政治警惕，严防政治破坏。对于敌对势力、敌对分子和其他别有用心之徒插手利用群体性事件、蓄意制造事端、搞打砸抢等破坏稳定的各种活动，要坚决予以打击，决不手软。对大型群众性活动，要周密组织，确保安全。

（三）各地区、各部门、各单位要加强安全知识的宣传教育，增强全民的安全意识。各级宣传部门和企事业单位，要采取多种形式，广泛深入地开展安全知识宣传教育，特别要加强有关法律法规的宣传。新闻单位要积极配合，大力宣传安全生产和防范安全事故的先进典型，加大宣传力度。对违反有关法律法规的行为和重大事故进行曝光，用典型事例教育广大职工知法、守法，增强法制观念，提高安全意识和自我保护能力。

同志们，今年改革、发展、稳定的任务十分繁重。我们要在以江泽民同志为核心的党中央领导下，全面贯彻落实党中央、国务院领导同志的重要指示和各项规定及要求。各地区、各部门、各单位都要立即行动起来，各司其职，各负其责，密切配合，通力合作，查隐患，堵漏洞，促整改，求实效，从严管理，警钟长鸣，坚决遏制重大、特大事故的发生，确保人民生命财产安全，为推进改革开放和现代化建设创造良好的社会环境。

28. 国务院副总理吴邦国在全国安全生产工作电视电话会议上的讲话

2000 年 7 月 12 日

去年 12 月 1 日和今年 4 月 7 日，党中央、国务院先后两次召开全国安全生产工作电视电话会议，对加强安全生产工作作出了重要部署。但从盛华仁同志通报的情况看，当前全国安全生产形势仍然非常严峻。特别是入夏以来，同类重大、特大事故连续发生，使国家和人民生命财产蒙受重大损失，在社会上造成了恶劣影响。7 月 7 日，国务院召开总理办公会议，专门研究了当前安全生产工作，并决定再次召开这次全国安全生产工作电视电话会议，进一步贯彻落实江泽民总书记和党中央、国务院关于安全生产工作的重要指示，立即采取有效措施，遏制重大、特大事故的发生。下面我讲三点意见：

一、充分认识当前安全生产的严峻形势

党中央、国务院历来十分重视安全生产工作。去年“11·24”特大海难事故和今年“3·11”特大烟花爆竹爆炸事故发生后，江泽民总书记和党中央、国务院有关领导同志作出了一系列重要批示，要求各级党委和政府以对国家、对人民高度负责的精神，切实加强安全生产工作。国务院近期连续下发了若干文件，对安全生产工作进行了全面部署。广东江门“6·30”特大爆炸事故发生后，国务院立即召开紧急会议，学习、贯彻江泽民总书记对这一事故的重要批示，研究部署事故善后处理及做好安全生产工作有关问题，并将会议纪要印发各地区、各部门。近日，根据国务院决定，国务院办公厅又下发了《关于切实加强安全生产工作有关问题的紧急通知》。

从总体上看，各地区、各部门对安全生产工作是比较重视的，采取了一些措施，做了大量工作，取得了一些成效。但是，最近一个时期重大、特大事故又有上升之势，特别是近半个月来，连续发生了10多起重大、特大事故，有时一天发生两三起。如，6月22日，四川省合江县发生特大沉船事故，湖北省武汉航空公司发生坠机事故；6月30日，广东省江门市烟花厂发生特大爆炸事故，重庆市垫江县发生同类爆炸事故，新疆通用航空有限公司一架飞机在塔城地区发生坠机事故；7月2日，山东省青州市空油罐发生爆炸事故，云南省宣威市田坝煤矿发生瓦斯爆炸事故；7月7日，广西柳州发生公共汽车坠江事故，山西省保德县发生面包车坠入黄河事故。这些重大、特大事故动辄伤亡数十人甚至上百人，经济损失数百万元甚至上千万元，在社会上造成了极其恶劣的影响。

同类重大、特大事故屡屡发生，屡禁不止，原因是多方面的，究其主要原因：一是一些地区、部门的领导同志及单位负责人，对党中央、国务院有关安全生产工作的指示和下发的文件没有引起高度重视，贯彻不力，抓安全只停留在口头上、文件上，没有把中央的精神扎扎实实地落实到基层，行动不坚决，措施不到位，责任不明确。个别地方和单位的领导，甚至对人命关天的大事麻木不仁，置若罔闻，致使重大、特大事故连续发生。如，江西"3·11"特大爆炸事故发生后，国务院办公厅发出紧急通知，要求各地区、各部门立即行动起来，集中二至三个月时间，对有烟花爆竹生产经营活动的县、乡（镇）、村逐个进行全面、深入、彻底的大检查和清理整顿。但时隔不久，6月30日，广东、重庆分别发生重大、特大烟花爆竹爆炸事故；7月5日，江西彭泽县又发生烟花爆竹爆炸事故，造成7人死亡，2人重伤，更为恶劣的是，死伤者均为13至16岁的少年。二是有的监督执法部门和行业管理部门，没有认真履行监督管理职责，只争发证的权力，不负安全生产的责任；个别监督执法人员甚至知法犯法，搞权钱交易，置国家和人民生命财产安全于不顾。如，河南焦作市"3·29"特大火灾事故，一些工商、公安、文化等执法部门和行业管理部门工作人员，明知该单位是违法经营且不符合有关规定，仍然发给有关证照。三是一些地区和部门在安全生产监督管理方面，不能适应社会主义市场经济发展的要求，仍停留在计划经济时期的管理体制和管理思想上，重大厂、大矿，轻小厂、小矿；重视国有企业，忽视集体企业、“三来一补”企业、私营企业，对小厂和小矿、集体企业、“三来一补”企业和私营企业及个体工商户疏于监管，在工作中存在着盲区。如 4 月 15 日山西古县永乐乡煤矿瓦斯爆炸事故、5 月 31 日贵州六盘水市钟山区兴华煤矿瓦斯爆炸事故、6 月 22 日四川合江县特大沉船事故、6 月 30 日重庆垫江县爆炸事故的有关生产经营单位都是集体企业、私营企业或个体工商户。四是一些地区和部门对重大、特大事故的处理，态度不坚决，对有关责任人的查处失之于宽，失之于轻，未能严格按照“四不放过”（即事故原因没有查清不放过，事故责任者没有严肃处理不放过，广大职工没有受到教育不放过，防范措施没有落实不放过）的要求对事故进行处理。个别地区和部门甚至报喜不报忧，对重大、特大事故采取隐瞒不报或缓报等错误做法。如，6 月 11 日，贵州德江县一个体客渡船，因严重超载和无证驾驶发生沉没事故，造成 22 人死亡，19 人失踪，直至 7 月 6 日铜仁行署才向贵州省政府报告有关情况。五是一些企业不能严格执行国家有关安全生产的法律、法规，违章指挥、违章作业、违反劳动纪律的“三违”现象相当普遍。从盛华仁同志通报的事故看，绝大部分属于责任事故。如，“11・24”特大海难事故、“3・11”特大爆炸事故就是此类典型的例子。

因此，各地区、各部门和各单位一定要认清当前安全生产工作的严峻形势，看到问题的严重性、复杂性。要坚决贯彻江泽民总书记重要批示精神，查问题，找原因，从已经发生的重大、特大事故中汲取血的教训，坚决遏制住当前重大、特大事故上升的势头。

二、按照江泽民总书记“三个代表”重要思想的要求，切实提高对安全生产工作重要性、紧迫性的认识

安全生产工作关系到国家和人民生命财产安全，关系到人民群众的切身利益。我们做好安全生产工作，必须认真贯彻江泽民总书记“三个代表”的重要思想，把广大人民群众的利益放在首位。江泽民总书记和党中央、国务院领导同志多次强调，要高度重视安全生产工作，维护人民生命财产安全。去年 1 月 16

日，江泽民总书记得知宁夏银川发生锅炉房爆炸事故后作出指示，像锅炉这类压力容器，它的质量好坏，直接关系到国家财产和群众生命的安全，切不可稍有疏忽。人命关天的事，一定要慎之又慎，确保万无一失。“11·24”特大海难事故发生后，江泽民总书记打电话指示，要尽最大努力搜寻打捞遇难人员，把遇难的损失减少到最小，一定要妥善做好善后工作，对遇难者的家属工作要深入细致。人命关天，一定要引起大家高度重视。今年3月12日深夜，江泽民总书记得知“3·11”特大爆炸事故后当即批示：“这样的事故已发生多次了，我们也作过多次批示，但同类事故仍不断发生，令人十分痛心。我相信有关部门也一定已有规定，问题是没有得到认真落实。值得有关部门深思。这是一项系统工程，从安全生产规范到营业执照管理，从产品质量标准到防爆防火的安全教育，无一不值得我们很好总结教训。特别是家庭、学校、社会，要加强对少年儿童的安全教育，关心他们在各方面的成长，以体现我们党对广大人民群众的关心爱护。通过这件事，也要看到反腐败是很具体的，在社会主义市场经济的条件下，不能允许只要有钱赚，就可以危及人民的生命安全”。6月30日，江泽民总书记又对广东江门烟花厂特大爆炸事故作了重要批示：“今年3月江西萍乡爆竹厂发生的爆炸事故，我曾作过一段较长的批示，事隔只有三月，广东江门市又发生类似事故，中央三令五申，也有条例规定，为何屡教不止？人命关天，如何向老百姓交代。思之再三，是否要钱不要命。既有规定，为何有关部门置若罔闻。对责任人一定要严肃查处。对爆炸物的安全生产情况，有关部门应结合我3月份对萍乡爆炸案件的批示，认真检查贯彻落实情况，在7月底以前向中央、国务院作一报告”。江泽民总书记和党中央、国务院领导同志对安全生产工作的一系列重要批示，充分体现了对国家和人民生命财产高度负责的精神，同时，也非常明确地指出了安全生产工作绝非简单的经济问题，而是一个十分严肃的政治问题。人命关天，如何向老百姓交代，这是各级政府、各个部门以及各个基层单位领导必须时刻牢记在心头的一件大事，不能有半点马虎。一定要把是否重视安全生产工作，是否重视人民生命财产安全，作为衡量领导干部党性强不强，工作是否称职的一个重要标志。

安全生产工作关系到改革开放、经济的健康发展和社会的稳定。哪个地方事故频发，那个地方的经济发展就会受到影响，人心就不稳定。没有安全生产，也就没有经济效益，盛华仁同志刚刚通报的重大、特大事故，损失少则上百万元、多则上千万元，对出事故的单位和当地的经济都造成了重大负面影响。每一次重大事故的发生，都会引发许多复杂的社会问题，如果处理不当，还会酿成严重的社会动荡，影响社会的稳定。

安全生产工作还关系到党和政府在人民群众中的形象。党和政府的宗旨是全心全意为人民服务，如果我们对人命关天的事不负责任，麻木不仁，置若罔闻，怎么能得到人民群众的拥护？怎么能在群众中树立起党和政府的威望？

近一时期以来屡屡发生的重大、特大事故，严重程度和带来的后果触目惊心，给国家和人民生命财产造成了重大损失，在社会上造成了极其恶劣的影响。各级党委和政府主要领导必须引起高度重视，深刻反思，切实提高对安全生产工作重要性、紧迫性的认识。各地区、各部门、各单位主要负责同志，要从讲政治、促发展、保稳定的大局出发，正确处理好安全与生产、安全与效益、安全与发展的关系，把安全生产工作真正摆上重要议事日程切实抓好。

三、采取有效措施，坚决遏制重特大事故的发生

（一）认真深入地开展一次全国性的安全生产大检查

去冬今春和今年二季度，在全国已经开展了两次安全生产大检查，鉴于当前安全生产的严峻形势，国务院决定立即再开展一次全国性的安全生产大检查。各地区、各部门的主要负责人要亲自挂帅、亲自部署、组织好这次大检查工作，分管领导要对分管地区和行业的检查效果负责。大检查绝不能留任何死角，绝不能一查了之。

所有单位，经过检查不符合安全生产规定和要求的，要限期整顿，在规定期限内没有进行整改或整改后仍达不到要求的，要坚决停止生产、经营，直至吊销有关证照；对于不符合安全生产规定的小工厂、小矿山、个体工商户及不符合安全、消防等规定的各类公共娱乐场所，要坚决予以关闭或吊销营业执照；对不符

合安全、消防等规定的加油站，特别是个体、私营加油站要认真整顿，经整顿合格的方准经营，并实行严格的代销制度；生产、经营易燃易爆及有毒有害、放射性等危险物品的单位或场所，经检查不合格的一律停止生产、经营，特别是存放易燃易爆、有毒有害和放射性等危险物品的单位或场所，要设专人严加看守，确保不出问题；对车船的生产、营运单位，要重点从车辆制造、改装、载重量核准、路上查禁、港口验放、船上系固等多方面进行检查，对车辆“三超”问题要进行综合查处和治理，对不符合运营安全规定和要求的要坚决予以停运，直至吊销执照。在节假日期间，广大群众特别是中小学生活动集中的公共场所和娱乐场所，要加强安全监控并制定应急措施，确保人身安全。要坚持边检查、边整改、边查处、边关闭的原则，能整改的立即整改、该处罚的立即处罚、该关闭的立即关闭。

通过检查和清理整顿，要坚决关闭一批不符合安全、消防等规定的公共娱乐场所；取缔一批不符合运输安全要求的个体车船运营组织；结合产业结构调整，坚决关闭和淘汰一批不符合安全生产条件的小烟花爆竹厂、小打火机厂、小炼油厂、小化工厂、小煤矿等，使这次大检查真正达到查清事故隐患，落实整改措施的目的。

（二）从严从速查处重大特大事故和违纪违法行为

要采取有力措施，坚决纠正一些地区、部门和单位对党中央、国务院关于安全生产工作的指示屡教不止、置若罔闻的现象。坚决纠正过去对重大、特大事故的处理失之于轻、失之于宽的倾向。对已经发生的重大、特大事故要在抓紧查清事故原因的基础上，依法从严查处有关责任人。对发生重大、特大事故的地区、部门、单位，不仅要追究事故直接责任者的责任，还要追究领导者和管理者的责任，该处分的处分，该撤职的撤职，该法办的法办，绝不姑息迁就。对有关监督执法部门的人员因玩忽职守、失职渎职和徇私舞弊而引发事故的，也要从严查处，直至依法追究刑事责任，特别是对以权谋私的执法人员，要从严从重处罚。对于使用童工者，要进行严厉处罚，特别是对致使少年儿童伤亡的单位和个体工商户，更要依法从重处罚。同时，要尽快建立健全重大、特大事故责任追究制度，把安全生产业绩与干部考核结合起来，形成有效的安全生产制约机制。对检查不到位，整改不得力而发生或造成重大、特大事故的，要依法从重处理。国务院将组织工作组，对一些重点地区、重点行业进行督查，发现问题将视情节轻重给予批评直至处分。只有这样，才有可能使各级政府和有关部门真正从已经发生的重大、特大事故中吸取教训，把安全生产工作摆上重要议事日程，把安全生产责任制落到实处。

（三）进一步完善安全生产管理体制，切实落实安全生产责任制

安全生产工作涉及方方面面，量大面广，国家经贸委等有关部门要建立健全安全生产监督管理机构，充实安全生产监察力量。各地在机构改革中，安全生产监督管理工作只能加强，不能削弱。各省（自治区、直辖市）的安全生产委员会要予以保留，并使之更好地发挥统一组织、领导安全生产工作的作用。地方各级人民政府和国务院有关部门都要进一步落实安全生产责任制，各司其职，各负其责，加强对安全生产的监督检查和日常管理。

各单位要强化安全生产管理工作，建立和完善各项安全生产规章制度，严格实行各个环节的岗位责任制，充分依靠和调动广大职工的积极性，坚持预防为主，落实安全措施，确保安全生产。

（四）进一步加强安全生产的宣传教育

要采取多种形式，广泛深入地开展安全宣传教育。根据新形势下伤亡事故的特点，特别要加强对集体、私营、“三来一补”企业和个体工商户的安全生产和法制的宣传教育，加强对农民工和外来工、中小学生的安全教育。有关部门要加强对重点行业、重点岗位和特殊工种从业人员的培训，实行严格的执业资格制度和上岗制度。各单位要采取生动活泼、灵活多样的方式，加强对职工的安全教育，提高职工的安全意识和自我保护意识。各级宣传部门和新闻单位要根据不同时期安全生产工作的重点，大力宣传安全生产工作中的先进典型，并发挥舆论监督作用，对重大、特大事故及时曝光。要在全社会形成人人关心安全，事事注意安全的良好氛围。

各地区、各部门要把落实江泽民总书记 6 月 30 日重要批示和国务院办公厅紧急通知的安排意见、工作部署和存在的主要问题等有关情况，于7月底以前报国务院办公厅；把检查、整顿、整改和建立安全生产责任制的情况和结果，于9月底以前上报国务院。

同志们，安全生产是一项长期而又艰巨的工作，必须标本兼治，常抓不懈。当前，我国经济和社会发展形势很好。我们要在以江泽民同志为核心的党中央领导下，以对国家、对人民高度负责的精神，把安全生产工作做深、做细、做实，确保人民生命财产安全，促进经济和社会更好地发展。

第三部分

国务院有关部门有关安全生产的文件和部门领导人关于安全生产工作的讲话

1. 国家计委　国家经委　国家劳动总局重申切实贯彻执行《国务院关于加强企业生产中安全工作的几项规定》等劳动保护法规的通知

〔1979〕劳总护字24号

1979年5月24日

今年以来，安全生产的情况虽然稍有好转，但是，重大伤亡事故依然严重，尘毒危害继续发展，应当引起高度重视。

一九六三年国务院发布的《关于加强企业生产中安全工作的几项规定》和一九五六年国务院发布的《工厂安全卫生规程》《建筑安装工程安全技术规程》《工人职员伤亡事故报告规程》，是多年生产实践的总结，经验证明是行之有效的。国务院领导同志最近指示，要重申这些规定，继续贯彻这些规定。现将这些规定重新印发，请各地区、各部门、各单位，按照规程和规定的要求，从领导到职工建立严格的安全生产责任制，建立和健全各项安全生产规章制度，充实安全机构，加强监督检查，加强劳动保护科学研究工作，有计划地改善劳动条件，采取有效措施，杜绝一切可以避免的事故，防止和减少尘毒危害，以保障职工的安全和健康，促进生产，为加速社会主义现代化建设作出贡献。

各单位发生伤亡事故和职业病，一定要按照“三不放过”，即找不出原因不放过，本人和群众受不到教育不放过，没有制定出防范措施不放过的要求，进行严肃处理。对于那些玩忽职守，不顾工人死活，强令工人违章和冒险作业，因而造成伤亡事故的领导人，一定要给予纪律处分，严重的应该依法惩办。对于有险情和尘毒严重危害的作业，劳动部门和卫生部门有权制止。新建企业的验收投产，应有劳动部门、卫生部门和工会组织参加。

2. 关于遏制煤矿重特大事故的紧急通知

国经贸传〔1998〕79号

各省、自治区、直辖市、计划单列市及新疆生产建设兵团经贸委（经委、计经委）、安全生产委员会、劳动（劳动人事）厅（局），国务院有关部门：

今年10月以来，全国煤矿企业安全生产形势十分严峻，重特大伤亡事故频繁发生。据统计，10月份全国煤矿共发生一次死亡10人以上事故6起、死亡157人，其中一次死亡30人以上的事故3起、死亡118人。上述6起事故的具体情况是：10月6日，湖南省郴州市北湖区鲁塘镇下鲁塘村白帝红煤矿发生透水事故，死亡12人；10月15日，黑龙江省鹤岗市乡镇企业局东兴煤矿发生瓦斯爆炸事故，死亡46人；10月16日，河南省平顶山市石龙区西区煤矿发生坠罐事故，死亡14人；10月18日，贵州省金沙县新化乡区办2号井发生瓦斯爆炸事故，死亡36人；10月25日，广西壮族自治区柳州地区合山市和忻城县交界处的黄以祥煤井和黄以平煤井井下相互贯通，发生透水事故，死亡36人；10月27日，黑龙江省鹤岗市交通局二运公司煤矿发生瓦斯爆炸事故，死亡13人。

造成事故的主要原因是：上述企业及企业所在地政府及有关部门贯彻《矿山安全法》不力，对煤矿安全生产工作重视不够，管理不善，安全生产责任制和其他各项安全管理制度及措施不落实。特别是黑龙江省鹤岗市在不到半个月的时间内连续发生2起特大事故，反映出该地区有关领导未能认真总结和吸取事故教训，并及时采取措施予以防范。为做好下一阶段煤矿安全生产工作，防止发生特大恶性事故，确保今年经济发展目标的顺利实现，创造安定的社会氛围，现就有关问题通知如下：

一、对当前严峻的煤矿安全生产形势必须引起高度重视，要进一步加强对本地区煤矿安全生产工作的领导和监督管理，明确和落实各级安全生产责任制。

二、要坚决关闭无证开采的小煤矿，对有证但不具备基本安全生产条件的小煤矿，要下决心停产整顿，对限期仍未达到要求的要予以关闭。

三、要认真调查并严肃处理已发生的重特大事故，对不吸取事故教训，疏于安全管理，连续发生重特大事故的企业及其主管部门的领导，要追究其责任并严肃处理。

四、各级经贸委（经委、计经委）和劳动部门要加强与有关部门的协作和配合，加大对煤矿安全生产工作的监督检查和重特大事故的查处力度，做到执法必严、违法必究。要督促煤矿企业及其主管部门按照国家有关矿山安全法律、法规和安全规程的要求，切实做好煤矿安全生产工作，坚决遏制重特大事故的发生。

国家经济贸易委员会

一九九八年十月二十八日

3. 关于近期煤矿重大特大事故的紧急通报

国经贸传〔1998〕89号

各省、自治区、直辖市及计划单列市人民政府，新疆生产建设兵团：

进入四季度以来，全国煤矿企业重特大事故频频发生，对此，朱镕基总理12月15日作出重要批示："整顿煤炭行业刻不容缓，最近连续发生煤矿死亡事故，经贸委应集中通报全国，引起警觉"。现根据朱镕基总理的批示，就近期煤矿重特大事故通报如下：

从10月1日到12月17日，在两个半月的时间里已连续发生一次死亡10人以上的重特大事故20起，死亡504人。其中：10月15日黑龙江省鹤岗市东兴煤矿发生瓦斯爆炸事故，死亡46人；10月18日贵州省金沙县新化乡二号煤井发生瓦斯爆炸事故，死亡40人；10月25日广西合山市和忻城县交界处两个互相贯通的小煤矿发生透水事故，死亡35人；11月21日山西省临汾市河底乡三交村西沟煤矿发生瓦斯爆炸事故，死亡47人；11月23日陕西省咸阳市旬邑县留石村煤矿发生瓦斯爆炸事故，死亡46人；11月29日云南省来宾煤矿发生瓦斯爆炸事故，死亡42人；12月12日一天内连续发生两起煤矿重特大事故，即河南省平顶山市宝丰县大营镇一矿发生瓦斯爆炸，死亡66人；浙江省长广集团公司六矿发生瓦斯爆炸事故，死亡32人。

这些事故给国家和人民生命财产造成了重大损失，严重影响了社会稳定。造成事故的主要原因：一是一些地区、部门和煤矿企业贯彻《矿山安全法》《煤炭法》和《矿产资源法》等有关法律法规不力，低水平重复建设，小煤矿盲目发展，非法生产、乱采滥挖的现象屡禁不止；二是入冬以来，一些小煤矿乘用煤量增加之机，在不具备基本安全生产条件的情况下，只顾赚钱，不顾职工死活，违章指挥，冒险蛮干；三是有些地区和部门的领导放松了对安全生产工作的管理，有些煤矿在企业改革、改组过程中，安全投入不足，安全管理滑坡；四是有些地区和部门对发生的事故查处不力，使事故责任者没有得到认真严肃的处理，事故的防范措施得不到落实，致使重特大事故重复发生。

为坚决遏制煤矿重特大事故的发生，国家经济贸易委员会和国家煤炭工业局要求做到：

一、坚决贯彻落实朱镕基总理的重要批示，严格执行国务院《关于关闭非法和布局不合理煤矿的通知》。凡没有采矿许可证和煤炭生产许可证（以下简称“两证”）以及1997年1月1日后在国有煤矿矿区范围内开办的各类小煤矿，一律依法取缔；1997年1月1日前，在国有煤矿矿区范围内开办的各类小煤矿，凡“两证”不全的，一律予以关闭；国有煤矿矿区范围以外的各类小煤矿凡“两证”不全的，要全部停产整顿，经过整顿，凡达不到基本安全生产条件的，也一律予以关闭。

二、国有重点煤矿下放后，各省（区、市）人民政府及其有关部门的责任更加严重了，对国有煤矿的安全生产管理工作只能加强，不能削弱。所有煤矿企业在改革、改组过程中都要做到安全第一的思想不变，企业法定代表人作为安全生产第一责任人的责任不变，行之有效的安全规章制度不变，从严强化安全管理工作的力度不变，安全生产重奖重罚的原则不变，充分依靠工会和广大职工搞好安全生产工作的做法不变。

三、各级经贸委、各级矿山安全监察部门和各级煤炭行业主管部门等要密切配合，立即组织力量，加强煤炭行业整顿，并开展一次以“一通三防”为主的煤矿安全生产大检查。

四、对已发生的重特大事故要严肃查处，对事故的主要责任人必须绳之以法，对疏于安全管理造成重特大事故以及发生事故隐瞒不报的有关领导要严肃处理。

五、各地区和有关部门及企业都要从煤矿近期发生的重特大事故中认真吸取教训，根据国家经贸委《关于做好今冬明春安全生产工作的通知》(国经贸安全〔1998〕773号）精神，立即行动起来，以搞好安全生产的实际行动迎接建国五十周年。

国家经济贸易委员会

一九九八年十二月十八日

4. 国家经贸委安全科技进步奖评奖暂行办法

国家经济贸易委员会令第5号

现将《国家经贸委安全科技进步奖评奖暂行办法》予以公布，自一九九九年一月一日起施行。

国家经济贸易委员会主任　盛华仁

一九九八年十二月三十日

国家经贸委安全科技进步奖评奖暂行办法

第一章　总　　则

第一条　为奖励在安全科学技术进步工作中做出较大贡献的集体和个人，促进安全科学技术事业的发展，根据《中华人民共和国科学技术进步奖励条例》，制定本办法。

第二条　本办法所称安全科技进步奖（以下简称安全科技奖）是指国家经贸委颁发的涉及安全生产工作的部委级科技进步奖。

第三条　安全科技奖的奖励范围包括：

（一）在安全科学技术理论研究中产生重要影响，对安全科学技术领域学科体系的建立和发展有突出贡献的成果。

（二）应用于社会主义现代化建设的新的安全科技成果（包括新产品、新技术、新工艺、新材料、新设计等)。

(三) 在推广、应用已有的重大安全科学技术成果工作中，做出创造性贡献并取得重大经济效益或社会效益。

(四) 在重大工程建设、重大设备研制和企业技术改造及技术创新中，采用新的安全科学技术，做出创造性贡献并取得重大经济效益或社会效益。

(五) 在引进、消化、吸收、开发、应用国外先进的安全科学技术中，做出创造性贡献并取得了重大经济效益或社会效益。

(六) 在为社会公益服务的安全科学技术基础工作中，做出创造性贡献并取得了特别显著的成果。

(七) 为安全生产决策科学化与安全管理现代化而进行创造性研究并取得显著效果的软科学成果。

第四条　国家经贸委安全生产局负责安全科技奖的评奖组织工作。国家经贸委委托中国劳动保护科学技术学会承担具体评审工作。

第五条　安全科技奖评审委员会负责安全科技奖的审定、公告和争议处理等工作。

安全科技奖评审委员会委员由国家经贸委聘任。委员应当具有相关专业高级技术职称，并在安全科技领域有较深的造诣。

安全科技奖评审委员会每届任期 4 年。

第六条　安全科技奖每两年评审一次。

第二章　奖励标准和办法

第七条　安全科技奖按科学技术水平和技术难度、经济效益和社会效益、推动科技进步的作用 3 个条件进行综合评定。

第八条　安全科技奖分为一等奖、二等奖、三等奖 3 个等级。

一等奖项目应达到或接近同类项目的国际先进水平，技术难度大，推动科技进步的作用很大，并取得重大的经济效益或社会效益；

二等奖项目应具有本系统同类项目的国内先进水平，技术难度大，推动科技进步的作用显著，并取得很大的经济效益或社会效益；

三等奖项目应具有本系统同类项目的先进水平，技术难度较大，推动科技进步的作用较大，并取得较大的经济效益或社会效益。

第九条　获得安全科技奖的项目，由国家经贸委授予证书和奖状。

一等奖的奖金数额为8000元，二等奖的奖金数额为4000元。一等奖和二等奖的奖金由国家经贸委颁发；三等奖的奖金由获奖单位自行安排颁发。

第十条　获得一、二等奖的项目，由国家经贸委择优推荐申报国家级科学技术进步奖。

第十一条　安全科技奖获奖情况应当记入成果完成人档案，作为考核、晋升、评审专业技术职称的重要依据。

第三章　申报项目的主要完成人和主要完成单位

第十二条　申报项目的主要完成人是指对该项目的完成做出突出贡献的主要人员。具备下列条件之一的，可以作为申报项目的主要完成人：

（一）提出和确定总体方案设计。

（二）在研制过程中直接参与并对关键技术和疑难问题的解决做出重要贡献。

（三）直接参与并解决在投产、应用或推广过程中的技术难点。

第十三条　领导干部参加了课题研究，并具备第十二条规定的条件的，可以作为该项目的主要完成人之一参加申报奖励，但应当在申报书内对其所做的技术贡献附说明材料，并由申报单位出具证明，本人签字。

第十四条　申报项目的主要完成单位是指在项目的研制、投产、应用或推广等工作中提供技术、经费和设备条件，并对该项目的完成起到重要作用的基层单位。

第十五条　各申报项目的主要完成人和主要完成单位的限额为：一等奖10人、5单位；二等奖7人、5单位；三等奖5人、3单位。

第四章　申 报 和 评 审

第十六条　申请安全科技奖的项目，应当按照原国家科委发布的《科学技术成果鉴定办法》，经有关科技成果管理部门进行成果鉴定后方可申报评奖。

已获得省（部委）级以上奖励的项目不得申报安全科技奖。

第十七条 申报安全科技奖应当按下列程序进行：

（一）承担项目的集体或个人按行政隶属关系逐级上报至各省、自治区、直辖市和计划单列市有关部门或国务院有关部门的科技管理部门（以下简称推荐部门）。

（二）推荐部门负责审查和汇总申报项目，并对申报项目及奖励等级提出推荐意见。

推荐部门对各项目应准备推荐书一式 5 份、有关附件一式 4 份。

（三）推荐部门审查并备齐有关材料后，送中国劳动保护科学技术学会。

第十八条 项目申报须使用《国家经贸委安全科技进步奖推荐书》。

由两个以上单位共同完成的项目，应当按贡献大小顺序排列，由第一完成单位填写申报书。

第十九条 申报安全科技奖应当交纳项目评审费，用于补充评审活动经费，该经费实行专款专用。申报项目无论是否获奖均不退还评审费。

第二十条 安全科技奖评审工作应当按下列程序进行：

（一）预审：中国劳动保护科学技术学会审查申报项目是否符合本办法第三条规定；推荐书是否符合要求，附件是否齐全；主要完成单位和主要完成人是否符合本办法第三章规定。

中国劳动保护科学技术学会对申报成果的实质性内容有疑问的，应与申报部门协商处理；对重大问题有疑问的，可以组织调查。

（二）初审：主审员在评审会前提出项目的书面评审意见；评审委员评审申报项目；专业评审组评委表决通过项目初评结论并报综合评审会议。

专业评审组在推荐书中填写审定或推荐意见以及建议奖励等级时应当说明理由，并由组长签字。

（三）综合评审：召开由各专业评审组组长参加的综合评审会议，对各专业评审组提出的获奖成果进行综合审议，确定三等奖和不授奖及缓评或转评项目的名单，协调各专业评审组推荐的二等奖以上项目名单，并将审议结果提交安全科技奖评审委员会终评会议审定。

（四）终审：召开须有三分之二以上评审委员到会的终审工作会议，由主审员对所审项目提交书面评审意见，并向终审会议报告；被推荐为一、二等奖项目的主要完成人进行答辩；对获奖项目进行核准、审批。

第二十一条　接触申报项目文件的单位和个人，对项目内容负保密责任。

第五章　公告和争议处理

第二十二条　经安全科技奖评审委员会审定的获奖项目应当于审定之日起1个月内予以公告。

项目争议受理期为自公告之日起两个月。如无异议，即行授奖。

第二十三条　对安全科技奖获奖项目发生争议的，应当按下列程序处理：

（一）对获奖项目有争议的，应以书面形式将申诉理由、有争议的项目名称、获奖等级、主要完成单位和主要完成人以及申诉人姓名、工作单位、联系地址和电话等报安全科技奖评审委员会。需要保密的，应当同时在函中注明。

（二）安全科技奖评审委员会接到争议函件后，应及时将争议意见通知获奖单位和申报单位；获奖单位和申报单位应在1个月内提出答复意见；如在限期内未答复，视为放弃获奖资格。

与争议问题有关的任何一方，均需如实提供有关争议的旁证和补充材料。安全科技奖评审委员会依此进行审议和裁决，并将处理结果答复有关各方，同时报国家经贸委安全生产局备案。

（三）涉及项目主要完成单位、主要完成人或名次争议的，应在获奖项目公告后两个月内，由申报部门负责处理，并将结果报安全科技奖评审委员会审核备案。

第二十四条　发现获奖项目属于弄虚作假或剽窃他人成果的，可向申报部门提出，由申报部门负责调查核实。证据确凿的，报送国家经贸委安全生产局，提出处理意见，经安全科技奖评审委员会批准后撤销奖励，追回荣誉证书和奖状，由颁发奖金的单位追回奖金，并按情节轻重和有关规定给予批评或向有关单位提出处分建议。

5. 关于加强爆炸物品运输安全管理意见的报告

国经贸安全〔1999〕300号

石秀诗副秘书长并报吴邦国副总理：

遵示，我们就加强雷管、导火索运输管理问题，会同公安部、国防科工委进行了认真研究。现将有关情况和意见报告如下：

一、关于爆炸物品运输管理工作的现状

关于爆炸物品运输的安全管理问题，国务院及有关部门过去已制定了一系列管理法规、标准和安全规程，主要包括《民用爆炸物品管理条例》(国务院1984年1月6日发布)、《道路运输危险货物车辆标志》(GB 13392)、《道路危险货物运输管理规定》(交通部交运发〔1993〕1382号）等，这些规章、规定对保证爆炸物品运输的安全起到了一定作用。但是，1998年“12·16”爆炸事故的发生却反映出目前在爆炸物品运输管理方面还存在一些问题，主要表现为：

（一）一些规定亟待修改，特别是1984年发布的《民用爆炸物品管理条例》中的许多规定已不适应现行管理体制及当前市场经济发展的需要。

（二）一些企业不能严格执行有关法规，在爆炸物品运输中存在不少违反规定的现象。“12·16”事故就是由于运输过程中违规混装爆炸物品，运输车辆不按规定悬挂危险信号标志，驾驶员不按规定培训和持证上岗等问题造成的。

（三）有关部门对爆炸物品运输的管理监督不到位，致使承运爆炸物品的单位未严格遵守有关规定而留下了事故隐患。

（四）运输爆炸物品的车辆难以保证安全运输的需要，且由于没有强制性规

定，大多数承运单位还未采用具有防火、防静电、防盗等性能的专用封闭式运输车辆。

二、关于加强爆炸物品运输安全管理的意见

我委拟与公安部和国防科工委联合下发一个通知，重申严格按照有关规定加强爆炸物品运输安全管理，对爆炸物品运输的审批程序、运输工具、货物装卸、押运及公路运输时的车速等方面提出具体要求：

（一）进一步提高认识，建立健全并落实安全管理责任制。各级安全生产综合管理部门、公安机关和行业主管部门要继续贯彻落实江泽民总书记等中央领导同志对安全生产工作的重要指示精神，提高认识，增强维护国家和人民群众生命财产安全的使命感和责任感，依法督促企业建立健全爆炸物品运输的各项安全管理制度，落实防范措施与管理责任，确保爆炸物品运输安全。

（二）严格按照有关规定办理运输爆炸物品的手续。收货单位要严格遵守爆炸物品运输管理的有关规定，依法向公安机关申请办理《爆炸物品运输证》。承运单位必须查验《爆炸物品运输证》，按照有关规定凭证办理运输；严禁为无证单位承运爆炸物品；对无证单位办理爆炸物品托运手续的，要及时报告公安机关。

（三）加强押运和运输工具的管理。运输爆炸物品，托运单位应当由持有公安机关核发押运员证的押运员押运，押运员要尽职尽责，依法押运。运输爆炸物品的车、船必须符合国家有关运输规则的安全要求，并悬挂危险品标志和标志灯，严禁将性质相抵触的爆炸物品混装在同一车厢或船舱内。公路运输必须限速行驶，并应当使用具有防火、防静电、防盗等性能的专用封闭式运输车辆，杜绝或减少运输过程中爆炸物品的被盗和遗失现象。

（四）加强爆炸物品安全运输的监督管理。生产、储存、销售、运输和使用爆炸物品的企业，必须牢固树立安全第一的观念，遵守行业的各项规章制度，建立健全爆炸物品安全管理制度、安全技术操作规程和安全岗位责任制，尤其要建立健全企业法定代表人的安全管理责任制。各级安全生产综合管理部门、公安机

关和行业主管部门要做到有法必依、执法必严、违法必究，切实加强对爆炸物品运输管理的组织领导，进一步健全内部管理制度，加大对企业的监督检查力度，狠抓运输管理责任的落实。对责任不落实造成爆炸物品被盗、遗失或发生爆炸事故的，要依法严肃处理。

此外，针对目前有关法规存在的问题，有关部门将尽快开展民用爆炸物品安全管理有关法规的修改工作，以适应当前形势的需要。

特此报告。

国家经济贸易委员会

一九九九年四月十六日

6. 关于“大舜”轮打捞工作的报告

国经贸安全〔2000〕329号

国务院：

根据党中央、国务院领导同志的指示精神，为了做好“11·24”特大海难事故的善后和调查处理工作，“大舜”轮的打捞准备工作已全部就绪并于4月12日全面展开。现将有关情况报告如下：

一、沉船打捞工作的准备情况

沉船打捞任务由交通部烟台救捞局、上海救捞局承担。根据专家论证会确定并得到国务院领导同志原则同意的打捞方案是：在原地对“大舜”轮两层汽车舱分别填充泡沫粒子和气囊，以增加内浮力和扳正力，然后用1艘2500吨和1艘800吨浮吊船将沉船在原地扳正。扳正后，用4对800吨打捞浮筒进行整体抬浮，再拖航至青岛北海船厂进行清理。因气象、海况等因素影响，预计5月底、6月初完成打捞工作。

山东省委、省政府十分重视这次打捞工作，李春亭省长4月11日到烟台现场指挥。为了协调处理在沉船打捞过程中可能出现的各种问题，山东省政府成立了由常务副省长韩寓群为组长，副省长林廷生、省长助理臧海强等同志为副组长的“大舜”轮沉船打捞工作协调领导小组。林廷生同志等已于4月7日到烟台市现场办公。国家经贸委安全生产局局长闪淳昌于4月9日赶到打捞工作现场。到目前为止，领导小组下设的打捞组、尸体遗物证件处理组、车货赔付组、现场保卫组、接待组和善后组已经做到组织落实、工作方案落实、物资条件落实。打捞船只和打捞队伍已集中待命，打捞遗体的工具和装运车辆、器具已全部准备就绪，负责尸体鉴定、辨认、拍照工作的法医已经到位。对海难事故中损失的61

辆车和车载货物在进行详尽的调查核实的基础上，已建立了核赔档案。烟台市政府从 100 多个单位中抽调人员准备对可能到烟台的遇难者亲属及车货主做好工作，并落实了陪同责任制，打捞现场的通讯、电力、交通等各项准备工作已全部就绪。总的看，对这次沉船打捞工作，山东省委、省政府和交通部高度重视，领导有力，组织周密，准备充分。

二、沉船打捞过程中可能出现的问题和有关对策

“11·24”特大海难事故在国内外影响较大，沉船打捞可能会再次引起遇难者家属、新闻媒体和社会各界的关注，产生新的不稳定因素。为了善始善终地做好工作，我们将继续贯彻落实党中央、国务院的有关指示精神，讲政治，讲大局，保持政策连续性，从难从严做好准备，团结一致，确保社会稳定。

（一）关于遇难者人身伤亡的赔偿问题。国务院“11·24”海难事故调查处理领导小组原来确定的赔偿政策和《赔偿协议书》，是根据有关法规并按照适当从优的原则确定的，是“作为对遇难者家属所有索赔的全部和最终解决”，280 名遇难者家属都已签订协议。在今后工作中要做到：坚持政策不变，赔付标准不变，耐心、周到、细致做好善后工作的态度不变。

（二）关于沉船打捞过程中发现的遗体处理问题。目前，还有 32 具遗体下落不明。由于沉船已历时 4 个多月，遗体可能已严重腐烂，无法辨认，考虑到原赔偿协议中已对打捞不到遗体的遇难者亲属提高了补偿金（即由 66500 元提高到 70500 元），且亲属已签字同意不再追索遗体。同时，为了不再给遇难者家属造成新的痛苦，并防止疫病传播，在遗体处理上拟采取及时就地火化的原则，一般不再让遇难者家属到烟台辨认；极少数能够确认身份的遗体，在如实告知其家属遗体状况的基础上，可同意 2 名家属到烟台处理遗体就地火化事宜，如其家属表示不来，火化后的骨灰按家属的意见处理。

（三）关于车货的赔偿问题。根据核查，61 辆车辆和货物共损失 1411 万元人民币，其中车辆损失 656.6 万元，货物损失 754.9 万元。依据《中华人民共和国海商法》第 210 条和有关规定，“大舜”轮应赔偿财产损失最高限额为

866145.5特别提款权（按“11·24”海难发生日外汇牌价计算，折合人民币9862288元），赔偿系数为0.7。不论公车、私车还是其车载货物，赔偿标准统一按车货实际损失的70%赔偿。考虑到个体车货主的实际承受能力较差，如当事人接到通知后于3日内签订赔付协议的，可增加10%的赔偿款。与此同时，凡签订了赔偿协议的，一律不得再追索车货残骸，并由山东省按有关规定对其集中妥善处理。在赔偿中本着以下原则：先易后难，分块处理；先山东省，后外省（区）；先小额，后大额；分散进行，逐个解决。车货赔偿工作一律在烟台就地办理。

（四）关于新闻报道问题。总的精神是从严控制，统一口径，不炒作，不渲染，只帮忙，不添乱。有关新闻报道的具体问题，已请中宣部予以支持。

（五）关于沉船打捞过程中可能出现的污染问题。在沉船打捞过程中，难免出现船存燃油、润滑油和污油外溢，污染周边海域。为此，山东省、交通部已请有关专家研究确定了防治污染的方案，组织了专业人员，随时对打捞现场的环境进行监视监测，发现污染立即整治，尽最大努力减少污染。烟台市政府已派工作组进驻可能受污染影响的6个沿岸村庄，耐心解释，化解矛盾，维护稳定。

三、确保打捞工作人员的安全

交通部及其烟台、上海救捞局已抽调了得力干部，组织了足够的技术力量和设备、设施，制定了周密方案。山东省、烟台市负责现场保卫工作的公安干警、武警战士和边防、渔政海监部门的执法船只已进入现场。我们一定认真贯彻落实党中央、国务院召开的加强安全生产、防范安全事故电视电话会议精神，精心组织，保证打捞工作安全顺利进行。

虽然“大舜”轮的打捞工作比较复杂、敏感，但我们决心在党中央、国务院的正确领导下，在山东省委、省政府和交通部的共同努力下，团结一致，做好工作，让党中央、国务院放心。为积极稳妥地做好沉船打捞的善后工作，我们将致函辽宁、吉林、黑龙江、江苏、安徽、湖北、四川、广东、江西、内蒙古、河南、浙江等有关省、自治区政府，请他们一并掌握有关情况，配合做好相关处理工作。

专此报告。

国务院“11·24”特大海难事故调查处理领导小组

（国家经济贸易委员会代章）

二〇〇〇年四月十八日

7. 印发《关于加强煤矿安全监察法制建设的意见》的通知

煤安政法字〔2000〕12号

各煤矿安全监察局，有关省、自治区、直辖市煤炭管理部门，有关煤炭企事业单位、社团组织：

为贯彻落实《国务院关于全面推进依法行政的决定》，加强煤矿安全监察法制建设，依法实施煤矿安全监察和行政执法，实现煤矿安全状况的根本好转，国家煤矿安全监察局提出了《关于加强煤矿安全监察法制建设的意见》，现印发给你们，请认真贯彻执行。

国家煤矿安全监察局

二〇〇〇年七月六日

关于加强煤矿安全监察法制建设的意见

为贯彻落实《国务院关于全面推进依法行政的决定》、加强煤矿安全监察法制建设，依法实施煤矿安全监察和行政执法，实现煤矿安全状况的根本好转，促进煤炭工业的健康发展，提出如下意见。

一、提高对加强煤矿安全监察法制建设重大意义的认识

加强煤矿安全监察法制建设，是建立和完善煤矿安全监察体制和做好行政执法工作的基础和保证。因此，必须充分认识加强煤矿安全监察法制建设的重大

意义。

第一，加强煤矿安全监察法制建设，是贯彻落实依法治国基本方略的迫切要求。党的十五大提出，依法治国，是党领导人民治理国家的基本方略。我国宪法修正案规定："中华人民共和国实行依法治国，建设社会主义法治国家。"煤矿安全监察法制建设是社会主义法制建设的重要组成部分。煤矿安全监察是一项严肃的行政执法工作，煤矿安全监察工作必须依法进行、依法行政。只有加强法制建设，做到有法可依，有法必依，执法必严，违法必究，才能完成党和国家赋予我们的历史重任。

第二，加强煤矿安全监察法制建设，是把煤矿安全监察工作纳入法制轨道，做好煤矿安全监察和行政执法工作的有力保证。只有充分运用法律手段，将煤矿安全监察和行政执法活动法律化、制度化，才能有效实施监察，促进各级人民政府、各煤矿企业重视和加强煤矿安全管理，实现煤矿安全状况的根本好转。

第三，加强煤矿安全监察法制建设，是扭转煤矿事故严重、安全状况不好的重要举措：要减少事故，降低人员伤亡，根本改善安全状况，必须通过加快立法，建章立制，加强监察，严格执法等手段，依法规范煤矿企业开办、建设和生产过程中的安全工作，依法整顿、关闭不具备安全生产条件的煤矿，对煤矿安全违法行为实施行政处罚。

第四，加强煤矿安全监察法制建设，是规范煤矿安全监察和行政执法工作，建立高素质执法队伍的迫切需要。各级煤矿安全监察机构负责煤矿安全监察的行政执法工作。行政执法是煤矿安全监察机构的主要任务。依法监察和秉公执法是实施煤矿安全监察工作的根本点，是各级煤矿安全监察机构和煤矿安全监察员必须遵循的基本原则。只有建立法律约束机制，才能防止和惩治违法行政、越权行政、徇私枉法等行政违法行为，廉洁自律，公正执法，树立良好的执法形象。

二、抓紧煤矿安全监察立法工作，逐步建立健全煤矿安全监察法规体系

国家目前尚无专门的煤矿安全监察法律、法规。因此，抓紧组织制定煤矿安全监察法规、规章是当务之急。各级领导要高度重视立法工作，集中力量，精心

组织，在保证立法质量的前提下加快立法进度，逐步建立有中国特色的煤矿安全监察法规体系。

目前，国家正在组织起草《中华人民共和国煤矿安全监察条例》。煤矿安全监察立法工作要以此为契机，一是研究制定煤矿安全监察立法规划，重点抓好《煤矿安全监察条例》的起草工作，同时组织制定一批急需的配套规章。立法工作要做到“三落实”，即起草单位落实、起草人员落实、起草进度落实。二是适时修订有关法律、行政法规。同时抓紧修订煤矿安全规程、安全技术标准等技术规范。三是对内容过时的有关法规提出废止意见，按照立法权限和程序予以废止。

国家煤矿安全监察局将组织制定与《煤矿安全监察条例》配套的规章，形成上下有序、内容齐全、相互衔接的法规体系。与《煤矿安全监察条例》配套的规章主要是：

1. 国家煤矿安全监察局法规工作规定；

2. 煤矿安全监察员管理办法；

3. 煤矿企业负责人和煤矿特种作业人员安全资格认证规定；

4. 煤矿专用设备、材料、仪器仪表安全认证规定；

5. 煤炭工业安全标准管理规定；

6. 煤矿工程安全设施设计审查和竣工验收管理规定；

7. 煤矿职业危害防治管理办法；

8. 煤矿事故统计分析管理办法；

9. 煤矿安全信息管理办法；

10. 煤矿救护管理办法；

11. 煤矿事故调查处理规定；

12. 煤矿安全行政处罚办法；

13. 煤矿安全行政复议规定；

14. 煤矿安全监察法律文书管理办法。

各省级煤矿安全监察局也要结合本地区煤矿安全监察和行政执法的实际，加强地方煤矿安全立法工作。要坚持法制统一原则，有关煤矿安全的地方性法规、政府规章不得与法律、行政法规抵触。一是要对本地区现行的煤矿安全相关立法进行研究清理。凡是与中央立法不一致、与新的煤矿安全监察管理体制不一致的，要提出制定、修订和废止的意见或建议，按照权限和程序申请列入所在省、自治区、直辖市人大常委会或省级人民政府立法计划。二是要按照立法计划，落实起草单位、人员，保证按时完成立法任务。三是要根据国务院和国家煤矿安全监察局的有关法规，结合本地实际，抓紧组织制定与其衔接的、具体的、操作性强的实施细则或办法。

三、抓好煤矿安全监察法制宣传教育，增强法制观念和法制意识

进行煤矿安全监察和行政执法，必须具有高度的法律意识和法制观念。

煤矿安全监察体制正在健全和完善，部分煤矿安全监察人员的法制观念和法律水平不适应煤矿安全监察和行政执法的要求。煤矿安全监察机构及其工作人员必须率先学法、懂法、守法，增强法制观念和法律意识。各级煤矿安全监察机构要制定法制宣传教育计划，以江总书记“三个代表”的重要思想为指针，广泛深入地进行一次社会主义法制的再学习、再教育，增强依法行政的紧迫感、责任感和使命感。要通过各种宣传媒体，采用多种形式，分期分批地组织学习有关煤矿安全的法律、法规和规章。

法制宣传教育要坚持集中学习与经常学习相结合。要重点学习《中华人民共和国宪法》《矿山安全法》《煤炭法》《矿产资源法》和《煤炭生产许可证管理办法》《乡镇煤矿管理条例》等相关法律、法规。要熟悉、掌握有关法律、法规中关于煤矿安全的主要法律规定，提高认识，转变观念，从根本上转变不适应依法治国、依法监察的传统观念、工作习惯和工作方法，牢固树立依法监察、依法处理问题和依法处罚的法制观念。

一是牢固树立依法办事观念。煤矿安全监察人员必须在法律和法规规定的范围内思考问题、安排工作，时刻不忘行政执法机关的法定职责。

二是牢固树立依法监察观念。安全监察工作必须纳入法制轨道，严格依照法

律、法规的规定履行职责。任何单位和个人，都不能曲解、规避法律，不能以言代法、以官代法，不能凌驾于法律之上。凡是违法监察、违法行政的，必须承担法律责任。

三是牢固树立依法执法观念。煤矿安全监察机构和煤矿安全监察人员享有较大的行政处罚权，可以依法追究违法者的行政责任、民事责任、经济责任。在实施行政处罚的时候，必须牢记以事实为根据、以法律为准绳的法制原则，秉公执法，不徇私情，不谋私利，正确地行使权力，遵纪守法，并接受上级机关、煤矿企业和群众的监督。

四、加强法制工作机构与执法队伍建设

建设精干有力的法制工作机构和高素质的执法队伍，是完成煤矿安全监察和行政执法工作任务的组织保证。法制工作机构是煤矿安全监察机构的法制综合职能部门，担负着立法、执法监督、行政复议、法制宣传教育、法律咨询服务等法制工作任务，是各级领导的参谋和助手，各级领导要高度重视法制工作机构建设，使法制机构设置与工作职能相适应，并根据工作需要选配必要的法制工作人员。

要严格按照国家煤矿安全监察局颁发的《煤矿安全监察干部管理暂行办法》的规定，将年富力强、懂法律、懂业务的优秀干部，充实到安全监察和法制机构，建立一支政治强、业务精、作风正的煤矿安全监察和行政执法队伍。

煤矿安全监察机构的法制工作机构和执法人员要加强自身建设，廉洁自律，发扬煤炭行业特别能战斗的光荣传统，克服困难，恪尽职守，创造性地开展工作，做学法用法和守法执法的模范，为加强煤矿安全监察法制建设开拓前进。

五、加强行政执法，提高煤矿安全监察行政执法水平

加大安全监察和行政执法力度，依法制裁煤矿安全违法行为，是煤矿安全监察法制建设的重要内容。煤矿安全监察行政执法工作统一由各级煤矿安全监察机构负责，由其统一行使《矿山安全法》和《煤炭法》及其配套行政法规、有关

地方性法规规定的关于煤矿安全监察和实施行政处罚的法定权力。

在新的煤矿安全监察法规出台之前，各级煤矿安全监察机构要严格依照国家现行有关法律、法规的授权，敢于执法，善于执法，全面准确地抓好行政执法工作。要抓住典型案例，大张旗鼓地查处煤矿安全违法行为，依法实施行政处罚。要抓好煤矿安全监察和行政执法的试点工作，注意总结经验，研究带有倾向性的、普遍性的法律问题，采取相应的对策和措施。

行政执法是一项严肃的、强制性的行政管理活动，必须坚持公正、公平、公开的原则。各级煤矿安全监察机构和煤矿安全监察人员要严格依照《行政处罚法》《行政复议法》《行政诉讼法》《国家赔偿法》和有关煤矿安全的法律、法规规定的职责权限、程序从事行政执法活动，严禁违法行政、执法违法、滥用职权、越权处罚、徇私枉法，坚决消除执法中的消极腐败现象。对执法违法者，要依法查处。

要强化行政执法监督。各级煤矿安全监察机构要建立行政执法责任制，分解执法职权和执法责任，做到垂直领导，分级负责，权责一致，奖惩分明。要强化上级煤矿安全监察机构对下级煤矿安全监察机构、煤矿安全监察机构对煤矿安全监察人员的监督，及时发现和纠正违法的或者不当的行政行为。要进行定期或不定期的执法检查，重点查处煤矿安全监察和行政执法工作中的行政违法行为。要切实做好行政复议工作，有错必纠。要逐步建立和完善行政执法评议考核制，将行政执法监督制度化。

六、加强对法制工作的领导

加强煤矿安全监察法制建设是一项长期而艰巨的任务，是煤矿安全监察和行政执法工作的重中之重。

加强煤矿安全监察法制建设的关键在领导。是否重视法制工作，是检验各级领导干部的法制观念和工作实绩的重要标准。领导干部特别是主要领导干部要提高对法制建设的认识，重视法制建设。

各单位主要领导干部是本单位法制工作的第一责任者。各单位要立足长远，着手当前，突出重点，兼顾全面，统筹考虑和安排法制工作。各级煤矿安全监察机构的主要领导必须以身作则，增强自身的法制观念和法律意识，进而推动法制工作。要克服轻视法制工作的倾向。法制建设不能摆花架子，不能走过场。主要领导干部要全面抓，分管领导要具体抓，把法制工作列入重要工作议程。要切实从思想上、组织上和工作上把法制建设摆到应有位置，并加强领导，真抓实干，开创煤矿安全监察法制建设的新局面。

8. 关于发布煤矿矿山救护工作暂行规定的通知

煤安安监字〔2000〕17号

各煤矿安全监察局，有关省、自治区、直辖市煤炭管理部门，中国煤炭工业进出口集团公司、中煤建设集团公司、神华集团公司、北京矿务局、伊敏煤电公司，新疆生产建设兵团工业局：

根据国务院办公厅国办发〔1999〕104号文件的规定和有关法规要求，为适应煤矿安全监察体制的改革，加强煤矿矿山救护工作，现对煤矿矿山救护工作提出如下暂行规定：

一、国家煤矿安全监察局及其直属机构负责组织、指导和协调全国煤矿矿山救护队及应急救援工作。未设立煤矿安全监察局的省、自治区、直辖市的煤矿矿山救护及应急救援工作由各省级人民政府指定的负责煤矿安全监察工作的部门负责。

二、国家煤矿安全监察局负责煤矿矿山救护队有关法律、法规、规程、规范的制定，对煤矿企业矿山救护工作进行业务监察。

三、煤矿发生特大灾害，本企业、本地区救护能力不足时，可以跨地区、跨省区组织应急救援。省、自治区、直辖市内跨地区的应急救援，由省级煤矿安全监察部门负责协调；跨省区的应急救援由国家煤矿安全监察局组织协调。有关矿山救护队伍接到通知后必须立即出动进行救援。

四、全国所有煤矿必须有矿山救护队为其服务。矿务局（公司）应设立矿山救护大队。

五、没有矿山救护队的煤矿，要在地方政府主管部门的统一协调下，与就近的救护队签订救灾协议，救护队为煤矿提供事故抢救和技术服务。没有矿山救护队又不签订救灾协议的煤矿不准生产。

六、加强对矿山救护队的管理和领导。矿山救护队的布局必须保证矿山救护队对服务矿井的辐射范围，矿山救护队距服务矿井不应超过10千米。

七、必须保证每个救护小队编制不少于9人。执行灾区作业及侦察时不得少于6人。

八、加强救护队仪器装备的管理。必须对装备定期进行检查维护，保证救护队个人装备，仪器的完好，严禁使用不合格的仪器作业。

九、为外单位服务或借出仪器，必须经救护队上级主管部门同意。禁止调用矿山救护进行与救护工作无关的工作。严禁救护队私自出动进行救护服务。

十、矿山救护队要实行准军事化管理。矿山救护队员实行服役合同制。救护队员正式入队前必须按规定签订服役合同。

十一、矿山救护队要统一着装，所有值班上岗矿山救护指战员必须统一着专职消防人员服装。

十二、在进行矿井安全技术工作和抢救事故时，严禁违章指挥、违章救护。救护队员对违章指挥有权拒绝执行。

十三、矿山救护队要坚持“加强战备，严格训练，主动预防，积极抢救”的原则。定期进行高温浓烟训练，救护中队每月至少进行一次单项演习训练，救护大队每年必须召集各中队进行一次综合性演习。辅助救护队每季至少组织一次演习训练。

十四、矿山救护队主管部门必须保证矿山救护工作的正常经费，按《煤矿救护规程》要求配齐矿山救护队所需技术装备，并确保矿山救护仪器、装备和矿山救护车辆的完好。对由于资金不足不能及时维修、更换仪器、装备，造成救护队员伤亡事故的，要追究主管部门的责任。

十五、加强对救护队指战员的技术业务及实战能力的培训，提高业务素质和战斗力。

十六、矿山救护队在执行任务中如发生伤亡事故，必须逐级进行报告，并在

24 小时内将简要情况报到国家煤矿安全监察局安全监察司，一个月内将事故资料正式报国家煤矿安全监察局安全监察司备案。对在抢险救灾中因公殉职的救护指战员，根据具体情况按有关规定向当地政府申请追认烈士。

国家煤矿安全监察局

二〇〇〇年八月十一日

9. 危险化学品登记注册管理规定

国家经济贸易委员会令第19号

现将《危险化学品登记注册管理规定》予以公布，自2000年10月1日起施行。

国家经济贸易委员会主任　盛华仁

二〇〇〇年九月十一日

危险化学品登记注册管理规定

第一条　为加强危险化学品的安全管理，有效预防和控制危险化学品造成的危害，根据《化学危险物品安全管理条例》，制定本规定。

第二条　本规定适用于中华人民共和国境内生产危险化学品的企事业单位和其他经济组织（以下简称单位）。

第三条　本规定所称危险化学品，是指GB 13690—1992《常用危险化学品的分类及标志》规定的分类标准中的爆炸品、压缩气体和液化气体、易燃液体、易燃固体、自燃物品和遇湿易燃物品、氧化剂和有机过氧化物、有毒品和腐蚀品等的单质、化合物或混合物，以及有资料表明其危害的化学品。

第四条　国家经济贸易委员会（以下简称国家经贸委）负责全国危险化学品登记注册的监督管理工作。

各省、自治区、直辖市经贸委（经委）负责本辖区内危险化学品登记注册的监督管理工作。

第五条　国家经贸委委托国家化学品登记注册中心承担危险化学品登记注册

方面的技术管理工作，包括危险化学品的鉴别与分类，公布登记注册目录，建立信息网络，技术咨询服务，指导各省、自治区、直辖市经贸委（经委）委托的危险化学品登记注册管理机构的业务工作。

第六条 危险化学品登记注册的主要内容包括：产品标识、理化特性、燃爆特性、消防措施、稳定性、反应活性、健康危害、急救措施、操作处置、防护措施、泄漏应急处理等以及企业基本情况。

第七条 申请登记注册的单位应当根据国家有关法规、GB 16483—2000《化学品安全技术说明书编写规定》和 GB 15258—1999《化学品安全标签编写规定》(以下简称“一书一签”)，填写《危险化学品登记注册申请表》，向本地区危险化学品登记注册管理机构办理注册登记手续。

第八条 生产危险化学品的单位按照本规定登记注册，在领取《危险化学品登记注册证书》(以下简称《证书》)后，方可从事危险化学品的生产经营活动。没有取得《证书》和没有提供“一书一签”的产品，生产单位不得销售。

第九条 《证书》每 5 年复核一次。复核内容为：单位危险化学品生产的变更情况，“一书一签”的更新情况。

第十条 生产危险化学品的单位，在生产规模和产品理化特性发生重大变化时，应当在 3 个月之内重新登记。

终止生产危险化学品的单位，应当在终止生产后的 3 个月之内办理撤销登记注册的手续。

第十一条 单位生产危险化学品，若涉及商业秘密时，经各地经贸委（经委）委托的危险化学品登记注册管理机构审核批准后，可以不填写化学名称，但应当列出该种危险化学品的主要危害及防护和应急救援等措施。

第十二条 登记注册活动费用，遵循不营利的原则从申请登记注册的单位收取。具体收费办法由各地经贸委会同地方物价主管部门另行制定。

第十三条 凡违反本规定，有下列情形之一的，安全生产监督管理部门有权责令其改正，并根据情节处 3 万元以下罚款。

（一）未按规定进行危险化学品登记注册的；

（二）未向用户提供“一书一签”的；

（三）转让、出租、伪造登记注册证书或标签编号的。

第十四条　对未取得《证书》和不具备安全生产基本条件的单位，安全生产监督管理部门可以提请当地人民政府责令其停产、停业整顿。对造成重大事故，触犯刑律的责任者，依法追究其刑事责任。

第十五条　对危险化学品登记注册，弄虚作假、违规操作、滥发证书的有关责任者，依据《化学危险物品安全管理条例》追究相应责任。

10. 尾矿库安全管理规定

国家经济贸易委员会令第 20 号

现将《尾矿库安全管理规定》予以公布，自 2000 年 12 月 1 日起施行。

国家经济贸易委员会主任　盛华仁

二〇〇〇年十一月六日

尾矿库安全管理规定

第一章　总　　则

第一条　为了加强尾矿库的安全管理，保障人民生命财产安全，根据《中华人民共和国矿山安全法》制定本规定。

第二条　本规定适用于安全生产监督管理部门和设有尾矿库的企业。

第三条　尾矿库的建设与管理必须贯彻“安全第一，预防为主”的方针。

第四条　尾矿库的勘察、设计、安全预评价、施工及施工监理等工作必须由具有相应资质条件的单位和中介技术服务机构承担。

第五条　企业职工对一切损害尾矿设施安全的行为有权监督、检举和制止；当发现事故隐患或违反操作规程的现象时，除及时向主管领导汇报外，有权向安全生产监督管理部门报告。

第六条　各级安全生产监督管理部门和有关部门应当支持和鼓励尾矿库安全科学技术研究，依靠科学技术进步，促进尾矿库安全生产；开展尾矿库安全教育，提高安全生产意识和安全作业技能。

第七条　对尾矿库安全作出贡献，成绩显著的单位和个人，安全生产监督管理部门和企业给予表彰和奖励。

第二章　尾矿库安全管理

第一节　尾矿库管理

第八条　企业经营管理者是尾矿库安全生产第一责任人，应在规定管辖的范围内指定或设立相应的机构负责实施本规定中对尾矿库安全所规定的各项要求，组织制定适合本单位实际情况的规章制度，配备与实际工作需要相适应的专业技术人员或有实际工作能力的人员负责尾矿库的安全管理工作，保证必需的安全生产资金。

第九条　企业尾矿设施安全管理部门的主要职责：

（一）贯彻执行国家有关尾矿库安全生产的方针、政策、法规及技术规范；

（二）编制尾矿库安全工作年度计划和长远规划并组织实施；

（三）编制尾矿库安全生产各项规章制度并检查执行情况；

（四）编制各种灾害应急预案并组织演练；

（五）负责技术资料的收集、分析、保存和整理工作；

（六）按有关规定审批和报批尾矿库设计、建设施工和检测项目；

（七）组织落实尾矿库安全隐患治理工作；

（八）负责尾矿库抢险和工程救护，发现重大事故隐患和险情要及时向有关安全生产监督管理部门报告，紧急情况下，应报请当地人民政府及有关部门给予协助；

（九）组织尾矿库安全管理人员的培训工作。

第十条　尾矿车间、工段或班组主要职责：

（一）认真贯彻上级下达的各项指令和任务；

（二）建立健全尾矿设施安全管理工作制度；

（三）编制年、季作业计划和详细运行图表，统筹安排和实施尾矿输送、分级、筑坝和排洪的管理工作；

（四）日常巡检和观测，发现不安全因素时，应立即采取应急措施并及时向上级报告；

（五）对尾矿设施的安全检查和监测作出及时、全面的记录。

第十一条 企业必须严格按照设计文件的要求和有关技术规范，做好尾矿浓缩分级、放矿筑坝、回水排水、防汛度汛、抗震等安全检查和监测工作。

第十二条 未经技术论证和安全生产监督管理部门的批准，任何单位和个人不得随意变更下述涉及尾矿库安全的事宜：

（一）筑坝方式；

（二）坝型、坝外坡坡比和最终坝轴线的位置；

（三）坝体防渗、排渗及反滤层的设置；

（四）排洪系统的型式、布置及尺寸；

（五）设计以外的尾矿、废料或废水进库等。

第十三条 企业必须经常巡视库周山体，发现滑坡及异常现象要及时处理。

第十四条 未经技术论证和批准，任何单位和个人不得在库区从事采矿作业。严禁在库区爆破、滥挖尾矿和炸鱼等危害尾矿库安全的活动。

第十五条 尾矿库使用到设计最终坝高的1/2～2/3高度时，应对尾矿堆积坝进行工程地质勘察和稳定性分析。

第十六条 尾矿库使用到最终设计高程前2～3年，应进行闭库设计，当需要扩建或新建尾矿库接续生产时，应根据建设周期提前制定扩建或新建尾矿库的规划设计工作，确保新老库使用的衔接。

第十七条 尾矿库闭库设计和施工方案应符合国家有关法律、法规和技术规范，并须报省级以上安全生产监督管理部门审查。

尾矿库闭库设计和闭库施工方案，未经省级以上安全生产监督管理部门审查或审查不合格的，企业不得进行尾矿库闭库施工。

第十八条 尾矿库闭库工程结束后，必须报省级以上安全生产监督管理部门组织安全验收，验收合格后方可关闭尾矿库。

未经安全生产监督管理部门验收或验收不合格的，企业不得关闭尾矿库。

第十九条　闭库后的尾矿库安全管理工作由原企业负责，关闭破产企业闭库后的尾矿库，由当地政府落实负责管理的单位或企业。闭库后的尾矿库重新启用或改作他用时，必须经过可行性设计论证，并报安全生产监督管理部门审查批准。

第二十条　企业必须建立下列尾矿库管理档案：

（一）建设文件及有关原始资料；

（二）组织机构和规章制度建设；

（三）特种作业人员的安全技术培训和持证上岗情况；

（四）防洪抢险组织和防洪物资的准备情况；

（五）尾矿库抗洪抢险措施；

（六）尾矿库各构筑物运行指标和实测数据；

（七）事故隐患的整改情况。

第二节　尾矿排放与筑坝

第二十一条　尾矿坝滩顶高程必须满足生产、防汛、冬季冰下放矿和回水的要求。

第二十二条　尾矿筑坝必须有足够的安全超高、沉积干滩长度和下游坝面坡度。

第二十三条　每一期筑坝冲填作业之前，必须进行岸坡处理。岸坡处理应做隐蔽工程记录，如遇泉眼、水井、地道或洞穴等，要采取有效措施进行处理，经主管技术人员检查合格后方可冲填筑坝。

第二十四条　上游式尾矿筑坝法，应于坝前均匀分散放矿，修子坝或移动放矿管时除外，不得任意从库后或库侧放矿。同时满足以下要求：

（一）粗颗粒尾矿沉积于坝前，细颗粒排至库内，在沉积滩范围内不允许有大面积矿泥沉积；

（二）沉积滩顶应均匀平整；

（三）沉积滩坡度及长度等应符合设计的要求；

（四）严禁矿浆沿子坝内坡趾横向流动冲刷坝体；

（五）放矿矿浆不得冲刷坝坡；

（六）放矿应有专人管理。

第二十五条　坝体较长时应采用分段交替放矿作业，使坝体均匀上升，应避免滩面出现侧坡、扇形坡或细颗粒尾矿大量集中沉积于一端或一侧。

第二十六条　放矿口的间距、位置、同时开放的数量、放矿时间以及水力旋流器使用台数、移动周期与距离，应按设计要求或作业计划进行操作。分散放矿支管、导流槽伸入库内的长度和距滩面的高度应符合设计要求。

第二十七条　为保护初期坝的反滤层免受尾矿水冲刷，应采用多管小流量的放矿方式，以利尽快形成滩面，并采用导流槽或软管将矿浆引至远离坝顶处排放。

第二十八条　冰冻期、事故期或由某种原因确需长期集中放矿时，不得出现影响后续堆积坝体稳定的不利因素。

第二十九条　岩溶发育地区的尾矿库，应加强周边放矿，以加速形成防渗层，减少渗漏和落水洞事故。

第三十条　每期子坝堆筑完毕，应进行质量检查，检查记录需经主管技术人员签字后存档备查。主要检查内容：

（一）子坝剖面尺寸、长度、轴线位置及边坡坡比；

（二）新筑子坝的坝顶及内坡趾滩面高程、库内水面高程；

（三）尾矿筑坝质量。

第三十一条　尾矿滩面及下游坝坡面上不得有积水坑。

第三十二条　坝外坡面维护工作可视具体情况选用以下措施：

（一）坝面修筑人字沟或网状排水沟；

（二）坡面植草或灌木类植物；

（三）采用碎石、废石或山坡土覆盖坝坡。

第三节　尾矿库水位控制与防汛

第三十三条　控制尾矿库水位应遵循的原则：

（一）在满足回水水质和水量要求前提下，尽量降低库水位；

（二）当回水与坝体安全对滩长和超高的要求有矛盾时，应确保坝体安全；

（三）水边线应与坝轴线基本保持平行。

尾矿库实际情况与设计要求不符时，应在汛期前进行调洪演算。

第三十四条　汛期前应采取下列措施做好防汛工作：

（一）明确防汛安全生产责任制，建立值班、巡查和下游居民撤离方案等各项制度，组建防洪抢险队伍；

（二）疏浚库内截洪沟、坝面排水沟及下游排洪河（渠）道；详细检查排洪系统及坝体的安全情况，要根据实际条件确定排洪口底坎高程，将排洪口底坎以上1.5倍调洪高度内的堵板全部打开，清除排洪口前水面漂浮物，确保排洪设施畅通；库内设清晰醒目的水位观测标尺，标明正常运行水位和警戒水位；

（三）备足抗洪抢险所需物资，落实应急救援措施；

（四）及时了解和掌握汛期水情和气象预报情况，确保上坝道路、通讯、供电及照明线路可靠和畅通。

第三十五条　排除库内蓄水或大幅度降低库水位时，应注意控制流量，非紧急情况不宜骤降。

第三十六条　岩溶或裂隙发育地区的尾矿库，应控制库内水深，防止落水洞漏水事故：

第三十七条　未经技术论证，不得用常规子坝拦洪。

第三十八条　洪水过后应对坝体和排洪构筑物进行全面认真的检查与清理。发现问题应及时修复，同时，采取措施降低库水位，防止连续暴雨后发生垮坝事故。

第三十九条　不得在尾矿滩面或坝肩设置泄洪口。有地形条件的尾矿库，可设置非常排洪通道。

第四十条　尾矿库排水构筑物停用后的封堵，必须严格按设计要求施工，并确保施工质量。一般情况下，必须在井内井座顶部封堵或在隧洞支洞处封堵，严禁在排水井井筒上部封堵。

第四节　排渗设施管理与渗流控制

第四十一条　尾矿坝的排渗设施包括排渗棱体、排渗褥垫、排渗盲沟和各种排渗井等。在尾矿坝运行过程中如需增设或更新排渗设施，应经技术论证，并经企业安全管理部门的批准。

第四十二条　排渗设施属隐蔽工程，必须按设计要求精心选料、精心施工，详细填写隐蔽工程施工验收记录，并绘制竣工图，排渗设施的施工可参照《碾压式土石坝施工技术规范》执行。

第四十三条　坝肩、盲沟等应严格按设计要求施工，防止发生集中渗流。

第四十四条　尾矿库运行期间应加强观测，注意坝体浸润线出逸点的变化情况和分布状态，严格按设计要求控制。

第四十五条　当发现坝面局部隆起、塌陷、流土、管涌、渗水量增大或渗水变浑等异常情况时，应立即采取措施进行处理并加强观察，同时报告企业安全管理部门，情况严重的，应报当地安全生产监督部门。

第五节　尾矿库防震与抗震

第四十六条　处于地震区的尾矿库，应制订相应的防震和抗震的应急计划，内容包括：

（一）抢险组织与职责；

（二）尾矿库防震和抗震措施；

（三）防震和抗震的物资保障；

（四）尾矿坝下游居民的防震应急避险预案；

（五）震前值班、巡坝制度等。

第四十七条　尾矿库原设计抗震标准低于现行标准时，必须进行加固处理。

第四十八条　严格控制库水位，确保抗震设计要求的安全滩长满足地震条件下坝体稳定的要求。

第四十九条　上游建有尾矿库、排土场、水库等工程设施的，应了解上游所建设施的稳定情况，必要时应采取防范措施。

第五十条　地震后，必须对尾矿库进行巡查和检测，及时修复和加固破坏部分，确保尾矿库运行安全。

第三章　尾矿库安全检查

第一节　尾矿库防洪安全检查

第五十一条　尾矿库防洪安全检查内容包括：设计防洪标准、尾矿沉积滩的干滩长度和尾矿坝的安全超高等。

第五十二条　检查设计采用的防洪标准是否符合现行尾矿设施设计规范的要求。当设计采用的防洪标准高于或等于现行设计规范的要求时，可按原设计的洪水参数进行检查；当设计采用的防洪标准低于现行设计规范的要求时，应重新进行洪水计算及调洪演算。

第五十三条　尾矿库水位标高的检测，其测量误差应小于20毫米。

第五十四条　尾矿库滩顶标高的检测，应沿坝（滩）顶方向布置测点进行实测，其测量误差应小于20毫米。

当滩顶一端高一端低时，应在低标高段选较低处检测1~3个点；当滩顶高低相间时，应选较低处不少于3个点；其他情况，每100米坝长选较低处检测1~2个点，但总数不少于3个点。

各测点中的最低点作为尾矿库滩顶标高。

第五十五条　尾矿库干滩长度的测定，视坝长及水边线弯曲情况，选干滩长度较短处布置1~3个断面。测量断面应垂直于坝轴线布置，在几个量测结果中，选最小者作为该尾矿库的沉积滩干滩长度。

第五十六条　检查尾矿库沉积干滩的平均坡度时，应视沉积干滩的平整情况，每100米坝长布置不少于1~3个断面。测量断面应垂直于坝轴线布置，测点应尽量在各变坡点处进行布置，且测点间距不大于10~20米（干滩长者取大值），测点高程测量误差应小于5毫米。尾矿库沉积干滩平均坡度，应按各测量断面的尾矿沉积干滩平均坡度加权平均计算。尾矿库沉积干滩平均坡度与设计平均坡度的偏差应不大于 10%。

第五十七条　根据检测的滩顶标高、库水位和计算出的沉积干滩平均坡度，检查尾矿库最高洪水位的最小干滩长度是否满足下列表中要求。

上游式尾矿坝的最小干滩长度

尾矿库等别	一	二	三	四	五
最小干滩长度（米）	150	100	70	50	40

下游式、中线式尾矿坝的最小干滩长度

尾矿库等别	一	二	三	四	五
最小干滩长度（米）	100	70	50	35	25

第五十八条　根据检测出的滩顶标高、库水位和计算沉积干滩平均坡度，检查尾矿库在最高洪水位时坝的安全超高是否满足下表要求。

尾矿库的等别

等别	全库容（万立方米）	坝高（米）
一	二等库具备提高等别条件者	
二	不小于 10000	不小于 100
三	不小于 1000、小于 10000	不小于 60、小于 100
四	不小于 100、小于 1000	不小于 30、小于 60
五	小于 100	小于 30

尾矿坝的最小安全超高

尾矿库等别	一	二	三	四	五
最小安全超高（米）	1.5	1.0	0.7	0.5	0.4

第二节　排水构筑物安全检查

第五十九条　排水构筑物安全检查主要内容：构筑物有无变形、移位、损毁、淤堵，排水能力是否满足要求等。

第六十条　排水井安全检查内容：井的内径、窗口尺寸及位置，井壁剥蚀、脱落、渗漏，最大裂缝开展宽度，井身倾斜度和变位，井、管联结部位，进水口水面漂浮物，停用井的封盖方法等。

排水井最大裂缝开展宽度应符合下表规定：

钢筋混凝土结构构件最大裂缝宽度的允许值

结构构件所处的条件			最大裂缝宽度（毫米）
水下结构	水质无侵蚀性	水力坡度*不大于20	0.3
		水力坡度大于20	0.2
	水质有侵蚀性	水力坡度不大于20	0.25
		水力坡度大于20	0.15
水位变动区	水质无侵蚀性	年冻融循环次数不大于50	0.25
		年冻融循环次数大于50	0.15
	水质有侵蚀性		0.15
水上结构			0.3

* 水力坡度为沿渗水路径的水头差与渗径距离之比。

第六十一条　排水斜槽检查内容：斜槽断面尺寸，槽身变形、损毁或坍塌，盖板放置、断裂，最大裂缝开展宽度，盖板之间以及盖板与槽壁之间的防漏填充物，漏砂，斜槽内淤堵等。

第六十二条　排水涵管检查内容：涵管断面尺寸，变形、破损、断裂和磨蚀，最大裂缝开展宽度，管间止水及填充物，涵管内淤堵等。

第六十三条　排水隧洞检查内容：隧洞断面尺寸，洞内塌方，衬砌变形、破损、断裂、剥落和磨蚀，最大裂缝的开展宽度，伸缩缝、止水及填充物，洞内淤堵等。

第六十四条　溢洪道检查内容：溢洪道断面尺寸，沿线山坡滑坡、塌方，护砌变形、破损、断裂和磨蚀，沟内淤堵，溢流口底部高程，消力池及消力坎等。

第六十五条　截洪沟断面检查内容：截洪沟断面尺寸，沿线山坡滑坡、塌方，护砌变形、破损、断裂和磨蚀，沟内物淤堵等。

第六十六条 截水沟检查内容：截水沟断面尺寸，截水沟沿线山坡稳定性，护砌变形、破损、断裂和磨蚀，沟内淤堵等。

第三节 尾矿坝安全检查

第六十七条 尾矿坝安全检查内容：坝的轮廓尺寸，变形、裂缝、滑坡和渗漏等。

第六十八条 检测坝的外坡坡比。每100米坝长不少于2处，应选在最大坝高断面或坝坡较陡断面。水平距离和标高的测量误差不大于10毫米；实测的坝外坡坡比不应陡于设计坡比减1。

第六十九条 检查坝体位移。要求坝的位移量变化应均衡，无突变现象，且应逐年减小。当位移量变化出现突变或有增大趋势时，应查明原因，妥善处理。

第七十条 检查坝体有无纵、横向裂缝。坝体出现裂缝时，应查明裂缝的长度、宽度、深度、走向、形态和成因，判定危害程度。

第七十一条 检查坝体滑坡。坝体出现滑坡时，应查明滑坡位置、范围和形态以及滑坡的动态趋势。

第七十二条 检测坝体浸润线的位置。应查明坝面浸润线出逸位置、范围和形态。

第七十三条 检查坝体渗漏。应查明有无渗漏出逸点，出逸点的位置、形态、流量及含沙量等。

第四节 尾矿库库区安全检查

第七十四条 尾矿库库区安全检查主要内容：周边山体稳定性，违章建筑、违章施工和违章民办采选活动等情况。

第七十五条 检查周边山体滑坡、塌方和泥石流等情况时，要详细观察周边山体有无异常和急变，并根据工程地质勘察报告，分析周边山体发生滑坡的可能性。

第七十六条 检查库区范围内危及尾矿库安全的主要内容：违章爆破、采石和建筑，违章取尾矿再选、取水，外来尾矿、废石、废水和废弃物排入，放牧和开垦等。

第四章　尾矿库安全评价与管理

第七十七条　尾矿库安全度分类，主要根据尾矿库的防洪能力和尾矿坝坝体的稳定性确定。安全度分为危库、险库、病库和正常库。

第七十八条　尾矿库有下列工况之一的为危库：

（一）尾矿坝的最小安全超高和尾矿库的最小干滩长度达不到设计规范的要求，不能确保坝体的安全；

（二）排水系统严重堵塞或坍塌，不能排水或排水能力急剧降低，排水井显著倾斜，有倒塌的迹象；

（三）坝体出现深层滑动迹象；

（四）其他危及尾矿库的情况。

第七十九条　尾矿库有下列工况之一的为险库：

（一）尾矿坝的最小安全超高和尾矿库的最小干滩长度达不到设计规范的要求，但平时对坝体的安全影响不大；

（二）排水系统部分堵塞或坍塌，排水能力有所降低，达不到设计要求；

（三）坝体出现浅层滑动迹象；

（四）坝体出现贯穿性的横向裂缝，且出现较大的管涌，水质浑浊挟带泥沙或坝体渗流在堆积坝坡有较大范围逸出，且出现流土变形；

（五）其他影响尾矿库安全运行的情况。

第八十条　尾矿库有下列工况之一的为病库：

（一）尾矿坝的最小安全超高和尾矿库的最小干滩长度达不到设计规范的要求；

（二）排水系统出现裂缝、变形、腐蚀或磨损，排水管接头漏砂；

（三）堆积坝的整体外坡坡比陡于设计规定值，或虽符合设计规定，但部分高程上的堆积坝边坡过陡，可能形成局部失稳；

（四）经验算，坝体稳定安全系数小于设计规范规定值；

（五）浸润线位置过高，渗透水自高位出逸，坝面出现沼泽化；

（六）坝体出现较多的局部纵向或横向裂缝；

（七）坝体出现小的管涌并挟带少量泥沙；

（八）堆积坝外坡冲蚀严重，形成较多或较大的冲沟；

（九）坝端无截水沟，山坡雨水冲刷坝肩；

（十）其他不正常现象。

第八十一条　同时满足下列工况的为正常库：

（一）尾矿坝的最小安全超高和尾矿库的最小干滩长度均符合设计要求；

（二）排水系统各构筑物符合设计要求，工况正常；

（三）尾矿坝的轮廓尺寸符合设计要求，稳定安全系数及坝体渗流控制满足要求，工况正常。

第八十二条　企业必须把尾矿库安全评价工作纳入安全管理工作计划，由有资质条件的中介技术服务机构每 5 年对尾矿库进行一次安全评价。尾矿库的安全评价报告必须报省级安全生产监督管理部门备案。

第八十三条　对于危库，企业必须停产抢险，并采取以下应急措施：

（一）立即降低库水位，确保坝的安全和满足汛期最小安全超高和最小干滩长度的要求，必要时，可按最小干滩长度为坝顶宽度，用渠槽法抢筑子坝，以形成所需的安全超高和干滩长度；

（二）疏通、加固或修复排水构筑物，必要时可另开挖临时排洪通道；

（三）处理滑坡，加固坝体。

第八十四条　对于险库，企业应采取以下措施在限定的时间前消除险情：

（一）降低库水位，确保满足汛期最小安全超高和最小干滩长度的要求；

（二）疏通、加固或修复排水构筑物；

（三）处理滑坡，加固坝体，消除管涌和流土。

第八十五条　对于病库，企业应采取以下措施尽快消除事故隐患：

（一）抓紧进行防洪治理工程，确保汛前彻底完成治理工程量；

（二）加固、修复排水构筑物；

（三）加固坝体或适当削坡，处理局部裂缝；

（四）实施降水措施降低浸润线，消除管涌和流土；

（五）修整坝坡，开挖坝肩截水沟。

第八十六条　企业对非正常级尾矿库的检查周期：

（一）对“危”级尾矿库每周不少于 1 次；

（二）对“险”级尾矿库每月不少于 1 次；

（三）对“病”级尾矿库每季不少于 1 次。

在暴雨和汛期期间，应根据实际情况对尾矿库增加检查次数。检查中如发现重大隐患，必须立即采取措施进行整改，并向安全生产监督部门报告。

第五章　尾矿库安全监督

第八十七条　安全生产监督部门主要职责：

（一）检查企业贯彻执行安全生产法律、法规的情况；

（二）监督检查企业尾矿库的安全状况；

（三）参加尾矿设施建设工程安全设施的设计审查和竣工验收；

（四）根据有关规定，审查和批复尾矿库设计、建设和闭库的报告；

（五）检查企业职工安全教育和培训工作情况；

（六）监督企业使用安全技术措施费用的情况；

（七）督促检查企业尾矿库隐患治理；

（八）参加并监督尾矿库事故的调查和处理；

（九）监督检查尾矿库设计审查、安全评价等中介技术服务机构的工作情况；

（十）其他事项。

第八十八条　尾矿库安全监督实施属地管理和分级监察相结合的原则。省级安全生产监督部门负责库容在 1000 万立方米以上尾矿库的安全监督检查；地（市）级安全生产监督管理部门负责库容在 100 万～1000 万立方米尾矿库的安全监督检查，县级安全生产监督管理部门负责库容在100万立方米以下尾矿库的安全监督检查。

第八十九条　国家经贸委负责尾矿库设计审查、安全评价等中介技术服务机构的资质审查及管理工作。

第九十条　安全生产监督部门对违反本规定的单位，应当责令改正，并根据情节轻重处以3万元以下的罚款。

第六章　附　　则

第九十一条　对于冶金、建材、化工等行业尾矿库等别的确定，应根据当时的全库容及坝顶高程水平面以下的库容和坝高分别按第五十七条尾矿库等别表确定。当两者的等差为一等时，以高者为准；当等差大于一等时，按高者降低一等。尾矿库一旦发生事故，将使下游重要城镇、工矿企业或铁路干线遭受严重灾害者，其等别可提高一等。

对于核工业等有特殊安全要求的行业，其尾矿库的等别按《铀水冶厂尾矿库安全设计规定》确定。

第九十二条　安全评价费用收费办法由各地经贸委会同地方物价部门另行制定。

第九十三条　本规定由国家经贸委负责解释。

11. 努力做好1981年的劳动保护工作

国家劳动总局副局长　章　萍

自1979年5月国家劳动总局召开全国劳动保护工作座谈会，提出把劳动保护工作重点转到“四化”建设上来，发展生产力必须保护生产力的方向以后，全国劳动保护工作取得了显著的进展。

1979年下半年进行了全国煤矿安全大检查和部分地区防尘防毒大检查，摸清了这两方面的基本情况。煤炭部根据安全欠账严重的问题，制定了安全调整规划，1980年用于安全措施的经费达9000多万元，超过了过去6年费用的总合。全国开展首次“安全月”活动和国务院对“渤2”沉船事故的处理，对劳动保护工作推动很大。过去很长的时间里，劳动保护工作只是劳动保护部门和安技部门的事，现在大不相同了，党政领导都重视抓劳动保护工作。“渤2”事故的处理说明了不关心工人安全健康的官僚主义者不管职位多高、权力多大，也要受到惩处。这次事故处理是劳动保护工作中的突变，是有历史意义的事。1980年全国伤亡事故在1979年的基础上又继续下降，1—9月因事故死亡人数比1979年同期下降7.9%，重伤下降6.6%。在伤亡事故中占有举足轻重地位的煤炭工业，事故下降幅度较大，1980年1—9月比1979年同期下降22.3%，其中统配煤矿下降27.3%。

在我们充分看到这些成绩的同时，也要看到安全生产情况虽有了好转，但还不是根本好转，伤亡事故虽有所下降，但下降幅度不够大。不仅如此，有些地区和产业部门事故上升幅度仍较大。1980年1—9月化工系统因事故死亡人数上升77.6%，有些地区上升幅度也很大。特别是不少产业和地区的职业病和职业中毒有日益加剧的趋势，不少企业劳动条件依然恶劣，不少管生产的领导人安全第一的思想还不牢固。面临这种情况，劳动保护工作的任务比过去更加艰巨。今后国民经济要调整改革，在这一新形势下，如何做好劳动保护工作，也需要做深入的调查研究，摸清情况，总结经验，提出措施和办法来。

1981 年劳动保护工作的主要奋斗目标是：继续与伤亡事故和职业病作斗争，使伤亡事故有较大幅度的下降，在今年的基础上争取再下降 15% 以上，要采取有效措施，制止职业病和职业中毒的发展。从已有的工作基础和当前的条件看，经过努力，这个奋斗目标是可以实现的。

为了实现上述目标，1981 年主要应该解决好下面几个问题。

一、贯彻党的安全生产方针，牢固地树立安全第一的思想。切实保证安全生产，不断改善劳动条件，是社会主义企业管理的基本原则之一。中央三令五申，一再强调，但有些领导同志口头上也这么说，实际上并不重视安全生产。现在人民生活中爆炸性问题不少，安全就是其中之一，必须高度重视，把它解决好。

长期实践经验证明，要贯彻安全生产方针，就应该牢固树立安全第一的思想，这和“生产必须安全”的提法是一致的。我们生产的目的是为了满足人民的需要，保证安全才能促进生产，这就要求我们牢固树立安全第一的思想。过去有些单位老是提一些过“左”的口号，什么“人有多大胆，矿有多大产”等，却很少提倡科学加干劲，这就是蛮干，是“左倾”的表现。工业交通基建系统“左倾”思想流毒很多，还需要进一步肃清。煤矿过春节不检修设备，要工人下井过革命化的春节，难道在家过春节就不革命吗？实际上是搞形式主义。工人说：双薪到手，饺子到口，过了三天，拔腿就走。前几年煤矿搞高产翻番，乱挖乱采，结果是采掘失调，事故上升。解放初期 1952 年，开滦煤矿一年因事故死亡 8 人，现在职工增加了一倍，事故却增加了 10 倍。有人说，事故多是因为设备落后，但难道说现在的设备还不如 1952 年吗？湖南张家岭煤矿 20 年无死亡事故，中梁山煤矿 18 年无瓦斯爆炸事故，同样都是老旧设备，这些单位的领导重视安全生产，管理好，就不发生事故。

检验一个经济管理部门的领导干部是否真正落实党的安全生产方针和树立安全第一思想，要看管生产的是否管安全，是不是把安全工作作为搞好生产的前提条件摆在了首位，当作头等大事来抓。安全工作是不是经常化制度化，是不是尽了最大努力计划地改善劳动条件，使企业在发展生产的同时实现安全生产和文明生产。劳动部门要监督企业及其主管部门把党的安全生产方针落到实处，继续认真贯彻中共中央（78）67号文件和国务院（79）100号文件以及关于“渤2”事故处理的决定，使劳动保护工作状况在1981年有更大的好转。

二、在调整中加强劳动保护工作，解决劳动保护措施欠账问题。过去长期以来，不论是新建扩建企业还是原有老企业，对劳动条件问题都注意不够，在安全生产方面欠账多，事故隐患严重。现在煤炭系统要消除事故隐患，化工、冶金系统和轻工系统的陶瓷、玻璃、塑料、制革等行业防治尘毒危害，二机系统解决井下氡气和热水高温问题，所需经费都很多。我国宪法规定，随着生产的发展要不断改善劳动条件，但实际上在国民经济计划中并没有体现。在改善劳动条件方面的大量欠账是个比例失调问题，因此在国民经济调整中，应该补还欠账。

劳动保护不是生活福利和一般性基本建设问题，它是生产的基本条件。劳动保护所需资金不能和生产基本建设费用一样大砍。决不应以压缩基本建设为借口而削减必要的劳动保护措施经费。在调整中，劳动保护措施只应加强，不应减弱；只应该上，不应该下；只应该进，不应该退。必须有计划有步骤地解决一些重大隐患，不然就会影响调整，破坏调整，“四化”建设就难以顺利进行。

《人民日报》1980年12月2日社论《全面实行和坚决贯彻调整方针》中指出：“企业事业单位的建设资金，主要用于建设职工宿舍，解决安全生产、环境保护、节约能源、提高质量等方面。”各地区和各部门要根据这个精神抓好改善劳动条件的工作，解决劳动保护措施经费问题。否则从技术上组织上加强劳动保护就只能是一句空话。我们决不能一方面说劳动保护重要，一方面又削减经费。一定要在调整中使企业恶劣的劳动条件有较大的改善，为劳动者创造一个符合安全健康的工作条件，以促进“四化”的发展。

三、抓紧劳动保护立法工作。建立一套完备的劳动保护法规，已是势在必行，迫在眉睫。不以规矩不能成方圆，劳动保护工作如果没有法规，就无所遵循，也就无法开展监督检查工作。过去中央和国务院颁布的劳动保护法规要认真贯彻执行。国家劳动总局等部门最近修订或拟定的《女工保护条例》和《矿山安全卫生法》已报国务院审定。1981 年国家劳动总局还准备起草《工厂安全卫生法》和工时条例、年休假条例。对有毒有害作业工人要缩短工时，也应立法。纺织企业实行四班三运转，八天内可休息两天，夜班也减少了，工人们非常高兴，说这是第二次解放。这一制度，有条件的企业应该推广。根据国家法令规定，各地区、各部门也应从本地区本部门实际情况出发，制定有关的劳动保护法规条例。

当前我国各种安全卫生标准也很不完备。已颁发的《防止矽尘危害管理办法》和《工业企业噪声卫生标准》两个试行草案还要进行修订。从 1981 年开始还需多搞一些安全卫生标准。例如木工平刨、冲压机床伤手事故很多，长春第一汽车制造厂建厂以来工人断的手指有 850 节。为了改变这种情况，必须制定相应的安全标准。现在各有关部门正在制定的有《安全色与安全标志》《高温作业等级标准》《繁重体力劳动等级标准》《安全帽标准》等 9 项，1981 年将制定的有安全电压、石油静电安全等 7 项标准，还有 28 项安全卫生标准项目建议各地区和有关部门列入工作计划，争取 1981 年把草案提出来。希望把这项工作也当作一件重要事情来抓。

四、建立安全监察制度。在加强民主与法制，扩大企业自主权的同时，必须相应加强安全监察制度。过去长期以来，有些同志怕被扣上管卡压的政治帽子，忌讳监督二字。建国三十年了连劳动保护监察制度都未建立，对实施安全生产妨碍极大。实践告诉我们，不搞监督检查工作是错误的，这个错误应该纠正。有红绿灯没有交通警不行。过去《三大规程》贯彻不下去，主要是没人监督检查。劳动保护立法是中心，但还要与严格的监督检查结合起来。现在国家劳动总局正着手建立矿山和工厂的安全监察制度。第一步先在矿山建立安全监察机构，计划配备安全监察员 4300 人。今后，在总结矿山安全监察实施经验的基础上，再建立工厂安全监察机构。国家劳动总局 1981 年 1 月正式成立矿山安全监察局，希望各省劳动局也要及早进行准备工作。

五、开展宣传教育。宣传教育工作是劳动保护管理工作的主要任务之一，即使有了较完备的劳动保护立法和严格的监督检查工作，宣传教育也应当放在首位。因为，劳动保护的重要性以及怎样防止伤亡事故和职业病，并不是所有人都熟知的。从伤亡事故原因分析看，许多事故是由于缺乏教育而造成的。近两年来，随着全党工作着重点的转移，各地区、各部门在劳动保护宣传教育方面虽然作了一些工作，但总的来说，这项工作还比较薄弱，没有受到应有的重视，没有发挥它应有的作用。1981 年必须大力加强宣传教育工作，充分利用报刊、书籍、电影、电视、广播、展览、挂图、图片、曲艺等多种形式，使劳动保护宣传教育社会化。宣传教育工作要抓住三个阵地：一是各市建立的劳动保护教育中心；二是各种劳动保护学校；三是企业办的劳动保护教育室。有了这些阵地，就可以有计划地训练干部和技术工人，组织劳动保护学术讨论，交流技术经验，举办展览和文艺活动等，就可以使劳动保护工作活跃起来。各地劳动部门凡有条件的都要积极筹办这三种宣传教育阵地，所需经费可以从地方更新改造资金中提取的劳动保护措施经费中解决。

六、严肃处理伤亡事故。事故处理要严肃，有法必依，执法必严，违法必究，在法律面前人人平等。过去在事故处理方面出现了一些与社会主义法制不相容的现象：一种是以言代法，不管出了什么大事故，只要领导人一句话就可以一笔勾销；另一种是以权乱法，有的领导人利用职权不准追究事故责任，设置种种障碍拖延事故处理。这些问题说明要严肃处理事故还有阻力。今后还需继续贯彻事故处理“三不放过”的原则。劳动部门要敢于坚持原则，对于那些不关心工人生命安全，造成严重事故的官僚主义者一定要严办。但也要防止惩办主义，能不处分的就不处分，能轻处分的不重处分，能少处分的不多处分，非处分不可的则来严肃处理。认真贯彻国务院 1980 年批转的关于在《工业交通企业加强法制教育严格依法处理伤亡事故的报告》，仍是今后一项艰巨的任务。

1981 年是调整国民经济的重要一年。我们一定要和全国劳动保护工作者一起，努力奋斗，做好工作，使我国整个生产安全和劳动保护状况得到巨大改善，保障“四化”建设健康发展。

（原载《劳动保护》1981 年第 1 期）

12. 树立安全第一思想

国家劳动总局副局长　章　萍

在社会主义建设时期，党提出安全生产方针，这是保证生产建设事业顺利发展的重要措施，也体现了社会主义制度的优越性。安全生产方针要求生产在安全条件下进行，生产必须安全。为了实现这一要求，就必须牢固地树立安全第一的思想。没有这个正确的指导思想，安全生产方针就不能贯彻落实。

我国在五十年代就曾提出过安全第一的口号。当时有人对这个口号提出了异议："安全第一，生产第几?"这么一来，安全第一便不再提了。除在有些行业，如煤炭、电力、航空、交通等有时提到这个口号以外，多数场合是禁用的。由于安全第一的指导思想不明确，当然也就不利于安全生产方针的贯彻执行。

其实，"安全第一，生产第几?"这个问法是不科学的。当产品质量普遍不高，提出质量第一时，那生产又第几呢？总不能说当前提出质量第一是错误的吧！实际上无论是安全第一，还是质量第一，都说的是在生产过程中必须解决的突出问题。没有生产活动就无所谓安全，也无所谓质量，生产是提出安全第一、质量第一的前提条件。生产和安全是两个不同的范畴。安全是生产的保证，强调安全第一，正是为了保证生产任务的完成。

那么，安全第一的思想包括哪些含义呢？安全第一的思想，就是要求在进行生产的时候把安全工作放在首位，作为头等大事来抓。有生产就有安全问题，就要解决这方面的问题，这就是说"生产必须安全"，不安全不能生产。过去有人对"生产必须安全"的提法也有不同意见，认为提"必须"太绝对了。正是由于认为生产不必须安全这种看法的影响，出现了许多在不安全的条件下冒险生产的做法，结果造成了大量事故，反而妨碍甚至破坏了生产。这样的教训是很多的。例如，过去几年有些煤矿生产不顾安全，不讲条件，盲目组织高产，违反客观规律，大搞产量翻番，不断发生许多重大事故，而且破坏了生产条件，造成大量事故隐患，给煤炭继续生产带来极大困难，这也是采掘比例失调的主要原因，需要较长期的调整才能纠正过来。近年来煤炭部领导吸取了以往的教训，明确提出安全第一，把安全工作作为生产的前提放在了首位，用了较多的经费解决安全方面的欠账，消除了不少隐患，严格贯彻规章制度，培训干部，加强安全生产责任制和监督检查，情况就大有好转，1980 年以来不但伤亡事故大幅度下降，生产也有所上升。实践证明，抓安全促进了生产，安全第一的思想是贯彻安全生产方针唯一正确的思想。

安全第一的思想不但各行各业普遍适用，而且长期适用。如果说质量第一在质量不高的情况下是正确的，而有一天当产品质量普遍提高以后，质量第一的口号就没有实际意义了。可是，安全第一的口号则不同，只要有生产，就不能改变；而且是生产越发展，产品质量越高，越要做好安全工作，越要保证职工的安全健康，就越要牢固地树立安全第一的思想。可以设想，即使人类社会发展到了生产劳动成为生活的第一需要时，安全第一的口号也是必须的。共产主义社会假若发生大量的工伤事故和职业病，那和生产劳动成为生活的第一需要如何能相容呢？

过去有人还经常提到一个问题：安全和生产有没有矛盾？树立了安全第一思想，做好了安全工作，就能促进生产，在这个意义上说安全和生产没有矛盾。若是生产不顾安全，冒险蛮干，就和安全有矛盾，矛盾的结果就是发生事故，在这个意义上说，不顾安全的生产和安全是有矛盾的。因此，当这种矛盾发生的时候，要强调安全，坚持不安全不生产，也就是把安全工作放在首位。可见，树立安全第一的思想，才能解决安全生产上存在的矛盾。

树立安全第一的思想，首先是各级主管生产的干部就要管安全，建立安全生产责任制，这是安全生产的组织保证；第二要形成人人管生产，人人管安全的群众性安全网；第三要使安全工作制度化、经常化。不这样做，安全第一就只是空的口号。

在当前国民经济进行调整时期，安全生产文明生产，解决各种事故隐患，避免一切可以避免的伤亡事故，是调整的主要内容之一。为了搞好调整，树立安全第一的思想非常重要，对此不应该再有什么疑虑了。

（原载《劳动保护》1981 年第 2 期）

13. 国家劳动总局副局长章萍在全国安全生产工作会议上的讲话

1981 年 6 月 20 日

经国务院批准，由国家经委、全国总工会和国家劳动总局联合召开的《全国安全生产工作会议》，今天正式开幕了。这次大会是在我国国民经济进一步调整时期召开的，也是我国劳动保护历史上规模比较大的一次会议，除国家经委、全国总工会、国家劳动总局三个系统和国务院有关部委局的主管安全生产的领导干部外，各地区、各部门还选拔了 101 个安全生产先进集体和先进个人出席了会议。我代表国家经委、全国总工会、国家劳动总局向来自各条战线上的安全生产、文明生产先进集体和先进个人的代表表示热烈的欢迎和祝贺。我们这次大会，受到中央、国务院有关部委局的重视和支持，新闻和宣传部门的同志也参加了大会，我们表示衷心的感谢！

这次大会的主要任务是：总结交流经验，表彰先进，安排今后工作。会议主要有四个议题：一是检查总结对中央〔78〕67 号和国务院〔79〕100 号文件的贯彻执行情况；二是讨论在国民经济调整时期如何做好安全生产工作；三是研究劳动保护五年规划和十年设想；四是表彰先进，学习与推广他们的先进经验。下面，我就几个主要问题讲几点意见。

一、安全生产的形势和任务

党的十一届三中全会以来，在中央提出的在经济上实行进一步调整、在政治上实现进一步安定团结的方针指引下，安全生产工作开始有了恢复和发展，并取得了显著的成绩，扭转了伤亡事故逐年上升的局面，出现了安全生产的好形势。

（一）安全生产形势

1979年以来，各地区、各部门、各企业，进一步贯彻执行了中央〔78〕67号文件和国务院〔79〕100号文件，安全生产开始从思想上、组织上、设备上、制度上有了加强。为了使这两个文件深入贯彻下去，开展了两次全国性的安全大检查。一次是煤炭部、全国总工会、国家劳动总局在十几个省组织了两万四千多人，进行了四十多天的检查；另一次是国家劳动总局、全国总工会、卫生部等十个部门结合各地用一个月的时间抽查了东北、华北、西北三个地区一百多个企业的尘毒危害情况。通过这两次检查基本摸清了煤炭系统重大隐患和部分地区、企业的尘毒危害情况，为今后做好这方面的工作提供了有利条件。1980年5月在全国范围内开展了"安全月"活动。这次"安全月"活动，全国各地党政领导亲自主持，广泛深入地发动了群众，普遍进行了安全生产大检查，解决了不少事故隐患。还开展了安全生产、文明生产的宣传教育，声势之大，范围之广是建国以来的第一次。群众赞扬"安全月"是对职工的"关心月""爱护月"，更加鼓舞了广大职工群众的生产积极性。今年5月又开展了安全活动，通过安全活动提高了认识，整顿了生产秩序，建立、健全了以责任制为中心的安全生产规章制度，为做到安全生产经常化、制度化创造了条件。更重要的是去年8月国务院作出关于处理"渤海二号"钻井船翻沉事故的决定，得到了全国人民的热烈拥护和外国舆论的好评。它对发扬社会主义民主，加强社会主义法制，克服官僚主义，恢复我们党的优良传统和作风，教育干部，加强劳动保护工作，搞好安全生产，调动广大职工建设社会主义现代化的积极性，起了很大的推动作用。

去年全总召开了第三次群众劳动保护工作会议，这次会议党中央很重视，也得到了国务院的支持，万里同志到会作了重要讲话，全总也总结了三十年来劳动保护工作的经验教训，明确了工会恢复和加强群众劳动保护工作的任务。通过这次会议，有力地推动了各级工会进一步加强群众劳动保护工作。

各地区、各部门去年着重抓了劳动保护方面的基础工作。许多工业部门建立了安全专职机构，配备了一定数量的专业干部。煤炭系统成立了安全监察局，化工系统在12个省市增加了1080名专业干部，上海市化工系统安全技术干部增加了28%。铁道部有19个路局成立了安全监察处。全国29个省、市、区所属的地市劳动部门，基本上都有了安全管理的专职机构。工会系统已有18个省（市）恢复和建立了劳动保护部，全国已有44700个基层工会建立了劳动保护工作委员会，拥有小组劳动保护检查员41万多人。广泛地开展了宣传教育工作。各地脱产培训劳动保护干部和技术工人达70万人。为了使厂矿企业有一个经常性的宣传教育阵地，已在各地筹建了一批劳动保护教育室，对提高基层职工安全知识和专业水平起了很大作用。去年在国家劳动总局和有关部门的组织推动下，拍摄了14部劳动保护科教片和科教故事片，深受广大群众的欢迎，其中5部荣获了文化部、全国科协、全国总工会、国家劳动总局颁发的劳动保护“优秀影片奖”。现在，中央和地方劳动部门正在全国筹建11个劳动保护科学研究所，已有三百多人的科研队伍，为开展劳动保护科研工作创造了条件。

为使安全生产工作经常化、制度化，各地区、各部门制订和颁发了一些规章制度。另外，补还了一些安全欠账，改善了劳动条件。去年国家和各地区、部门用于安全技术措施和与安全生产有关的措施经费2亿多元，如煤炭部狠抓了安全工作的调整和补还安全欠账，拨出了9350万元，安排了300多个项目，今年一季度已竣工190项，其余在6月底以前基本完成。

由于各地区、各部门做了大量工作，在预防事故和减少伤亡方面取得了较好成绩。1979年全国工业企业职工因工死亡人数比1978年下降了6%。1980年比1979年又下降了11.2%。1980年的重伤人数，也比1979年下降了7.2%。如果加上船舶事故、机动车肇事、铁路路外死亡、农机伤害、农村触电事故，1980年全国死亡职工和人民群众比1979年下降了5%。

从地区来看，全国29个省、市、自治区，1980年死亡人数比1979年下降的有23个，占79%。下降幅度比较大的有天津、吉林、辽宁、浙江、云南、河北、河南、四川。

从产业看，以18个产业统计，1980年死亡人数比1979年下降的有15个部门，重伤人数减少的有12个部门。因工死亡人数下降幅度比较大的有煤炭、石油、地质、机械、冶金。国营煤矿在安全欠账很大、作业条件差的情况下，死亡事故下降了 20.5%，是死亡人数下降最多的一个部。这五个工业部门不仅伤亡事故下降幅度较大，而且都完成或超额完成了生产任务。

今年一至四月，全国职工因工死亡人数比去年同期下降了 12.4%，而且两年以来，各地区、各部门涌现了不少安全生产、文明生产的先进单位和先进个人，为今后进一步做好工作树立了榜样。总的来看，安全生产的形势是好的。

（二）当前存在的主要问题

两年来安全生产工作虽然取得了较大的成绩，但这仅仅是好的开端。我们必须看到：伤亡事故虽然有所下降，但下降幅度不是很大；安全生产情况已有所好转，但还不是根本好转，特别是职业病、职业中毒情况，不但没有得到控制，而且还在继续发展；许多重大事故隐患正亟待解决，我们今后的任务仍然十分艰巨。

1980 年全国职工因工伤亡人数虽然有所下降，但加上铁路、公路、水运等交通事故和农业触电、农机伤害、火灾等事故死亡总人数还很多，绝对数仍相当大；而且有些地区和部门的伤亡事故不是下降而是上升。地区方面，伤亡事故上升的有山西、内蒙古、贵州、江苏和福建，以山西上升幅度最大。产业部方面，死亡事故上升的有建工、建材、农业和邮电，上升幅度最大的是建工，为 36.4%。据初步分析，癌症发病率高，可能是由于井下空气中的放射性氡、含砷矿尘以及地表的含砷污水和冶炼烟气的危害所引起。这不仅仅是几个地区部分企业的调查数字。目前工人普遍不愿在有尘、毒危害的岗位上工作，许多企业反映生产第一线劳动力紧张，“后继无人”，已影响到职工队伍的巩固。有的工人说：“过去资本家只重视机器不重视人，现在有些领导既不重视机器也不重视人。”

伤亡事故多，职业病、职业中毒严重，每年不但使数以万计的劳动者丧失了生命、损害了健康，给劳动者本人和家庭带来不幸和痛苦，给国家造成不良的政治影响；同时也给国家造成了巨大的经济损失。据初步估算，去年，国家因伤亡事故造成的直接经济损失就有 4 亿多元，再加上因工死亡职工的丧葬抚恤金和丧失劳动能力支付的工资、医药费、伙食补助费、保健费等，共达 11 亿元。

伤亡事故多，职业病、职业中毒严重，与安全欠账多、隐患大、险情重有直接关系。如全国重点统配煤矿658对矿井中，通风能力不足的有190对；通风设施不健全的有322对；没有防尘系统或系统不健全的有491对；在应建立瓦斯抽放系统的116对矿井中，尚未建立或系统不健全的有89对，占77%；有自然发火危险，应建立灭火灌浆系统的271对矿井中，没有建立或不健全的有222对，占81%。冶金、建材、化工等矿山和其他部门，也都程度不同的存在一些重大事故隐患。仅纺织、冶金两个系统的危房就有400多万平方米；津、沪、沈等13个化工比较集中的城市，立即需要修复的危房达70万平方米；还有锅炉、受压容器等设备带病运行，特别是火力发电厂高温高压锅炉汽包裂纹及主蒸汽管道超龄使用等。总之，这些隐患一天不解决，就随时有发生重大伤亡事故的可能。

伤亡事故多、职业病严重、事故隐患大的原因，当然与“四人帮”的干扰破坏有关，但主要还是由于我们的工作没有作好。首先是由于“左”的思想影响长期没有肃清，不少人对安全生产缺乏正确认识，因而党的安全生产方针不能坚决贯彻，安全与生产的关系不能得到正确处理，安全第一的思想不能真正树立。中央（78）67号文件曾经指出：“粉碎‘四人帮’以后，中央和国务院多次指出，要求各部门、各地区、各单位重视安全生产，加强劳动保护，但是，不少部门、地方没有认真执行中央指示。有些单位的领导人，对工人的安全、健康采取不能容忍的官僚主义态度，对恶劣的劳动条件熟视无睹，甚至目无党纪国法，强令工人冒险作业。有些单位在事故发生前既不采取防范措施，事故发生后又不认真检查原因，严肃处理，以至同类事故重复发生。大量的伤亡事故并不是由于技术上不能解决的问题引起的，而主要是由于工作上严重不负责任造成的”。现在看来，上述状况虽然有所变化，但变化不大。

其次是“管生产的管安全”这一组织管理原则没有得到认真贯彻。长期以来，不少生产管理干部没有把搞好安全看作是完成生产任务的前提条件，把改善劳动条件当作一项重要任务纳入计划，并且具体落实。由于安全与生产脱节，所以生产任务不断增加而劳动条件却得不到相应的改善。尽管国家明文规定“新的建设项目，要认真做到劳动保护设施与主体工程同时设计、同时施工、同时投产”，企业“在计划、布置、检查、总结、评比生产的时候，同时计划、布置、检查、总结、评比安全工作。”但实际上许多单位既没有做到“三同时”，也没有做到“五同时”，正如工人们批评的那样，“生产有计划，安全一句话”，很多重大问题得不到解决。

第三是劳动保护经费没有被纳入国家经济计划，企业更改资金也未能按百分之十到二十的规定比例提取。据辽宁省统计，1979 年应该提取劳动保护费 2782 万元，而实际上只提取了 526 万元，仅占应提取数的 18.9%；1980 年应提取 2382 万元，实际只提取了 715 万元，也仅占应提取数的 30%。四川省检查 1980 年企业更改资金 8 亿 8 千 6 百 50 万元的使用情况时发现，用于劳动保护的资金只有 3.49%。由于劳动保护经费问题长期未能妥善解决，致使改善劳动条件的欠账越积越多，旧账未还，新账又欠，这是造成隐患大的一个主要原因。

第四是宣传教育工作落后。不少企业主管部门和企业，对职工既缺乏普及性的安全知识教育，又缺乏安全专业训练，因此，有很多职工，特别是“文化大革命”以来进厂的职工和临时工，普遍缺乏安全知识。由于不懂操作规程和各种规章制度，违章作业现象普遍存在。从全国事故原因分析来看，由于违章造成的事故占 70%，其中青工发生的事故就占 60%。

最后，劳动保护法制不健全，监督检查不力，也是造成上述问题的一个重要原因。三十一年来，我们虽然制定了一些劳动保护法规，但还远远落后于生产发展的需要。许多法规该立的尚没有立；已经立了的又没有建立国家的监督检查制度。因此有章不循、无章可循、违法不究的情况大量存在。仅就事故处理而言，据统计，全国一次死亡 10 人以上重大伤亡事故，1979 年共 48 件，但只处理了 39 件；1980 年共 43 件，只处理了 19 件。而且有的事故处理极不严肃，对事故主要责任者姑息迁就，在群众中造成极坏的影响。

（三）任务和措施

改善劳动条件，保护劳动者在生产中的安全和健康是我们社会主义国家的一项重要政策，也是企业管理的基本原则之一。企业安全生产工作的好坏，既反映我们党和国家对劳动群众关心的程度，也反映我们经济部门的管理和科学技术的水平。做好这项工作，是对人民高度负责的问题，是一切经济部门和生产管理部门的头等大事，是直接关系到千百万职工能不能有旺盛的精力、健康的身体来完成“四化”建设任务的大事情。

劳动保护工作的任务是：向伤亡事故和职业病作斗争。要尽一切努力，在生产劳动中和其他活动中避免一切可以避免的伤亡事故，这是我们的社会主义国家和社会主义企业的神圣职责。要随着国民经济的调整与改革，逐步实现安全生产、文明生产。努力改善劳动条件，变危险的作业为安全作业，变有毒有害为无毒无害，变笨重体力劳动为轻便劳动，使生产场所像列宁所说的那样变成清洁明亮的、适合人们工作的实验室。

为了实现这个任务，必须大力继续贯彻执行中央(78)67号文件和国发(79)100号文件的各项规定和国务院关于处理“渤二”事故的决定。在国民经济调整中，要随着企业管理水平的不断提高和改进，使劳动保护工作在一个不太长的时期内有一个巨大的转变。1981年，要求将伤亡事故在去年的基础上，争取继续下降15%以上。要采取有效措施控制职业病的发展。为此，应着重抓好以下几点：

1. 进一步贯彻执行党的安全生产方针，牢固地树立“安全第一”思想。要认真贯彻落实党的安全生产方针，就要树立一个正确的思想，这就是安全第一的思想。在组织生产时一定要把安全工作放在首位，把安全工作作为完成各项计划和生产建设任务的前提条件，作为头等大事来抓。这是生产本身的需要，也是社会主义制度的要求。“安全第一”的指导思想是长期适用的，而且是各行各业普遍适用的。安全和生产有没有矛盾？搞好安全和生产是一致的，没有矛盾。不安全和生产则有矛盾。因此，当出现了不安全的问题，首先应该排除不安全的因素，必要时也可以停止生产，排除了不安全因素后，再进行生产。这就是说：“生产必须安全，安全促进生产。”如果在生产中不按客观规律办事，只讲需要，不讲可能，只顾产量，不顾安全，而往往是破坏生产，完不成任务。真正的全面的生产观点应该是“优质、高产、安全、低消耗”的观点。

煤炭系统，过去伤亡最大，教训最深。他们总结了三十一年来的正反经验，提出的“安全第一方针”，我们认为是符合煤炭工业的实际情况的。他们要求管生产的各级领导干部在生产管理上、制度上把安全工作放在首位，下大气力、花大本钱，在保证安全的前提下，才能搞好生产。实践证明，有了这样的正确指导思想，就能使伤亡事故大幅度下降；按计划完成生产任务。我们认为，煤炭系统能做得到，其他工业部门也就没有理由做不到了。特别是事故多、职业病严重的化工、冶金、建工、建材、轻工、交通等部门更应该做到安全生产、文明生产。

2. 在国民经济调整中，要认真解决安全欠账问题。应该看到：良好的劳动条件是搞好安全生产、文明生产、完成生产任务的物质基础。为消除事故隐患和解决有毒有害的问题，一方面要加强企业的科学管理，本着少花钱多办事的精神，挖掘企业潜力，自力更生解决问题。另一方面国家必须拨出一定专款，纳入国民经济计划逐步解决。我们根据国家计委关于拟订“六五”计划和十年设想工作的具体安排意见的要求，起草了《劳动保护的五年规划和十年设想》(征求意见稿）提请大会讨论，修改后建议国家计委列入《国民经济五年计划和十年设想》的规划中。就目前来讲，各地区、各部门、各企业，要认真抓好企业的更新、改造资金，有计划地改善劳动条件，在保证维持简单再生产的条件下，首先用于安全欠账，不得借挖改革之名，挤掉了劳动保护措施费用。在扩权的试点企业的生产发展基金和地方自筹资金中，要划出适当比例用于改善劳动条件。

今后，凡是新建、改建、扩建的工矿企业和革新、挖潜的工程项目，都必须有保证安全生产和消除有毒有害物质的设施。这些设施要与主体工程同时设计，同时施工，同时投产，不得削减。正在建设的项目，没有采取相应设施的，一律要补上，所需资金由原批准部门负责解决。谁不执行，要追究谁的责任。劳动、卫生、环保部门和工会组织要参加设计审查和竣工验收工作，凡不符合安全、卫生规定的，有权制止施工和投产。我们建议把这一规定列入国家关于基本建设程序的若干规定中并且具体组织实施。

3. 加强劳动保护立法，搞好监督检查。建设社会主义，没有法制不行。劳动保护立法工作，过去虽然制定了一批法规制度，但是也没有很好地贯彻。为了克服有章不循，无章可循的现象，对现有的法规制度要认真贯彻执行。同时，也还要根据需要，制定一些新的劳动保护法规、条例、标准和规范等。我们已将要起草的35个安全技术规程和标准的题目，分给了部分地区和工业部门，希望按照预定时间抓紧完成。

国内外的经验证明，有了劳动保护法规，没有一套强有力的劳动保护监察机构和一支精通业务、有职有权的监察员队伍，是不可能很好地贯彻劳动保护法规的。关于建立国家监督检查制度问题，早在1949年《共同纲领》中明确规定：人民政府“实行工矿检查制度，以改进工矿的安全和卫生设施”。1955年中共中央又明确指出：“劳动部的主要任务是监督检查”，随后在1956年中共中央批转劳动部党组的报告中说：“劳动部门必须早日制订必要的法令制度，同时迅速将国家监督机构建立起来。”上述要求，过去由于种种原因没有实现，今后，我们在制订劳动保护法规的同时，把国家监督检查制度建立起来。

要充分发挥职工代表大会和工会组织的监督作用。企业中有关安全生产的重大问题必须经过职工代表大会讨论，并且作出决定。加强群众性的监督作用。对危及工人生命安全，尘毒危害严重，又无有效防护措施，经建议能够改进而不改进的，工人有权拒绝操作。建立健全群众性的劳动保护组织，开展各种形式的群众性的安全活动，这是搞好安全生产的群众基础。

企业及其主管部门，必须认真贯彻国家和企业的有关安全生产的规定，建立健全检查机构，加强本系统的安全检查工作。

4. 吸取事故教训，严肃处理事故。对事故的严肃处理，体现了党和政府对人民的生命和国家的财产高度负责的精神，是保证“四化”建设的一个重要措施。当前的主要问题是对事故处理不严肃。要认真贯彻执行国务院《关于在工业交通企业加强法制教育严格依法处理职工伤亡事故的报告》，对于那些玩忽职守，不负责任，不遵守安全制度，违章作业以及强迫命令、瞎指挥所造成的重大伤亡事故，要严肃处理。对于未按国发〔80〕84号文件要求处理的重大事故，要在年内抓紧处理并补报。

5. 开展劳动保护宣传教育工作。广泛开展宣传教育工作，是做好劳动保护工作的重要一环。即使有了健全的立法和监察机构，宣传教育工作也应放在首位。

各地区、各部门在对企业职工进行全员培训时，要把安全作为一个重要的训练内容之一，安排适当课程，有计划地进行安全技术训练。劳动部门也要主动配合各地区、各部门在培训企业管理干部的同时，把安全管理工作作为其重要的训练内容之一。同时，各企业要加强“三级教育”。各省、市、自治区劳动局(厅)、各产业主管部也要举办相应的训练班。企业主管部门和企业对特殊工种工人要进行训练，并经考试后发给合格证。

劳动保护宣传教育工作，要向深度发展。加强形象化教育，特别是劳动保护电影，要在全国劳动保护电影汇演评选优秀影片的基础上，很好地总结经验，努力提高水平和扩大题材，按计划要求拍摄出更好、更多的影片来。各地区、各部门，要根据各自的不同条件，还应通过组织讲座、举办展览、组织职工业余文艺演出以及电台、电视台、报刊、挂图等形式，广泛开展群众性的普及安全卫生科技知识和遵章守法教育。

已经拿到国家投资筹建劳动保护教育中心的地区，要抓紧落实计划，争取早日施工。

6. 开展劳动保护科学研究。要从根本上改善劳动条件，就需要积极开展劳动保护科研工作。随着“四化”建设的进展，这个工作将日益重要。劳动保护科学研究所，应密切结合国家经济建设的需要，以应用技术为主，研究本地区、本部门迫切需要解决的技术问题。同时要加强企业劳动保护科研工作。全国性的劳动保护科学研究所，要着重研究为制定劳动保护法规、标准提供科学依据。同时，要大力加强科技情报工作。

二、表彰先进，学习和推广先进经验

近两年来，全国涌现出一大批安全生产、文明生产的先进集体和先进个人。经过一年多的由下而上地进行评选，选拔出安全生产、文明生产的先进集体 81 个，先进个人 20 名，出席了这次大会。这些先进集体和先进个人中，有各地区、各部门、各行各业的代表，有安全生产、文明生产几年、十几年，甚至二十多年没有发生死亡事故和职业病的先进典型。他们都做了很多工作，经验都很好，值得学习和推广。例如：

开滦矿务局林西煤矿，是一个有15000名职工、年产300多万吨煤的百年老矿，由于他们大搞质量标准化，实现正规循环作业，安全生产486天，全面完成了各项经济指标。

北京耐火材料厂，1973年以前所有的作业点粉尘浓度都超过国家标准，有的高达2000多毫克，由于采取综合防尘措施，现在达到国家标准的粉尘作业点占96.62%。每年回收粉料4千吨，价值30万元。

安徽第三建筑工程公司有3400多名职工。公司领导坚持技术有交底，施工有措施，工间有检查，隐患有处理，事故有分析，工伤有报告等措施，做到20年没有发生死亡事故，负伤率逐年下降。

北京铁路分局丰台西站，负担着列车的到发、编组、解体任务，每天平均办理出入车16000多辆。1978年以来，通过狠抓政治思想工作，解决实际问题，取得了1000多天无死亡、700多天无重伤、500多天无事故的好成绩。

沈阳重型机器厂是个有18000人的老厂，近年突出抓了“安全第一”思想教育，人人树立依法办事的思想，遵章守纪，近年来伤亡事故大幅度下降。

沈阳化工厂是一个有40多年历史，现有4600多名职工的氯碱化工厂。过去工艺落后，设备陈旧，劳动条件很差。他们从技术改造入手，改革工艺，改造设施，实现了密闭化、连续化和遥控、自控，大大改善了劳动条件，全厂实现无泄漏区10个，创建一类岗位165个，全厂泄漏率降到2‰以下，有80%的尘、毒作业点达到了国家卫生标准。

三三〇（葛州坝）工程局开挖六队，领导亲自抓放炮安全，落实各种安全制度，从1974年以来，在复杂和困难的条件下，安全放炮1346000多个，用炸药5400多吨，爆破土石方1200多万方，没有发生重大伤亡事故。

西华山钨矿，自1904年以来，坚持综合防尘，采取分区通风，作业点的粉尘合格率目前达到90%以上。1959年进矿的工人，至今没有发现患矽肺病的。

湖南邵东县流泽公社张家岭煤矿，他们一贯坚持安全生产方针，严格执行规章制度，保证工程质量，领导指挥到现场，发现问题及时解决，从1960年起连续 20 年消灭重伤和死亡事故。

湖南长岭炼油厂，自 1971 年建成投产后，建立了一套科学的安全管理制度，开展群众性的消灭跑冒滴漏活动，使全厂 249930 个设备静密封点的泄漏率，达到了万分之三点六，实现了无泄漏工厂。

重庆中梁山煤矿通风工程师邹奎业同志，20 多年来，他先后研究成功了瓦斯遥测、报警、放炮遥控、瓦斯抽放布孔等 7 项重要科研成果，其中 3 项分别获得了全国科学大会及重庆科学大会优秀科研成果奖，为防止瓦斯事故作出了贡献。

广西合浦县汽车站客车司机郭权同志，从 1953 年开车以来，由于他对人民群众有高度的责任感，树立安全第一思想，注意掌握客观条件的变化，严格遵守规章制度，加强车辆保养，做到 28 年安全行车 1384000 多公里，还节油 21800 公升。

辽源矿务局太信矿一井瓦斯观测员于长有同志，22 年来坚持做到“四勤”(即勤想，勤查，勤说，勤干)，把住瓦斯、煤尘、自然发火“三关”。仅在 5 年的时间里，他就亲自发现和避免了 23 次火灾，防止了 77 次冒顶和瓦斯事故，群众称他为安全哨兵。

以上先进集体和先进个人的代表，都有一个共同特点，这就是他们都对国家、对人民怀有高度的负责精神和严格的科学态度，做出了很大成绩，才获得了安全生产、文明生产的光荣称号。

同志们，我们完全相信，在党的正确路线、方针、政策的指引下，在国民经济调整过程中，有各部门的同心协力密切配合，有广大职工群众的努力，有三十一年来与伤亡事故和职业病作斗争的经验和教训，也有一些减少事故和控制职业病的技术手段，有先进标兵的榜样，一定能够实现安全生产，文明生产，使劳动保护工作的状况，在一个不太长的时期内，有一个巨大的变化，为社会主义建设做出贡献。

（原载《中国劳动人事年鉴 1949. 10—1987》）

14. 论保证生产中的安全是头等大事

全国总工会劳动保护部部长 江 涛

有的同志问：为什么国务院在关于处理“渤海二号”事故的决定中说“安全生产是全国一切经济部门和生产企业的头等大事”呢？这个问题提得好。我认为，要真正掌握国务院决定的精神实质，就不能就事论事，一定要从以下几个原则问题上来认识。

关心工人在生产中生命安全和身体健康，是我们党的性质所决定的。中国共产党是工人阶级的政党，我们党的斗争纲领代表着工人阶级和全国人民的利益，并为工人阶级和全国人民的利益服务。我们的党为什么要为实现共产主义而奋斗？无数革命先烈为什么前仆后继、流血牺牲地战斗？就是为了工人阶级和劳动人民的解放，为了改变工人阶级和劳动人民政治上受压迫、经济上受剥削、生活上极端贫困的境况，为了工人阶级和劳动人民的幸福，为了建设一个人类最理想、最美满、最幸福的共产主义社会。而工人和劳动者的切身利益和幸福，首先是他们的生命安全和身体健康。如果对工人和劳动者的安全健康漠不关心，对生产中的重大事故隐患和恶劣劳动条件不闻不问，违章指挥，冒险蛮干，以致发生伤亡事故，那就违背了我们党的造福于人民、造福于后代的宗旨。这不仅丧失了党性，甚至连革命人道主义也没有了。贵州省中共晴隆县委有个书记就是这种人。县里的煤矿发生重大冒顶事故，有人请他派车去抢救，他置之不理。第二天他自己却坐了一部小车回家过春节去了。在抢救过程中，他曾五过矿山之门而不入，六名工人同志的尸体，竟然经过四十三天才挖出来。瞧，这种见死不救的行为与共产党员的光荣称号多么不相称呀！这种人虽然是极其个别的，但却使我们党的形象，在群众中受到损害，造成极坏的影响。在这种人领导的部门、地方或企业中，党和国家的劳动保护政策当然无法贯彻和执行。对于这种错误的思想和行为，必须坚决反对，严肃对待和处理。

安全生产是我们的国家和企业的社会主义性质所要求的。社会主义社会是消灭了人剥削人、人压迫人的社会。在社会主义制度下，工人阶级是国家和企业的主人。工人在国家和企业中的民主权利、保卫自己生命安全和身体健康的权利，必须得到尊重和保证。工人的劳动条件应该随着生产的发展不断地得到改善。要像列宁指出的那样，在社会主义制度下，“一定能使劳动条件更合乎卫生，使千百万工人免除烟雾、灰尘和泥垢之苦，能很快地把肮脏的令人厌恶的工作间变成清洁明亮的、适合人们工作的实验室”。只有这样，才能充分发挥社会主义的优越性。从而调动广大工人的积极性，不断提高劳动生产率。

再者，我们国家和企业的社会主义性质决定了我们发展生产的最终目的是为了不断地改善人民的物质和文化生活。斯大林说：“社会主义生产的目的不是利润，而是人及其需要，即满足人的物质和文化的需要。”他还把社会主义经济基本规律概括为：“用在高度技术基础上使社会主义生产不断增长和不断完善的办法，来保证最大限度地满足整个社会经常增长的物质和文化的需要。”其中“不断完善的办法”就包含了新技术的应用和劳动条件的改善；讲满足社会需要，也包括满足保证劳动者安全健康的需要。因此，从社会主义国家和企业的性质，从社会主义生产的目的看，安全生产也理应是头等大事。如果用牺牲劳动者的安全健康的办法，去片面追求高指标，那就完全违背了社会主义生产的目的。松树镇煤矿瓦斯爆炸事故的发生，就是由于矿前领导人搞生产的目的不端正，不顾工人的死活，追逐个人荣誉、奖金带来的恶果。这个矿务局有的领导说什么“超额完成任务，电台有声、电视有影、报纸有名”，工人的安全健康呢？则抛到九霄云外去了。用这种思想去指挥生产，没有不出事故的。这种错误的言行，是在给社会主义抹黑，他们受到党纪国法的制裁和惩罚，是完全应当的。

承认不承认安全生产是头等大事，是承认不承认工人在企业中的主人翁地位的问题。既然在社会主义国家和企业里，工人和劳动者是真正的主人，干部是人民的公仆，那么，不言而喻，保护工人的安全健康，当然应是各级领导干部不可推卸的重要职责。作为共产党员、作为社会主义国家和企业的干部、作为人民的公仆，是不能把工人——国家和企业的主人的生命安全健康当成儿戏的。列宁说："为了拯救工人，应当不惜牺牲一切。我们就是从这个观点出发的。"各级领导应当用列宁这句名言来衡量、检查自己是否尽到公仆对社会主人的责任？社会主义事业是全党全国人民的事业。搞社会主义建设，必须全心全意依靠工人阶级。我们不能仅仅在口头上承认工人阶级是国家、企业的主人，承认建设社会主义现代化要全心全意依靠工人阶级，而在行动上、在组织计划生产时，却不顾工人的安全和健康。有这种官僚主义态度的人，正反映出他们不是把自己当作社会公仆而把自己变成骑在工人群众头上的官老爷；不是把工人阶级看成企业的主人，而是把工人群众看成可以任意支配的"会说话的工具"。河南省安阳县煤炭局有个副局长兼某煤矿的党支部书记就是如此。他那个矿由于瓦斯爆炸死了十五名工人，他不仅不痛心，不仅不严肃分析处理事故，反而说什么"扯起招兵旗，自有吃粮人，死了十五个，又给一百五"。这是什么话？这哪里有半点人民公仆的味道。对于这种官僚主义者如不严肃处理，贯彻党的劳动保护政策，只能是一句空话。

安全生产是为了保护和发展生产力。从社会主义生产发展的需要来说，安全生产也应是头等大事。毛主席曾指出，无产阶级夺取政权之后，我们的根本任务已经由解放生产力变为在新的生产关系下面保护和发展生产力。列宁说："全人类的首要的生产力就是工人、劳动者。"要发展生产力，就必须保护生产力；保护生产力的目的是为了更好地发展生产力。这就是安全和生产的辩证统一关系。不很好地保护生产力，发展生产就无从谈起。那种认为"要保证安全就不能完成生产任务，要完成生产任务就不能保证不死人"的观点，不仅在理论上是荒谬的，在实践上也是极其有害的。实践是检验真理的唯一标准，哪个企业忽视安全、事故不断发生、职业病严重，哪个企业的生产必然搞不好。因为，一出事故，物损人亡，生产力遭到破坏，怎么能谈得上发展生产呢？根据煤炭部的统计，一九七八年和一九七九年两年中，由于事故影响，就少生产煤炭四千多万吨。

"安全生产是全国一切经济部门和生产企业的头等大事"是由我们的党和国

家的性质所决定的，是由社会主义经济规律所决定的，既符合马列主义、毛泽东思想的原理，又总结了我国三十年来生产实践的经验教训，它是劳动保护工作的指导方针。一切经济部门和企业的领导人，都必须很好地学习领会，并切实贯彻到工作中去，为保护工人的生命安全和身体健康，促进社会主义现代化建设作出贡献。

（原载《劳动保护》1981 年第 8 期）

15. 安全是煤炭工业的第一要素

——煤炭工业部高扬文部长在全国安全生产工作会议上的讲话摘要

在煤炭战线，我工作时间还很短，如果有人要问我有什么经验和教训，我可以毫不犹豫地回答：安全是煤炭工业的首要问题，是煤炭工业的第一要素，也是煤矿的生命。安全搞不好，正常的生产建设谈不到，煤炭工业健康发展也谈不到。这不是个理论问题，不是从书本上学来的，而是在工作中越来越感受到的实际问题。

现在煤矿招工难，煤炭院校招生难，井下工人稳定难，井下工人找对象难。这七难八难的原因是很多的，但主要还是因为煤矿不安全，下井没有安全感。现在农村生活好了，农民不来干煤矿，城市招工更难，矿工也不愿让子弟接班，井下工人队伍巩固不了，煤矿还有什么生命力？这难道不是大问题，不是有关煤炭工业生死存亡的问题？煤矿安全问题，不是影响局部或几个矿的问题，而是影响全局的问题。煤矿安全问题不解决，煤矿不安全的形象不改变，煤炭工业的前途就很难设想。

党的十一届三中全会以来，在经济工作中采取了调整方针，煤炭工业开始向健康的道路发展，安全情况也开始好转。全国煤矿事故去年比前年有了较大幅度下降，统配煤矿的百万吨死亡率降到历史最低水平。但是煤矿不安全问题还是相当严重的。在安全工作上我们还没有取得主动权，没有掌握命运。这个问题不解决，不但生产发展不了，也和我们社会主义制度性质不相容。改变不安全状况，掌握安全的主动权，这是煤炭工业面临的一个重要任务。尽管这个任务非常艰巨，但非要解决不可。

干了三十二年煤矿，为什么安全问题还没有解决，原因何在，现在要解决应从何入手？

三十二年来煤炭工业取得了很大成绩，探明储量和年产量都居世界第三位。我们煤矿的装备、机械化和科学技术水平都有了很大提高。但是从安全面貌讲，三十二年来还没有根本改善，没有随着产量增长和技术、装备水平的提高以及经验的丰富而改善。为什么十二年来还没有根本解决不安全问题，客观原因虽然很多，但最根本的一条还是领导不重视安全，没有把安全放在应放的位置上，没有用最大的力气来抓安全工作；没有花足够的资金解决安全问题，安全工作上欠了大量的账。领导上为什么不重视安全？我认为是把人和物的关系摆颠倒了，没有把保护人、保护生产力放在第一位，总是只搞产量、速度，而忽视安全工作。所以就产生了一系列不安全的问题。如果说，我们过去在经济建设上存在“左”的错误，这就是一个表现。现在安全不好，不是偶然的，而是历史的教训。

现在有什么思想问题阻碍着执行安全第一的方针呢？早在五十年代，周总理就对民航提出安全第一。六十年代陈云同志也强调了煤矿要重视安全工作。但三十二年来反反复复，一次一次总是接受不了教训，一次比一次受到更严重的惩罚，还老改不了。我认为，现在应该解决这么几个思想认识问题：

一是生产和安全到底是什么关系，谁是第一？长期以来争论不休。一提安全第一，有人就说还要不要生产，好像安全和生产势不两立。这是一个糊涂观念。安全和生产怎么是对立的呢？办煤矿当然要生产煤，可是不把人保护好，不把设备保护好，不创造安全条件，就不可能把生产搞好。三十二年来，我们煤矿因事故死亡的人员、损失的财产是很惊人的，还遗留下一堆一堆的问题。这些说明，不安全对生产的危害何等严重！安全和生产的关系本来就很明确的，可是我们把它搞糊涂了，影响了我们三十二年。老工人对安全和生产的关系就有正确的认识，他们说，要想多出煤，首先抓安全。只有坚持安全第一，有了可靠的安全条件，工人才能无后顾之忧地大胆生产，才不会害怕煤矿、讨厌煤矿，而把煤矿的发展当作自己终身事业。

二是把生产和打仗看作一样，认为死人必然经常发生，不可避免。这个错误观念也统治了我们很长时间。革命战争要取得胜利，牺牲人，付出的代价是积极的，有利于推动历史的发展，使人民得解放。而煤矿违章生产中死人并没有任何积极的意义。相反，牺牲了人，影响一大片，甚至影响到社会。虽说为探索自然规律，我们已基本掌握了。现在死人。不是重新探索规律死的，而是不按规律办事造成的。了解了规律不去运用它，而让工人作不必要的牺牲，这是很不应该的。

三是说煤矿技术和管理水平低，装备差，安全欠账多，事故难免。但为什么这么落后？还是由于努力不够。水平低可以提高，装备差可以加强，我们不能无所作为，无能为力，要在摸索规律、预防事故、控制事故发生上下功夫。有了坚定不移的信念，又有坚持不懈的努力和有力的措施，把煤矿事故减少到最低程度是可以实现的。

四是“渤2”事故和松树镇煤矿事故处理后，少数同志不是积极想办法改进安全工作，反而产生了“怕”的思想，觉得干煤矿担风险太大，有的提出不干了，有的要求降产量。有人看到煤炭产量一时降下来，就借口说是“抓安全过了头”。这股风要顶住。现在不是抓安全过了头，而是抓得还不够，如果不欠那么多安全账，现在煤炭产量也不会降下来。

上述一系列思想在干部中没有澄清，影响到安全第一的落实。今后我们要用事实教育大家，把过去的老框框、老观念破掉，树立新的观念，这是我们要解决的一个问题。

有了安全第一的思想，我们还要从以下几项具体工作上来落实。

第一件事，要整顿企业，加强管理。目前我们的企业管理混乱，纪律松弛，无人负责的现象很严重。很多事故都是在这种情况下发生的。我们曾对每一次重大的瓦斯煤尘爆炸事故、大面积冒顶事故、火灾事故等作过分析，看起来都有必然性。有的是通风没搞好，瓦斯聚集，有的是该测瓦斯不测，空班漏检，甚至写假数字；有的是领导不管安全，或表面上管了，也开了会，传达了上级指示，但却没有采取预防事故的具体措施。这样，发生事故是必然的，不发生事故倒是偶然的。据分析，煤矿中大约70%的事故都是由于管理混乱、有章不循、违章指挥、违章作业造成的。抓管理，抓整顿，就要按《煤矿安全规程》办事，只要真正做到这一点，事故就可以大幅度下降。

第二件事，为煤矿创造安全生产的物质条件。要积极打风井，调换不合适的风机，把矿井风量不足的问题解决好。要舍得花钱，凡是欠账一定要补上，先找最重要的补。瓦斯是大害，先把瓦斯工程欠账补上。其次要把防火、防尘、防水等工程欠账补上。然后再解决防爆设备问题。三十二年我们连井下防爆设备都解决不了，说没有本事是没有理由的。当然解决防爆设备花钱多，要分批分期的解决。

第三件事，走机械化道路。现在采煤很多是手工作业，用人太多，一发生事故就影响一片，给安全生产带来的问题很大。所以井下不要搞密集型劳动，要尽量采用机械，这不但对提高效率有好处，对安全生产也有好处。

第四件事，用先进的科学技术手段来预测、预防、控制事故的发生，这样主动权就掌握在我们手里了。现在我们的监测仪器数量少，性能不稳定，不能满足安全生产需要。科学研究机关要把解决这个问题作为当前中心任务，在三五年内一定要解决好。

最后一件事，就是依靠群众，走群众路线，这是党的好传统。要使广大工人都懂得安全，知道怎么干对，怎么干不对。要对工人进行安全教育和训练。要实行群众监督，把工会的积极性调动起来，发挥工会监督安全的作用。专职安全机构和广大群众相结合，把安监局、安监站建立健全起来，和工人安全网配合起来。只要人人都重视安全，安全就会搞好。

今年我们确定了三个奋斗目标：第一个是坚决防止瓦斯煤尘重大爆炸事故；第二个是今年的伤亡事故要比去年降低 15% 以上；第三个是要制止尘肺病增长的趋势。今年这三个目标一定要做到，要下决心改变煤炭工业不安全形象。我在这个岗位上，就要念这个经，非把煤矿安全搞好不可。

（原载《劳动保护》1981 年第 9 期）

16. 加强安全立法和安全监察

国家劳动总局副局长 章 萍

最近，国务院发布了《矿山安全条例》《矿山安全监察条例》和《锅炉压力容器安全监察暂行条例》。这是很重要的三个安全法规。我想从这三个法规谈谈加强安全立法和安全监察的问题。

矿山生产中不安全因素较多，伤亡事故频繁。我国煤矿每年因事故死亡的人数约占全国因事故死亡总人数的40%。要解决这个问题，没有可遵循的矿山安全法规和强有力的监督检查是不行的。我国三十多年来的经验教训是这样，外国也是这样。美国于1979年公布了《采矿安全与保健法》，配备有3000个国家检查员，对保证矿山安全生产起了重要作用。这次我国发布的《矿山安全条例》也可说是个矿山不可少的经济法，对矿山开采的条件要求以及矿山生产中的安全卫生要求都作了规定。《矿山安全监察条例》则是保证《矿山安全条例》贯彻实施所不可少的。它规定了建立矿山安全监察机构，对矿山实行国家监察制度。这样，我国将第一次有了一支1700多人的矿山安全监察队伍。这支队伍不是企业的安技干部，而是国家有权威性的矿山安全监察人员。这两个条例的实施，无疑将会促进矿山的安全生产，减少伤亡事故的发生。

锅炉、压力容器是危险性较大的设备，弄不好就会发生爆炸事故。这些年我们已吃过这方面的苦头。国家劳动总局于1980年公布了《蒸汽锅炉安全监察规程》，1981年公布了《压力容器安全监察规程》。这次国务院又发布了《锅炉压力容器安全监察暂行条例》，明确规定建立国家安全监察机构，配备安全监察人员，对锅炉压力容器的设计、制造、安装、使用、检验、修理和改造各个环节实行安全监察。这对保证锅炉、压力容器安全是非常必要的。

三个条例是我国重大的安全立法。安全立法是一项基础工作，没有立法也就无从进行监督检查。安全立法可分两类，一类是原则规定或管理制度方面的，过去国务院发布的“三大规程”“几项规定”和这次发布的三个条例就属于这一类。另一类是为了贯彻这些原则规定和管理办法所制订的各种安全技术标准。这两方面的立法都要加强。如对锅炉和压力容器，当前要贯彻安全监察暂行条例，急需制订具体安全技术标准和实施细则。又如对新建、扩建、改建项目要与劳动保护设施“三同时”，说了多年，但没有这方面的技术标准，仍等于白说。要做好安全立法工作，劳动部门负有重要责任。这次发布了三个条例是不够的。现在劳动总局除正在组织起草《劳动法》《劳动安全卫生法》和《劳动保护监察条例》等法规外，还正在组织制订各种劳动安全技术标准，如防爆电气设备、冲压、铸锻、木工机械、手持电动工具和一些工艺的安全技术标准等。国前我国所需要制订的劳动安全技术标准很多。1982 年劳动总局已安排编制起草 30 多项标准，今后在这方面还要做大量的工作，要在几年内逐步建立起我国劳动安全标准化工作体系，以适应“四化”建设的需要。搞安全立法不是个简单的问题，必须花大力气，经过认真研究才能搞好。我们一定要充分认识安全立法的重要性。如果说过去这方面工作做得不够，那么今后一定要补上。

三个条例的发布，是我国开始实行安全监察制度的标志。三十多年的经验教训说明，没有严格的监督检查，就难以保证安全法规的贯彻执行。正如没有交通警，再好的交通法规也无法实施一样。现在我们先对矿山安全、锅炉压力容器安全进行监督检查，今后对各行各业、各种具体项目的安全卫生都要进行监督检查，使监督检查工作向专业化方向发展。如工厂铸造翻砂粉尘危害严重，将来就可以搞铸造行业的安全卫生法规，据此进行监督检查。安全监察工作还要与经济奖惩挂起钩来。安全监察人员有权进行奖惩，才能使遵章守法、注意安全者受到鼓励；使漠视安全、违章乱法者受到制裁，从而保证安全生产。

当然在加强安全立法和安全监察的同时，各地区、部门和企业决不可因此放松安全工作。要搞好安全生产，各级领导须以高度负责的精神，带头严格执行安全法规和标准，从技术、设备和管理方面不断加强安全措施。安全立法和安全监察工作，如果离开了各级领导的大力支持，也是难以做好的。

（原载《劳动保护》1982 年第 4 期）

17. 管生产必须管安全

国家经委副主任　袁宝华

1982 年安全生产工作是有成绩的，全国职工伤亡事故继续下降，在开展劳动安全监察工作方面取得了新的经验，但是应当看到，伤亡事故和职业病仍很严重，今年第一季度伤亡事故有所上升。在经济体制改革和地方机构改革的新形势下也出现了一些新问题。在新形势下加强劳动保护、安全生产工作，应该强调坚持安全第一、预防为主、思想领先、组织保证。

一、坚持安全第一思想，解决安全与生产“两张皮”的问题

生产必须安全，安全为了生产，安全与生产统一起来才叫做安全生产。不应把两者割裂开来。有些企业领导单纯地抓产量、抓产值、抓利润，却忽视了安全，使生产与安全脱节。安全与生产脱节的现象概括起来有八种：1. 事故隐患长期得不到解决；2. 企业劳动条件长期得不到改善；3. 搞生产计划没有安全的要求；4. 重大的经济技术决策没有安全的内容；5. 企业的整顿没有贯彻安全技术的标准；6. 企业进行技术改造没有同时从工艺上、设备上、措施上来解决安全卫生方面的技术问题；7. 生产技术的立法上没有安全的要求；8. 放宽政策发展小企业、特别是发展小煤窑没有安全措施。针对这些现象，所有管生产的部门特别是各级经委、管生产必须管安全，讲经济效益必须讲安全。安全生产是各级生产部门和各级经委的任务，管生产就是管安全生产，安全工作是生产部门的事，不能都推给劳动部门。国家关于劳动保护、安全生产的立法是要生产部门执行的，劳动部门要代表国家监督检查。生产部门对安全生产要坚持“五同时”一把抓，在计划、布置、检查、总结、评比生产的时候，同时计划、布置、检查、总结、评比安全工作，切实解决生产与安全“两张皮”的问题。

二、贯彻预防为主的方针，加强管理和监督检查

主要是建立安全生产责任制，健全各项安全管理制度，制订安全考核指标。重要的是严格执行这些制度。如首都钢铁公司提出的“三个百分之百”和我们过去提出的对事故的“三不放过”都是为了严格执行安全生产的规章制度。在经济管理体制改革过程中，政策放宽了，经济要放开搞活，小企业特别是社队企业大发展，不少企业实行了承包责任制和计件工资，出现了许多新问题。这就更要求我们对安全工作严格管理，加强监督检查，不能放松，遇到问题不能妥协，处理重大事故不能温和。对于违法乱纪、给人民生命和国家财产造成严重损失的官僚主义者不能施仁政，对重大事故应该彻底追查，严肃处理。劳动安全监察部门要一抓到底。打铁先要自身硬，为扭转事故严重的局面，劳动部门要有敢于碰硬的精神，要敢于解决难题。

三、思想领先，加强安全生产的宣传教育工作，搞好今年的“安全月”活动

在经济体制改革中，人们的思想会引起变化。要首先抓思想工作，抓改革中的思想政治工作。加强安全生产工作，不仅要发挥国家和专业监察部门的作用，还要充分发挥人民群众的监督检查作用。

有的领导对安全生产工作不重视，无非是不认识这项工作的重要性。一方面有他们本身认识水平差的原因，另一方面也有我们宣传工作做得不够的原因。我们应该多向他们做宣传，使他们提高认识，同时把安全工作做好。最有成效、最好的宣传，应该是最有成效、最好的工作，工作见了效，最有说服力。当前要用“以月促年”的精神搞好今年的“安全月”活动。

四、加强安全工作队伍的建设，建立健全安全监察工作的组织系统

锅炉压力容器的安全监察系统建立得比较好，矿山的安全监察系统人手不足，水平需要提高。这项工作是经国务院已批准的。要抓紧把整个安全监察系统建立起来。机构要加强，人员要充实。大力开展安全监察人员的培训工作。1982

年党中央 2 号文件规定，大的企业都要建立自己的培训中心，小的企业可以联合起来建立，或在一个城市里建立，要使培训工作逐步走上经常化、制度化和正规化。要制订一个培训规划，有计划、分期分批地进行培训和提高。领导干部要带头参加安全技术知识的学习。企业领导干部必须具有安全技术方面的知识，只有这样才能真正认识安全工作的重要性，才能自觉加强对安全生产工作的组织领导，才能开创企业劳动保护、安全生产工作的新局面。

（原载《劳动保护》1983 年第 5 期）

18. 全面、彻底解决煤矿安全问题

煤炭工业部部长　高扬文

1984 年 4 月 5 日

煤矿的安全问题已到了全面、彻底解决的时候了，不能够再忽视、耽搁了。现在不是没有解决办法，而是看我们怎么搞，搞到什么程度。由于三十多年来这个问题没有解决好，现在还是要用很大的代价来出煤。哪个矿也不敢保证三年两年不出重大事故，不死人；三百天、五百天不死人就是一件了不起的事情了。有个矿正准备庆祝安全生产 1000 天，结果到了 946 天死了人。究竟什么原因？有哪些经验教训？不得不认真考虑。我觉得有两个问题应解决好。

第一，要解决统一思想认识问题。

思想不统一，认识不统一，已严重妨碍了安全工作的改善，不是一年二年，而是许多年了。当前虽然比过去好些，但没有完全解决。思想不统一表现在什么地方？

一是对安全第一的认识不统一。一提安全第一，分歧意见就来了。“安全第一，生产第几？”“还要不要生产？”强调安全第一，不是不要生产，正是为了生产才讲安全第一。如果不生产，就不用谈什么安全了，安全生产不可分割的。但长期以来，有些人思想混乱，对安全怎么办，怎么抓，抓什么等一系列问题得不到统一的答案。对安全第一的思想认识问题，在我们煤矿领导同志中现在就应解决，不然，就不会下力量去抓安全。

二是有宿命论观点。煤矿条件特殊，存在瓦斯、水、矿压等灾害因素。对这种特殊条件怎么看？人们有没有办法制服这些灾害？有人屈服于自然灾害，认为干煤矿没有不死人的，把煤矿发生事故当作必然的客观规律。这是一种宿命论观点，早已被历史发展否定了。由于科学技术的发展，人们已经可以利用科学手段预测事故，用先进的技术手段防止事故，即使发生了事故也可以进行解救，减少伤亡，起码可以把事故降到最低程度，不至于伤亡那么多人。安全生产搞得好的矿早已用事实说明了这个道理。如果不认识这一点，依旧抱着愚昧的宿命论观点不放，必然禁锢我们的思想，把安全工作耽误了。

三是认为中国穷，用不起先进装备，不可能把安全搞得那么好。安全生产先进装备到底需要多少钱？每年我们由于发生事故少出多少煤炭？不知我们有些同志算过这笔账没有。安全不好妨碍生产，发生事故死了人，破坏了设备，干部、群众情绪低落，更要妨碍生产。有的同志告诉我，1980 年一年就由于事故少产 2400 万吨煤。这笔账没有人去算，而花点钱搞安全装备就有人斤斤计较。其实，事故少了，死人少了，煤炭就增产，就多创造财富，拿出其中的百分之几去上安全装备，问题不就解决了吗？不能再干买药没钱，看病没钱，而买棺材倒有钱的傻事了。

四是认为买了先进设备仪器我们也管不好。这种看法是不对的。中国古代是世界最文明的国家之一，有很多发明创造。那时行，怎么现在就不行了？中国人能搞导弹，能把卫星送上天，怎么就连安全设备仪器也掌握不了？这个结论太武断，把中国人贬得太低了。实际上，现在是管得好的多，管坏了的少。为什么不去总结好的经验，得出好的结论，而得出一个管不好的结论呢？这种思想影响了安全工作的开展，到该肃清的时候了。大家应当相信自己，中国人有能力掌握先进技术，战胜自然灾害。阳泉矿有个同志没有学历，但对从法国引进的瓦斯集中监测系统却很有研究。法国人说："许多国家都用这种设备，只有这个中国人对这套仪器最了解。"外国人都说中国人行，偏偏有些中国人说自己不行。实际上现在真正懂安全的干部、老工人、工程技术人员不是少数，而是成千上万。

第二，要解决怎么把安全生产搞上去的问题。

我来到煤炭部，很多搞安全的、搞生产的同志都给我灌输这个观点："死这么多人，关键在于管理不好。只要管理加强了，许多事故都可避免。"我当时相信了，就强调管理。强调了一年、两年，还没有解决。是不是下面的干部不听话，以发生事故为乐？我想来想去感到不对头。那为什么强调来强调去还不能解决好呢？确实有管理问题，但不完全是管理问题，还有手段问题、水平问题。没有安全手段怎么管？管瓦斯光靠瓦斯员、瓦斯检定器是不可能管住的，安检人员不可能一天二十四小时每分每秒都检查，而有了瓦斯自动监测装置，就能实现二十四小时内每分每秒都监测。顶板管理采用液压支架或单体液压支柱，就比木支柱安全得多。从这里看，先进的技术手段是搞好安全生产的物质基础。不讲科学管理、技术手段不行，不讲培训也不行。搞安全必须强调综合治理，现在看来要抓五条。

一是抓思想。干部、工人都有思想问题，解决不好就会“靠天吃饭”，磕头求菩萨保佑。

二是搞好科学管理。一要把业务保安搞好，从工艺上、作业上保证安全，不能马马虎虎。要从生产、建设各个工序上抓好安全。二要工会部门把安全网员组织好，按照科学规律抓安全。安全生产的规章制度要建立健全。三要有独立的监察工作。应当有两三道关，把安全工作置于国家监督之下。

三是推广使用现代化的安全设备仪器。现在外国有而我们没有的，可以引进或合作制造。

四是抓好安全培训。一定要把安全培训当作煤炭工业主要培训项目来抓。凡是到煤矿工作的干部、工人（包括农民轮换工）都要经过培训，不懂的不能干。安全培训要有正规的教材，要进行形象化教育。安全电影要拍好。管理学院的电化中心必须为安全培训服务。人员经过培训后要考试，合格的才能上岗工作。要用一至三年的时间把井下操作主要设备的工人扎扎实实地培训一遍。

五是加强法制。上面的工作都做了，如果再发生事故就要追究行政、法律责任。

我们说过，到1990年煤矿安全状况要有个根本转变。现在已过了三年半，时间不等人。如果再不马上全面地、彻底地解决这个问题，到那时再总结教训就更晚了，对国家和人民造成的损失就更大了。从现在起，必须彻底解决煤矿安全问题，每年都要有所前进、以达到安全规划中所提到的目标。

（原载《劳动保护》1984年5月）

19. 全国“安全月”领导小组部署1985年安全工作

1984年12月

1984年11月26日，国务院批准了全国“安全月”领导小组《关于今年“安全月”活动的情况和今后意见的报告》。

《报告》首先总结了1984年开展“安全月”活动的成绩和上半年的安全生产形势。《报告》指出，当前伤亡事故还很严重，安全生产形势还没有根本好转。存在的主要问题是：1. 有些地区、部门和企业的领导，仍然没有把安全生产作为一件大事来抓。对党中央、国务院的方针、政策只停留在口头上，做一般号召，缺乏具体落实的措施。2. 对新形势下出现的新问题，没有及时采取有效措施。在企业实行经济承包时，无安全要求或有而不严。乡镇企业安全工作无专人管理，绝大部分设备差，资金不足，规章制度不健全，职工素质低，隐患多。有些小煤窑不具备开采条件，不经批准，乱扒滥采。有的私人购买淘汰的汽车、拖拉机，为了赚钱而带“病”超载运行，有的无证驾驶。3. 企业改善劳动条件的资金长期无来源，有些单位设备长期不检修，抗御事故和自然灾害的能力很弱。4. 对新职工安全教育差。有些工种（如放炮、司炉、电工）不经专业培训和安全教育就上岗位独立操作。

《报告》就加强安全工作和1985年安全工作的重点提出如下意见：

一、成立常设的全国安全生产委员会。由国家经委、国家计委、劳动人事部、卫生部、公安部、财政部、广播电视部、煤炭部、冶金部、化工部、铁道部、交通部、机械部、农牧渔业部、国防科工委、国家核安全局和全国总工会等部门的领导同志组成全国安全生产委员会，请张劲夫同志兼任主任委员。办公室设在劳动人事部。安全生产委员会主要研究、协调和指导关系全局的重大安全生产问题。

二、在安全生产上，实行国家监察、行政管理和群众（工会组织）监督相结合的制度。这种制度是适合我国国情的。各地区、各部门和企业（包括乡镇企业）在体制、机构改革时，要加强劳动保护、安全生产、工业卫生工作，适当充实机构。

三、1985年的工作重点是：1. 积极创造必要的安全卫生条件。企业的技术改造要包括安全卫生的内容。2. 加强对职工特别是新职工的安全技术、安全管理和劳动纪律的教育及培训考核工作。大中型企业要注意培养安全技术人员，有条件的要配备专职的安全工程师。3. 进一步研究制订安全卫生法规，使安全卫生工作有法可依。先把伤亡事故处理和安全生产工作奖罚制度搞好，其他规章制度逐步健全和完善。4. 各级经济管理部门都要加强对安全生产工作的指导。针对原有企业技术改造的重要项目、新建的引进技术项目、城乡集体经济等的不同情况，实行分类指导。重点是：矿山安全（煤矿是重点）、交通肇事、企业尘毒危害和消防。同时要把承包中的安全责任制和城乡集体经济中的劳动保护工作摆上议事日程。

（原载《劳动保护》1985年第1期）

20. 加强劳动保护安全监察工作

——劳动人事部部长赵守一在全国劳动人事厅（局）长会议上的报告

1985 年 1 月

保护劳动者就是保护最活跃的生产力。保障劳动者在生产过程中的安全、健康是我国的一项基本政策，是发展生产力、提高经济效益的重要条件，也是社会主义企业经营管理的重要原则。

建国以来，党和政府采取了各种措施，千方百计地保护劳动者在生产过程中的安全和健康，成绩是显著的。但是，在安全生产方面存在的问题还相当严重。党的十一届三中全会以来，安全生产的情况虽然有所好转，但还没有从根本上扭转局面。安全生产中存在的问题，有企业的劳动条件、技术设备比较落后等客观原因，在主观上主要是有些企业以及经济主管部门对安全生产的重要性认识不足。现在经济体制改革正在全面展开，企业自主权进一步扩大，小企业放开经营，乡镇企业和小煤矿蓬勃发展，特别是在企业实行各种形式的承包责任制的情况下，加强劳动保护和安全生产工作就更加重要、更加迫切。

要逐步建立“三结合”的安全工作体制，实行国家监察（劳动部门）、行政管理（经济主管部门）和群众监督（工会组织）相结合。劳动部门要真正履行国家赋予的职责，加强安全监察机构，充实安全监察干部，全面推行国家监察员制度。在经济体制改革中，安全监察工作要统筹城乡，兼顾全民和集体企业，并要渗透到制订生产计划、企业整顿、技术改造、经济承包、新建扩建项目等工作中去。当前要侧重抓好矿山安全、企业防尘毒危害工作。

要加强立法，为劳动保护安全监察工作提供法律依据，使这项工作具有法律权威性。在进一步贯彻执行现行法规的同时，要根据经济体制改革和大力发展乡镇企业的新情况、新问题，组织协调各个方面，相应地制定有关安全卫生法规和技术标准。

大力加强劳动保护科研工作，逐步实现劳动保护管理科学化、标准系列化和信息统计、检测手段现代化，为改善劳动条件提供先进的技术措施，为防止伤亡事故和职业病提出科学的对策和监测方法，逐步把劳动保护安全监察工作建立在科学基础之上。

要认真总结安全生产的先进经验，运用典型做好安全教育，增强职工的安全观念，普及安全科学常识。同时要帮助各级主管部门和企业，重视安全生产工作，自觉地落实安全生产的具体措施。

（原载《中国劳动》1985年第1期）

21. 加强法制观念 搞好劳动保护

全国总工会劳动保护部部长 江 涛

劳动保护工作要有法律保障。社会主义法制越健全、劳动保护立法越完善，劳动者在生产中的安全健康就越有保证。

建国30多年来，我们党和国家制订了一系列劳动保护的方针、政策、法律、法令。1949年全国政协会议通过的《共同纲领》中规定我国实行8~10小时工作制；“保护青工女工的特殊利益。实行工矿检查制度，以改进工矿的安全卫生和设备”。1954年宪法91条、92条规定“国家通过国民经济有计划的发展，逐步扩大劳动就业，改善劳动条件和工资待遇……” “劳动者有休息的权利”。1978年新宪法48条规定：“公民有劳动的权利。国家根据统筹兼顾的原则安排劳动就业，在发展生产的基础上逐步提高劳动报酬，改善劳动条件，加强劳动保护，扩大集体福利，以保证公民享受这种权利。”49条规定：“劳动者有休息的权利。”国务院根据宪法规定的劳动保护原则，1956年颁发了《工厂安全卫生规程》《建筑安装工程安全技术规程》《工人职员伤亡事故报告规程》和《关于防止厂矿企业中硅尘危害的决定》，1963年颁发了《关于加强企业生产中安全工作的几项规定》，1975年发出了转发全国安全生产会议纪要的通知，1979年我国又颁发了100号文件。党中央也先后发出过（70）71号文件和（78）67号文件。为了加强社会主义法制，1979年我国又公布了《中华人民共和国刑法》。在《刑法》第113、114、115、187条中规定，凡是玩忽职守，违反规章制度，强令工人违章冒险作业，因而发生重大伤亡事故，造成严重后果的责任者，应该受到刑事处分。所有这些具有法律效力的有关劳动保护的法规就是我国劳动保护工作的法律依据，并且已在实际工作中发挥了重大作用。可见，我国在劳动保护方面的法律法令虽不够健全，但绝非是无法可依。当前的主要问题是，少数企业及主管部门的领导干部法制观念淡薄，有法不依。

法制观念淡薄表现在多方面，在处理伤亡事故方面最为突出。

少数领导干部常常无视党和国家的明确规定，根本不把司法部门的审判权和劳动部门、工会组织的监督检查权放在眼里。国务院关于《工人职员伤亡事故报告规程》第 8 条规定：“多人事故、重伤事故和死亡事故，应该由企业行政或者企业主管部门会同工会基层委员会组织调查小组（必要的时候组织调查委员会）尽速进行调查，当地劳动部门、工会组织和其他有关部门可以派员参加。调查后必须确定事故原因，拟定改进措施，提出对事故负责人的处分意见……”第 18 条规定：“工会组织有权监督企业对本规程的执行。”但是在一些法制观念淡薄的人眼中，这些规定统统等于零。这就出现了这样一种不正常的现象：处理某些重大事故不是以事实为依据，以法律为准绳，而往往由某个领导人说了算，大事化小，小事化了，息事宁人，不了了之。温州电化厂氯气爆炸事故，造成那么大的损失，但对事故责任者并没有严肃处理，市委发了一个通报就免于追究刑事责任，司法部门、劳动部门、工会的职权都被取代了。这种以言代法，以人治代法制的不正之风，是对法制的破坏，也是贯彻劳动保护法令规章的障碍。

法制观念淡薄还表现在少数领导人头脑中有“刑不上大夫”的思想。党中央（78）67 号文件明确规定：“一个企业单位发生了重大伤亡责任事故，首先追查厂长、党委书记的责任……根据事故情节轻重严肃处理，不能姑息迁就。”但事实上是，有的单位处理工人很容易，处理干部就难乎其难，什么“动机是好的呀”，应该“一贯两全呀”，总之一句话下不了手。至于对他自己，法律就更没有约束力了。这种做法是封建特权观念在事故处理问题上的反映，不仅会助长不爱惜工人生命的官僚主义作风，而且严重脱离群众，损害党和国家的威信，危害极大。

少数人对依法处理对事故负重大责任的领导者有抵触情绪。在国务院处理“渤 2”事故后，有人说什么他不想当矿长、局长了。这种消极情绪是错误的。在“四人帮”横行时有些人习惯在没有法制和无政府主义的状态下过日子，想怎么干就怎么干。现在不行了，不执行党中央的劳动保护政策和国家的有关法规，由于玩忽职守出了严重的责任事故者，要依法论处，他们认为日子不好混了，因而情绪抵触，牢骚满腹。应该奉劝这些同志改变这种想法，振作精神，坚决贯彻执行党和国家的劳动保护政策和法令，为工人兄弟，为“四化”大业多做些好事，如果不改，这个官你不当也好。对党的政策不执行，对国家法令不贯彻，对工人的生命不关心的人，根本就没有资格当矿长、局长。你不干，也难不倒人，依靠群众另选贤能就是了。当然，我们决不主张搞惩办主义，要以教育为主。处分人总是少数，而且处分也是为了教育本人和大家。党中央领导同志在全国总工会的一个报告上批了三句话：一、我们的干部精神状态要振作，二、要提高法治观念，三、要增强群众观点。这对改进我们干部的思想作风确是切中要害的。

加强劳动保护法制，依法处理重大伤亡事故，还需要司法部门真正做到有法必依、违法必究，执法必严。如果“刑不上大夫”的流毒在司法人员的脑子里还存在，那就成问题了。少数检察人员说：“一切过失犯罪都应该从轻处理。”我看不能这样做，还是要依法办事。有个县煤矿 3 个工人在操作中一氧化碳中毒，头昏呕吐，去找井长要几节导风筒，反被这个井长训斥一通。工人只好回去，结果这 3 个工人都死了。工会认为这次事故情节恶劣，要求追究刑事责任，而县检察院回复说：“虽属违法行为，但情节轻微，免于追究刑事责任。”死了 3 个人，难道情节还轻微吗？有个法院对死亡数十人的重大事故的主要责任者只判处缓刑，群众愤愤不平，最后只得改判。这种现象虽发生在少数地方，但应当引起注意。

国务院对于“渤 2”事故的处理，使各级领导干部和广大群众受到了深刻的法制教育，对提高干部和群众的法制观念，贯彻执行党和国家的劳动保护法规、政策，预防和减少事故起了很大推动作用。今后，各地区、各部门都应当认真贯彻国务院关于处理“渤 2”事故的决定，加强法制观念，做好劳动保护工作，促进国民经济的进一步调整和政治上的进一步安定团结。

（原载《中国劳动》1981 年第 4 期）

22. 国家经贸委副主任石万鹏在全国安全生产工作会议上的讲话

1999 年 1 月 7 日

同志们：

这次会议是国务院机构改革后，由国家经贸委召开的第一次全国安全生产工作会议。会议的主要任务是贯彻中央经济工作会议和全国经贸工作会议精神，回顾总结 1998 年的安全生产工作，统一思想，提高认识，明确 1999 年的工作任务，团结一致，努力开创全国安全生产工作新局面。下面，我讲三点意见，供同志们讨论。

一、1998 年安全生产工作回顾

1998 年是极不寻常的一年。我国经济建设遇到了前所未有的困难：长期重复建设造成许多生产能力低水平严重过剩，买方市场的约束作用明显强化；亚洲金融危机给我国外贸出口和经济增长带来很大负面影响，加大了国内市场的压力；长江、嫩江和松花江流域发生特大洪水，使人民群众的生命财产遭受了损失，也直接影响到经济发展。面对如此复杂和严峻的局面，以江泽民同志为核心的党中央，冷静分析形势，果断采取扩大内需的措施，综合运用财税、货币和投资等宏观调控手段，促进经济增长，使我国经济在剧烈动荡的国际经济环境中站稳了脚跟。广大军民万众一心，顽强拼搏，取得了抗洪斗争的伟大胜利。1998 年，我国经济持续发展，改革开放继续推进，人民生活有所改善，社会保持稳定，全年经济增长速度为 7.8%，这个成绩是了不起的，的确来之不易。

安全生产工作为国民经济的持续发展做出了应有的贡献。1998 年，安全生产工作中遇到了许多新的困难，企业经济效益普遍滑坡，安全投入严重不足；特大洪涝灾害使工矿企业事故隐患险情增加；机构改革后新的安全生产工作机制正在形成等。各地区、各部门和广大企业深入贯彻江泽民总书记等中央领导同志关于安全生产工作的一系列重要指示精神，继续坚持“安全第一，预防为主”的方针，克服各种困难，埋头苦干，努力工作，保持了全国安全生产形势基本平稳。从全国人员伤亡事故统计的情况看，1998 年 1 月至 10 月，全国工矿企业共发生职工伤亡事故 11604 起、死亡 10723 人。1998 年全年工矿企业发生一次死亡 10 人以上的重大事故 99 起、死亡 1923 人，比上年分别下降 13.91% 和 11.95%。1998 年 1 月至 11 月，全国发生火灾事故 116727 起、死亡 1711 人、受伤 3926 人、直接经济损失 11.5 亿元，与上年同期相比分别下降 10.3%、28.7%、12.9% 和 17.8%。为保护人民群众生命财产安全，促进社会稳定和国民经济发展起到了积极作用。

在过去的一年里，各地区从自身的实际出发，通过各种途径和方式强化安全生产工作，并形成了一些新的特色。不少地方把提高职工的安全意识，作为促进社会主义文明建设，促进企业安全生产的一个重要手段来抓。江苏省劳动厅为营造“人人讲安全，事事注意安全”的良好氛围，在安全生产宣传月开展了形式多样的宣传活动，与省无线电管理办公室联合在全省开展了无线电寻呼宣传日，宣传工作有声有色。山西省劳动厅针对本省是能源大省，煤矿多的特点，狠抓落实，督促县（市、区）主要领导落实安全生产管理职责，督促企业落实各项安全生产责任制。特别是加大了执法检查的力度，实行跟踪重点地区、重点企业、重点隐患治理项目和落实“谁检查、谁签字、谁负责”的责任制，1998 年矿山各类伤亡事故全面下降，创出了全省 16 年来最好成绩。湖南省劳动厅积极开展企业安全生产基本条件审查，对矿山建设和生产企业实施年检制度，发现事故隐患 2 万多处，发出安全监察指令书 893 份，对重大事故隐患实施立案跟踪监察，并积极提供技术服务，近几年的伤亡事故逐年下降。

各行业的安全生产工作也有新的起色。煤炭行业多年来狠抓国有煤矿的“一通三防”和小煤矿的整顿治理，全行业伤亡事故连续几年有所下降。化工行业按照国际标准，加强对重大化学危险源和化学危险物品的安全管理，严格三级培训考核制度，提高了职工的安全生产技能和事故防范意识。建筑行业通过整顿建筑市场，加强安全管理和执法监督，建筑安全状况有一定好转。公安消防部门加强立法工作，加大执法力度，有效地控制了火灾事故的上升势头，重大、特大事故有较大幅度下降。民航系统认真贯彻落实“三句话，八个字，一严两抓”的总体要求，在安全评价和事故预防方面下功夫，应急处理能力和安全管理水平有很大的提高，1998 年亿客公里死亡人数为 0。铁路系统加大科技含量，优化技术装备，实施动态安全管理，安全保障能力有突破性进展，保证了安全提速。水上交通系统依法治理水上交通安全，改善安全基础设施，提高技术含量，积极推行安全管理新机制，提高了管理和监督水平。国防工业系统严格规章制度，努力提高科学化、规范化管理水平，加大科技投入，保证了军品和民品的安全生产。机械行业坚持推行工厂安全性评价活动，有色行业推广白银有色金属安全生产标准建设的经验，冶金行业坚持开展“党员身边无事故”和“青安杯”安全竞赛活动，纺织行业开展安全创“三无”企业活动，烟草行业积极采用先进安全技术措施，石油化工系统狠抓安全生产“一岗一责”制和关键生产装置、重点部门的安全监督管理，石油天然气系统坚持领导干部承包生产的要害部位，国土资源部狠抓各级领导的安全生产责任制等都取得了积极的成效。

回顾 1998 年，我们深深体会到，搞好安全生产工作：第一，必须严格执法，把安全生产工作纳入法制化的轨道。建国以来，特别是改革开放以来，我国相继颁布了有关法律、法规，各部门制定了大量行之有效的行政规章和工作制度，为依法做好安全生产工作奠定了基础。第二，必须不断完善和落实安全生产责任制。不断强化各级领导安全意识，特别是要把安全生产的责任落实到企业。第三，必须有一支作风过硬的安全监督管理队伍。我们这支队伍既包括各地综合安全监督管理的队伍，也包括各部门的安全监督管理队伍，大家分工协作，相互支持，查隐患，促整改，为企业的安全生产和劳动者的安全与健康服务，体现了崇高的敬业精神和良好的工作作风。第四，必须动员各方面力量，协同动作。各级工会依据《工会法》和工会劳动保护条例开展群众性的安全监督和形式多样的宣传教育活动，新闻宣传单位加强了安全生产的社会舆论监督，安全生产事业单位和中介组织在安全生产的宣传、教育、科研、检测检验、咨询服务等方面都做了大量的基础性工作。

二、统一思想，提高认识，自觉地把安全生产工作纳入经济发展和社会全面进步的大局中去

中央经济工作会议对1999年经济工作所面临的形势做了全面、深刻的分析，对1999年的工作做了全面部署。在年前结束的经贸工作会议上，对1999年的经贸工作提出：要高举邓小平理论伟大旗帜，深入贯彻党的十五大和十五届三中全会精神，认真落实中央经济工作会议提出的各项政策措施，紧紧围绕国有企业三年改革与脱困这个目标，以企业工作为中心，把提高经济效益摆在突出位置，控制总量，调整结构，开拓市场，深化改革，加强管理，整顿秩序，全面提高企业素质和经济运行质量，促进国民经济持续、快速健康发展，迎接建国五十周年。全国经贸工作会议还要求1999年要强化安全生产的监督管理工作，切实搞好安全生产。

根据全国经贸工作会议的总体要求和部署，1999年安全生产工作的指导思想是：以江泽民总书记关于安全生产的重要指示为指导，深入贯彻中央经济工作会议和全国经贸工作会议精神，加强安全生产法制建设，加强安全生产宣传教育、安全生产监督管理队伍建设和预防性安全监督，建立健全企业安全生产的自我约束机制，以遏制和减少重大事故为重点，狠抓安全生产责任制的落实，以实际行动迎接建国五十周年。

正如江泽民总书记在经济工作会议上所指出的那样：综观国内外形势，我国经济发展既有前所未有的机遇，也面临着困难和挑战，还可能会遇到各种困难和风险，要估计得充分一些，把措施考虑得更周到一些。心中有数，才能应对自如。做好1999年的安全生产工作，要作最坏的准备，尽最大的努力，争取最好的结果。大家必须统一思想，充分认识安全生产工作的重要性，自觉地把安全生产工作纳入经济发展和社会进步的大局中去。

（一）从讲政治、保稳定、促发展的高度出发抓好安全生产。安全生产关系到人民生命财产安全，关系到社会稳定和经济的健康发展，甚至关系到国家的形象。如1997年以来相继发生的河南省平顶山市煤矿瓦斯爆炸事故，福建省莆田市职工宿舍楼坍塌事故，818次旅客列车追尾冲突事故，南航波音737飞机解体事故，北京东方化工厂“6·27”储罐区特大火灾爆炸事故等，不仅造成了重大的经济损失，危及人民生命和财产安全，还在国内外造成不良影响。

1月3日，辽宁省铁法矿务局发生一起两列火车相撞的重大事故，死亡24人、伤22人。吴邦国副总理在事故报告上批示：“这是一起完全可以避免的事故，请予彻查。煤炭行业近期事故不断，关键还是领导安全意识和管理问题，‘安全第一’、安全责任制问题要在工作会议上反复强调”。伤亡事故年年发生，总结一条，都是违反规定，不按法规办事，忽视安全生产造成的。安全问题要年年强调、时时狠抓落实。

历史的教训值得重视，凡是不按规律办事，忽视安全生产时，伤亡事故就显得尤为突出。如1958年、1970年和1978年曾出现过3次伤亡事故高峰，1994年重复建设问题突出时，各地也出现了事故高发的势头。这充分说明，我们在加快经济发展的同时，决不能忽视安全生产。提高经济增长的质量和效益，其中一个很重要的方面，就是要做好安全生产工作。不讲速度与效益的统一，不讲可持续发展，往往欲速则不达。忽视安全酿成事故，既影响生产的正常进行，造成巨大经济损失，又危及人民群众生命财产安全，影响社会安定。伤亡事故严重是国务院领导同志非常关心、非常着急的事，在座的同志们都是做这项工作的，今年我们将迎来中华人民共和国成立五十周年，我国政府将恢复对澳门行使主权，我们一定要从讲政治、保稳定、促发展的高度，采取有力措施，扎扎实实地抓好安全生产工作，让党中央、国务院领导放心。

（二）要从企业长远发展和树立良好形象的经营战略出发抓好安全生产。一个经济效益好、形象佳的企业，必然是注重安全生产、管理有序的企业，而一个重视安全生产的企业也必然是在市场经济中有后劲、有竞争力的企业。如邯钢集团公司从1994年以来，发展经济始终不忘安全生产，关键是领导班子有一个较高的认识，他们将安全生产提到“天字号第一工程”的高度，把建立良好的安全工作秩序和环境，保障国家财产和职工人身安全作为各级领导的一件大事来抓。重点抓厂长、段长、班长三级管理层，通过宣传教育活动提高职工安全素质，狠抓安全生产责任制的落实，并采取重奖重罚的措施，强化管理。对于事故隐患治理，不惜投入重金，加强老设备改造，实现设备本质安全。又如兵器总公司、中国海洋石油总公司、上海电气集团总公司等单位，把推行安全管理体系，开展安全性评价，完善企业安全管理的约束机制作为安全生产工作的重点，他们引入系统安全的观念、预防事故的观念，将安全风险分析定量化，把传统的安全管理与现代安全管理进行比较，推行安全管理体系和安全性评价，使职工逐步实现了“要我安全”，“我要安全”到“我会安全”的转变。形成了人人都为实现零事故的安全管理目标尽责尽力，树立良好的企业形象，获得了安全与效益的双丰收。

相反，一些企业急功近利，不注重安全生产，“有钱买棺材，没钱买药吃”。安全管理滑坡，相继发生重大事故，造成了人员伤亡和重大经济损失，使原本困难的企业雪上加霜，更谈不上企业的形象和发展。所以我们要通过正反两方面事例引导各级领导和企业抓安全、保效益、促脱困。

（三）要从加快行业结构调整的要求出发抓好安全生产。最近，朱镕基总理在我委上报河南省平顶山市煤矿发生特大瓦斯爆炸事故的报告上批示：“整顿煤炭行业刻不容缓”。煤炭行业每年死亡近万人，经济损失严重。党中央、国务院为解决煤炭工业存在的深层次问题，采取了三项重大改革举措：下放国有重点煤矿、实行关井压产、向国有重点煤矿派出稽查特派员。在中央经济工作会议上，朱镕基总理再次强调：“坚决关闭非法开采和布局不合理的小矿井。要整顿和关闭技术落后、浪费资源、质量低劣、污染环境、不符合安全生产条件的小玻璃厂、小水泥厂、小炼油厂、小火电厂和小炼钢厂”。在全国经贸工作会议上，吴邦国副总理又强调“要坚决关掉‘五小’。这些厂不关掉，国有大中型企业三年脱困的目标就难以完成，经济秩序也无法好起来”。这是党中央、国务院坚决制止低水平重复建设，搞好重点行业和重点企业的重大宏观调控措施，也是实现安全生产的治本之策。要加大安全生产监督和管理的力度，坚决关掉那些不符合安全生产条件的小煤矿等，以加快行业结构调整和改组的步伐。同时，我们在工作中也要实事求是，做好调查研究，及时发现倾向性的问题，提出方向性的意见和措施，按照邦国副总理的要求，积极与有关部门密切配合，把功夫更多地花在探索有效的措施和办法上，切实抓出成效。

（四）强化安全生产管理是企业“三改一加强”的重要内容。企业是国民经济的基础和细胞，搞好企业的安全生产也就抓住了安全生产的根本。搞好企业内部管理，建立以人为本、管理创新与技术创新并举的管理体系，向管理要安全是一条非常重要的经验。中国石油天然气集团公司在不断推进“三改一加强”的同时，狠抓安全生产新技术的开发和研究，并应用于生产实践，向科技要安全、要效益，自1996年以来，开展各种安全技术攻关825项，推广应用新技术614项，既改善了企业的安全生产状况，又提高了经济效益，去年他们又按国际惯例建立和实施了健康、安全与环境HSE管理体系，培训了4000多人，增强了国际竞争的实力，承揽了多项境外工程。又如川化集团有限责任公司学习邯钢、吉化经验，以人为本，在安全生产工作中提出了“风险责任目标管理法”，在具体做法上采取模拟市场核算，内部银行结算，责任目标考核，成本、质量、安全三否决的办法，提高了企业综合管理水平，实现万人大厂5年无因工死亡事故，安全生产工作搞好了，企业的经济效益也提高了。

总之，安全是搞好生产的基础，是经济发展的保障。要坚定不移地坚持“安全第一，预防为主”的安全生产工作方针，保障国家和人民生命财产安全，保障国民经济持续、快速、健康发展。

三、1999年安全生产工作安排

根据1999年安全生产工作的指导思想，要着重做好以下几项工作：

（一）认真学习、深入贯彻江泽民总书记关于安全生产工作的一系列重要指示。江泽民总书记关于安全生产工作一系列重要指示是安全生产工作的指导思想，必须认真学习贯彻。江总书记强调安全生产“责任重于泰山”，把防止事故发生作为“人命关天”的大事。1997年5月9日，对于民航、铁路、煤矿连续发生的多起事故，江总书记作出了加强安全生产工作的三点重要指示：“一、坚决树立安全第一的思想，任何企业都要努力提高经济效益，但是必须服从安全第一的原则，要防止一切麻痹松懈的思想和骄傲自满的情绪，尤其是交通、煤炭、电力、石油、化工、林业等部门及其企业更要重视安全。二、认真完善安全生产的规章制度，并且坚决贯彻执行，改变那种纪律松弛、管理不严、有章不循的情况，对责任事故要严肃追查责任者，从严处理。三、提高政治警惕，严防政治破坏，各级政法部门要严厉打击破坏安全生产的犯罪活动，依法从严惩处”。1998年5月，针对连续发生几起重大火灾，江泽民总书记又明确指示：“最近火灾接连不断，有建筑火灾，还有森林大火，全党同志要敲起警钟，既要及时灭火救灾，更要强调预防。我在电视上看到救火缺乏水源，要尽快搞好消防设施建设，小洞不补，大洞受苦”。在抗洪抢险期间和灾情最危急的时刻，江泽民总书记、李鹏委员长、朱镕基总理等中央领导同志亲临现场，指导工作，反复强调“救人第一、确保人民生命财产安全”，充分体现了党和政府始终如一的全心全意为人民服务的根本宗旨。认真学习和贯彻落实江泽民总书记对安全生产工作的重要指示，就要从讲政治、保稳定、促发展的高度认识安全生产工作的重要性，在思想上、组织上、措施上抓好落实。具体来讲，要抓住6个重点环节：一是抓思想落实。任何企业都要努力提高经济效益，但是必须服从安全第一的原则，树立安全保效益，安全保稳定，安全促发展的思想。二是抓组织落实。各地区、各部门和企业一把手是安全生产的第一责任人，要一级抓一级，强化安全生产工作，加强安全生产管理建设，并在人、财、物上予以必要的支持。三是抓安全生产责任制落实和安全生产目标管理，我们要根据吴邦国副总理：“考核各级领导干部安全生产责任制是否落实，归根到底是要看重大、特大事故是否得到有效的控制和预防”，进行严格的考核与奖惩。四是抓事故预防，抓苗头，抓隐患整改，而且要警钟长鸣。企业要开展经常性的宣传教育，提高人的素质，做好自查，各级安全监督管理队伍要深入现场，开展预防性监督检查。五是抓重点行业和企业。从行业的特点和安全生产工作的现状看，交通、煤炭、电力、石油、化工、林业、建筑等行业事故较多。控制住重点行业的人员伤亡事故对全国安全生产形势的好转将起到重要作用。六是抓事故处理。对有法不依，有令不行，有禁不止造成事故的责任人，要坚决予以严惩。朱镕基同志说："不严肃追查责任，责任事故是难以消灭的"，要通过严肃处理事故，查清事故发生的原因，举一反三，让大家从事故中吸取教训。

（二）全面落实安全生产管理责任制，督促指导企业建立安全生产的自我约束机制。安全生产责任制是多年来安全生产管理工作的经验总结。要继续贯彻落实《国务院办公厅转发劳动部关于认真落实安全生产责任制意见的通知》文件精神，各地区和有关部门（行业）及企业要建立健全安全生产考核奖惩制度，地方各级人民政府应制定安全生产规划并将其纳入国民经济和社会发展的总体规划。企业要严格按照国家有关安全生产的法律法规和方针政策，制定详尽周密的安全生产计划，健全各项规章制度和安全操作规程，落实全员安全生产责任制。

今年，我们要齐心协力打好国有企业脱困与改革的攻坚战，做好安全生产工作意义重大。要不断总结和推广好典型，引导企业加强管理，不断完善内部规章制度，落实安全生产责任制。要做好分类指导，根据不同地区、不同行业、不同企业性质和规模探索不同安全管理模式，确保国有重点企业安全生产，对三资企业、个体私营企业的安全生产工作要加强监督管理，在安全生产上为中小企业提供指导和服务。安全生产工作要抓两头，带中间，好的典型要大力推广，使发生事故的企业吸取经验教训，提高认识，增长信心。请各地区、各部门深入企业抓一些典型，并认真总结，逐步推广。

（三）加快安全生产的立法步伐，推进安全生产法制化的进程。江泽民总书记在十五大工作报告中指出；"依法治国，是党领导人民治理国家的基本方略，是发展社会主义市场经济的客观需要，是社会文明进步的重要标志，是国家长治久安的重要保障"。"一切政府机关都必须依法行政"。建国以来，特别是改革开放以来，国家颁布的一系列有关职业安全卫生方面的法律法规以及规章和标准，在安全生产工作中发挥了积极作用。这次机构改革，一些原有法律、法规规定的执法主体发生了变化，同时，随着社会主义市场经济体制的发展，原来的一些规定已不完全适应工作需要。我们要通过若干年努力，逐步建立起适应社会主义市场经济体制的安全生产法规体系。

各地在加快立法进程的同时，要加强执法监督。目前有不少法规没有认真落实。江总书记在三条重要指示中提到的那种纪律松弛、管理不严、有章不循的情况，尚未根本改变。我们必须要坚持有法可依，有法必依，执法必严，违法必究。对有令不行，有禁不止、我行我素、事故隐患严重的企业，要责令限期整改，对申请上市的股份制企业要把安全生产状况列为审查内容，对重大事故要采取公告制度，予以曝光。对违章指挥、违章操作、违反劳动纪律的企业和负责人要使用法律、行政、经济手段予以严肃处理。今年，特别是在关闭非法煤矿、布局不合理的煤矿和“五小”上态度要坚决，措施要得力，并要取得实效。

（四）大力开展安全生产宣传、培训、教育工作，提高劳动者的安全生产意识和自我保护能力。坚持开展形式多样、生动活泼的宣传教育活动，大力宣传安全生产法律法规，使企业经营者和广大职工知法、懂法、遵法、守法。过去每年五月都开展安全生产周活动，效果不错，应该坚持下去。今年五月，我们以“安全·生命·稳定·发展”为主题，开展第九次全国安全生产周活动。希望各级领导和企业把安全与保护劳动者生命，安全与促进社会稳定和发展统一起来，努力营造一个遵纪守法，安全生产的氛围。

要注意抓好安全法规和安全生产知识、专业技能的培训工作。首先要根据不同情况因人施教，组织编写适合不同对象、不同层次的安全培训教材，对务工农民的安全培训要通俗易懂。二是充分发挥企业的积极性，并利用好现有的培训教育基地，按照不同的培训对象实施分级培训考核制度。三是加强企业安全培训教育情况的监督检查，特别要检查企业经营者、安全管理人员和特种作业人员的安全培训考核情况，对违反规定、不进行培训的要责令整改。对务工农民和新工人要注重安全生产知识和专业技能的培训，未经培训考核合格的不得上岗作业。从事特种作业的职工必须经专门培训并取得特种作业资格。安全生产宣传、培训、教育工作是一项长期的基础工作，要坚持不懈地抓好。

（五）依靠科技进步，提高安全生产水平。要加大安全科技投入，鼓励有关科研单位和企业大力开发、推广安全生产先进技术和安全管理方法，依靠科技进步和科学管理方法促进安全生产。企业应确保必要的安全投入，及时治理事故隐患，通过“三改一加强”，切实改善安全生产条件。要继续做好北京、上海、天津、深圳、青岛和成都市重大危险源普查与监控工作，各省会城市、计划单列市和工矿企业集中的城市，也要充分运用先进科技手段，加强重大危险源的普查和监控。国家经贸委设立了安全科技进步奖，对安全科学技术研究和应用方面取得显著成绩的单位和个人要给予奖励。

安全技术检测检验工作是安全生产监督管理工作的重要手段，要重点发展和建设中心城市一级的安全检测检验机构，但要防止重复建设和增加企业负担。安全技术检测检验机构必须依法经过相应的资格认可，才可从事检测检验工作。检测检验工作要客观、科学、公正。现代化生产一方面为搞好安全生产创造了条件，而另一方面一旦发生事故，损失将比传统的手工业规模要大，危害更严重。如 1984 年 12 月 30 日印度博帕尔工厂发生的装置爆炸造成毒气泄漏事故，毒死近 3000 人，受永久性影响的未死亡遗族达 45 万人。所以我们万万不可粗心大意。对计算机 2000 年的问题，我们应配合有关部门加强监督检查，防止计算机系统紊乱造成一系列连锁反应和事故。

目前，全国有百余所安全生产科研事业单位和中介组织，有相当一部分有开发应用前景的科技成果和产品，要加强组织审查认证，大力推广有社会经济效益的新成果、新技术、新产品，逐步淘汰技术落后、质量低劣的产品，通过培育和净化安全生产技术服务市场，提高安全生产科技水平和装备水平。积极开展安全生产工程技术评价、技术咨询、培训教育单位资格认可和委托授权工作，加大安全生产技术服务的力度，特别要做好对中小企业的安全生产技术服务，提高安全科学技术的转化率，促进安全生产和劳动保护产业的发展。

（六）加强安全生产执法检查。安全生产监督检查工作是强化安全生产监督管理的一项重要工作，是督促企业落实各项安全法规，治理事故隐患，降低人员伤亡事故的有效手段。控制重大工矿企业职工伤亡事故，要特别加强煤矿预防性安全监督检查，要重点检查“一通三防”的各项措施。对非法和布局不合理的小煤矿及不具备安全生产条件的小玻璃、小水泥、小炼油、小火电、小炼钢也要依法整顿和关闭。国家经贸委、国家煤炭局、监察部和全国总工会要在1月份开展煤矿安全大检查，年内还要抢在事故高发期前开展经常性的监督检查。

要继续加强尾矿库和露天采石场的预防性安全监督检查。尾矿库一旦造成溃坝事故，将造成人员伤亡和重大经济损失。特别是目前我国绝大多数尾矿库处于超期服役的状态，病库、危库比较普遍，去年又长期受雨水浸泡，危险程度加大，必须引起高度重视。今年国家增加了基础设施的投入，刺激石材需求，要注意采石场规范化建设，防止“一面坡”开采和“掏底采”造成重大坍塌事故。

要加强化学品管理和易燃易爆危险品生产、储存、运输中的预防性安全监督检查。由于化工生产过程易燃易爆、有毒有害，一旦管理和操作失控，极易发生重大事故，甚至造成社会灾害。因此要积极推行化工事故的应急救援分级管理，建立化学品登记、分类和安全标签管理工作制度。春节期间要加强烟花爆竹生产、运销过程中的安全监督检查，坚决查封无证生产的小加工厂、家庭小作坊。

要抓好新建、改建、扩建工程的安全设施和主体工程同时设计、同时施工、同时投入生产和使用的审查验收。目前国家重点粮仓的建设，必须注意防止发生粮尘爆炸和火灾事故。要切实加强民航、公路交通、铁道运输、水上运输等行业的安全监督检查。春运高潮已到，一定要防止机动车驾驶员交通肇事、超速行驶、超载搭客、违章超车、酒后驾车，以及报废车辆回流社会等，严禁运输工具和运输线路带病运行。铁路提速后要继续加强铁路沿线无人看守道口的监护工作，各地要大力支持铁路部门平交改立交的工作，防止路外重大伤亡事故发生。民航安全尤其重要，一旦发生事故惊天动地，航空公司的信誉将受到很大影响，临近春节一定要确保万无一失。

要进一步完善安全产品和劳动防护用品管理制度，逐步推行安全产品的安全标志认证和发放制度。不断规范劳动防护用品和安全产品的生产、检验和销售工作，提高产品质量，确保安全产品的安全可靠，防止伪劣产品进入市场。要加强对企业使用安全产品和发放劳动防护用品的监督管理，施行矿用特种产品安全标志管理制度。

（七）加强事故统计和事故批复结案工作。要力求做到事故统计和信息报送快速、全面、准确，这是保证行政决策正确，制定有针对性的事故防范措施的需要。党中央、国务院一直十分重视信息工作，对信息报送工作提出了很高的要求，各地要高度重视，加强领导，特别是在地方机构改革期间，要安排专人负责，进一步做好事故统计月报、年报和安全生产简报等工作。

目前，有少数单位存在瞒报事故的现象，必须纠正。今后如发现隐瞒事故的，由事故单位主要领导负责；主管部门参与隐瞒的，由主管部门领导负责；当地党政领导授意隐瞒的，由当地党政领导负责。各地区、各部门可以设立群众监督举报电话，加强社会监督。

严肃查处事故，做好事故批复结案工作。要严格依照有关法律法规的规定，按照事故调查处理权限，坚持“三不放过”的原则，做好事故批复结案工作。各级安全监督管理机构要主动与监察、公安、司法部门及工会等配合好，对那些有法不依、有章不循、有令不行、有禁不止造成重大人员伤亡事故或重大财产损失事故的责任者，要依法从严处理，并督促检查落实情况，要定期举办事故分析和预防培训班，请事故单位的主要领导学习有关安全生产的法律法规，端正思想认识，改进工作，加强安全生产管理。

（八）加快建立工伤保险与事故预防相结合的机制。国家经贸委和各级安全生产监督管理机构要积极配合劳动保障部门尽快建立健全工伤保险与事故预防相结合的机制，利用工伤保险的差别费率浮动机制，激励企业采取有效措施改善安全生产条件，防止和减少人员伤亡事故的发生。我们要认真总结经验，积极与有关部门配合，扩大试点，逐步推广。

（九）加强安全生产工作队伍建设。做好安全生产监督管理工作要有一支坚强有力的高素质队伍，在机构改革期间稳定队伍和加强队伍建设尤为重要。最近，中央已经明确：第一，省一级要与中央对口，省以下地区给予比较大的自主权；第二，政府公务员要减少50%；第三，机构改革时间是3年，党中央、国务院一再强调，各省的机构改革上半年作准备，下半年开始实施。现在国家一级的安全生产综合管理职能已划入国家经贸委，而地方多数还在劳动部门，因此，各地在机构改革过程中，要根据党中央、国务院的要求，理顺管理体制。在这关键时期，大家要注意安全生产工作，否则，工作交接不好、领导不力、管理工作失误，更容易发生事故。这是机构改革期间应注意的第一个问题。第二个问题是，在机构改革中人、财、物要随着工作走，保证安全生产工作的正常开展，不能只交瘦不交肥，也不能只接肥不接瘦。希望大家注意这些问题，各级经贸委和安全监督管理机构要自觉服从党中央、国务院和本省（区、市）党委、政府的决定，做到顾全大局，讲团结，守纪律，确保人心不散、队伍不乱、工作不断。为此，一是要按照国务院的要求优化结构，做好安全生产工作的组织建设，保持一支高素质的安全生产监督管理队伍；二是要加强安全生产监督管理工作的规范化、科学化、制度化建设；三是要大力提高安全生产监督管理人员自身的政治和业务素质，努力实现“三个转变”，即转变观念，转变工作方法，转变工作作风。树立“服务好、态度好、廉政好”的新风，全心全意为人民服务、为基层、为企业服务；四是妥善安排好分流人员，充分发挥每个人的作用，并通过机构改革充实、加强安全生产事业单位或中介组织；五是加强调查研究，认真研究新情况、新问题，特别要善于发现安全生产工作中一些倾向性的问题并提出合理化建议。

同志们！安全生产工作责任重大，我们一定要从改革、发展、稳定的大局出发，大力弘扬万众一心、众志成城、不怕困难、顽强拼搏，坚韧不拔、敢于胜利的伟大抗洪精神，努力开创安全生产工作的新局面，以搞好安全生产的实际行动迎接建国五十周年。

23. 国家经贸委副主任石万鹏在全国安全生产工作电视电话会议上的讲话

1999 年 1 月 27 日

同志们：

这次全国安全生产工作电视电话会议，主要是进一步深入贯彻落实江泽民总书记和朱镕基总理关于做好安全生产工作的指示精神，采取有力措施，坚决遏制重大事故上升的势头，确保春节期间的安全生产，确保 1999 年的安全生产。刚才，公安部、全国总工会和一省一市一区的负责同志都讲了话，我完全同意。关于今年的安全生产工作，在此前召开的全国安全生产工作会上已做了统一部署，今天我再强调几个问题：

一、安全生产形势严峻，必须引起高度重视

刚刚过去的 1998 年是极不寻常的一年。各地区、各部门和广大企业深入贯彻落实江泽民总书记等中央领导同志关于安全生产工作的一系列重要指示精神，坚持“安全第一，预防为主”的方针，克服各种困难，保持了全国安全生产形势基本平稳。

据统计，1998 年 1 月至 11 月，全国工矿企业共发生职工伤亡事故 12787 起、死亡 12062 人，与 1997 年同期相比分别下降了 24.35% 和 25.05%。其中非矿山企业发生职工伤亡事故 8227 起、死亡 4639 人，与 1997 年同期相比分别下降了 18.42% 和 19.59%；矿山企业发生职工伤亡事故 4560 起、死亡 7423 人，与 1997 年同期相比分别下降了 33.12% 和 28.11%。1998 年共发生一次死亡 10 人以上重

特大伤亡事故 99 起、死亡 1923 人，与 1997 年相比分别下降了 13.91% 和 11.95%。1998 年 1 月至 11 月，全国共发生道路交通事故 309304 起、死亡 69623 人、伤 200943 人，与 1997 年同期相比分别上升 11.9%、4.2%、15.7%，直接经济损失 17.37 亿元。1998 年共发生特大交通事故 70 起，比 1997 年上升 9.4%；死亡 1023 人，比 1997 年下降 1.6%；伤 1193 人，比 1997 年上升 34.2%。

1998 年全国共发生火灾事故 14.2 万起、死亡 2380 人、伤 4894 人、直接经济损失 14.4 亿元，总体上有所下降。其中特大火灾事故 78 起、死亡 117 人、伤 237 人、直接经济损失 2.9 亿元，与 1997 年相比分别下降 11.4%、74.2%、35.2%、21.1%。

1998 年铁路路内行车一般事故 2419 起，重大和大事故 28 起、死亡 5 人、伤 21 人，重大和大事故起数比 1997 年上升 47.4%；1998 年 1 月至 11 月铁路路外伤亡事故 11744 起、死亡 7650 人、重伤 3579 人；1998 年全年铁路路外重大伤亡事故 23 起、死亡 135 人、伤 193 人，事故起数比 1997 年上升了 64.3%。

1998 年运输船舶交通事故 879 起，死亡和失踪 635 人、伤 106 人，沉船 266 艘，经济损失 13752.19 万元。与 1997 年相比，事故起数下降了 12.0%，死亡和失踪人数上升了 14.2%，经济损失下降了 46.82%。

1998 年民航系统亿客公里死亡人数为 0。

1998 年全国共发生锅炉、压力容器、压力管道爆炸事故 102 起，比 1997 年的 132 起下降了 22.7%；死亡 82 人，比 1997 年的 147 人下降了 44.2%。

但是，自去年入冬以来，重特大事故频频发生：如山西省临汾市河底乡三交村西沟煤矿 1998 年 11 月 21 日发生死亡 47 人的瓦斯爆炸事故，云南省宣威县来宾煤矿 1998 年 11 月 29 日发生死亡 42 人的瓦斯爆炸事故，河南省平顶山市宝丰县大营镇一矿 1998 年 12 月 12 日发生死亡 66 人的瓦斯爆炸事故，辽宁省沈阳矿务局红菱煤矿 1998 年 12 月 24 日发生死亡 28 人的煤与瓦斯突出事故，辽宁省铁法矿务局 1999 年 1 月 3 日发生死亡 24 人的客货列车相撞事故，四川省达川市通州百货大楼 1999 年 1 月 10 日发生死亡 10 人、伤 15 人、经济损失 3163 万元的火灾事故，重庆市綦江县 1999 年 1 月 4 日发生的死亡 40 人的彩虹桥垮塌事故，贵州省赫章县妈姑镇朝阳路私人煤矿1999年1月16日发生死亡36人的瓦斯爆炸事故，天津市东丽区荒草坨粮库建筑施工现场1999年1月20日发生死亡16人、伤9人的火灾事故等等。仅1998年12月以来，50多天的时间，全国共发生一次死亡10人以上的重特大伤亡事故18起、死亡398人、伤128人。

上述事实表明，目前的安全生产形势依然严峻。而且由于我国的安全生产基础工作比较薄弱，一些领导和企业经营者对安全生产工作的认识以及劳动者的安全技能与自我保护意识亟待提高；许多企业尚未走出困境，下岗职工较多，对安全生产投入不足；一些产品和工程质量低劣，加之多年来低水平重复建设等问题给安全生产带来的负面影响，今年的安全生产形势不容乐观。我们要充分认识和清醒估计安全生产形势，正视客观存在的矛盾和问题，从讲政治、保稳定、促发展的高度，千方百计地做好安全生产工作，确保人民生命财产的安全，确保国民经济持续、快速、健康发展。

二、要把江泽民总书记关于安全生产工作的重要指示作为安全生产工作的指导思想，并认真贯彻落实

1月16日晚，江总书记就宁夏发生的一起锅炉房爆炸事故在给国家经贸委主任盛华仁同志的电话中说："我刚才从电视上看到宁夏回族自治区发生锅炉爆炸事故的消息，心里很是不安。像锅炉这类压力容器，它的质量好坏，直接关系到国家财产和群众生命的安全，切不可稍有疏忽。

"国家经贸委是管安全生产的。对锅炉这种产品，从制造到安装，每一环节都必须进行严格的质量检验，不合格的绝不允许出厂和使用。运行中的锅炉，也必须定期严格检查，及时发现和消除隐患，防患于未然。几十年前我们就是这么做的，现在有些制度松弛了，不那么严格了，这是非常危险的。人命关天的事，一定慎之又慎，确保万无一失。希望你们对安全生产问题认真进行检查和总结，从发生的事故中吸取深刻的教训，切实加强和改进这方面的工作。"

这段语重心长的谈话，表明了江总书记和党中央时时刻刻把人民生命财产的安全放在心上，表明了我们安全生产工作责任重大，不能有丝毫懈怠。江总书记

一贯重视安全生产工作，并就搞好安全生产工作多次作了明确指示。我们各级领导、企业经营者和广大职工一定要认真学习，深刻领会江总书记关于安全生产工作的一系列重要指示，把它作为我们搞好安全生产工作的指导思想。

学习、贯彻江总书记的指示，就是要“坚决树立安全生产第一的思想，任何企业都要努力提高经济效益，但是必须服从安全第一的原则”。

学习、贯彻江总书记的指示，各级领导一定要把安全生产工作当成“人命关天的事”，一定要认识到安全生产工作“责任重于泰山”，“不能保一方平安的领导，不是称职的领导”，“一定要慎之又慎，确保万无一失。”

学习、贯彻江总书记的指示，就是要切实把安全生产工作的重点放在“预防为主”上来，“及时发现和消除隐患，防患于未然”。要充分认识到“防范胜于救灾”“小洞不补，大洞受苦”。

学习、贯彻江总书记的指示，就是要“认真完善安全生产的规章制度，并且坚决贯彻执行，改变那种纪律松弛、管理不严、有章不循的情况”，就是要“从严强化安全工作”。

学习、贯彻江总书记的指示，就是要抓住重点，“尤其是交通运输、煤炭、电力、石油、化工、林业等部门及其企业更要重视安全”，同时必须做到“横向到边，纵向到底”。

学习、贯彻江总书记的指示，就是要“提高政治警惕，严防政治破坏”。

学习、贯彻江总书记的指示，就是要“对责任事故要严肃追查责任者，从严处理”，“要经常进行认真负责的安全检查，发现违反规定的，就要重处、重罚，直至给予直接责任人和主要领导以党纪、政纪或刑事处分”，就要“从发生的事故中吸取深刻的教训，切实加强和改进这方面的工作”。

总之，我们要把江总书记关于安全生产的一系列重要指示作为安全生产工作的跨世纪的指导思想，认真学习，深刻领会，坚决贯彻落实。

三、安全生产工作必须标本兼治，常抓不懈

安全生产工作是个系统工程，它是企业基础设施和企业经营管理水平、企业

经营者和劳动者素质、全民科技教育水平，乃至整个国力的综合反映。做好安全生产工作，一定要在党中央、国务院的统一领导下，由各级人民政府负责，坚持标本兼治，常抓不懈。为此：

（一）必须进一步落实安全生产责任制。这是多年来行之有效的制度，应该坚持下去并不断完善。安全生产责任制的核心是切实加强安全生产的领导，建立起以政府、部门、企业主要领导为第一责任人的责任制。各级人民政府要对本地区的安全生产工作负责，将安全生产工作纳入国民经济和社会发展计划，认真研究解决本地区的重大安全生产问题。有关部门和单位要逐级明确安全生产职责，指导和督促企业建立健全安全生产的自我约束和激励机制。企业法定代表人是安全生产第一责任人，必须对本企业的安全工作负责。

安全生产责任制要贯彻“预防为主”的原则，重中之重是预防重大事故的发生，各地区、各部门、各单位特别要加强对重大事故隐患和重大危险源的整改和监控，对一时不能根治的重大事故隐患要人盯死守，确保万无一失。

（二）必须从严强化企业的安全生产管理。企业是国民经济的细胞，安全生产工作必须以企业为基础，搞好企业的安全生产，也就稳住了安全生产的大局。所有企业都必须建立健全安全生产的规章制度，以形成安全生产的自我约束机制。

根据最近国家经贸委、监察部、全国总工会、国家煤炭局等单位组织的安全检查情况反映，目前在企业中纪律松懈、管理不严、有章不循的情况还带有一定的普遍性，类似宁夏石嘴山矿务局银川办事处锅炉房当班司炉工擅自离岗、违章作业的现象也时有发生。所以必须加强管理、加强教育、加强监督检查。所有企业在改革、改组、改制过程中，都必须做到安全第一的思想不变；企业法人代表作为安全生产第一责任人的责任不变；行之有效的安全规章制度不变；从严强化安全生产工作的力度不变；安全生产重奖重罚的原则不变；党政工团齐抓共管，依靠广大职工搞好安全生产工作的传统不变。

这次会后，每个企业都要认真开展一次安全生产自查活动，要发动职工查隐患、抓整改，要针对厂房、设施、设备、机器的不安全状态列出清单，纳入整改计划，确保安全投入，堵塞漏洞，消除事故苗子；要针对职工的不安全行为，有针对性地开展安全培训教育，真正做到防患于未然。

（三）坚决关闭非法开采和布局不合理的小矿山，坚决关掉“五小”。1998年矿山企业伤亡情况之所以有较大幅度下降，一个重要原因就是整顿矿业秩序，实施了关井压产。煤炭行业安全状况的根本好转，还必须继续贯彻中央经济工作会议精神，即坚决关闭非法开采和布局不合理的小矿井。要整顿和关闭技术落后、浪费资源、质量低劣、污染环境、不符合安全生产条件的小玻璃厂、小水泥厂、小炼油厂、小火电厂和小炼钢厂。朱镕基总理在山西省临汾市西沟煤矿“11·21”事故报告上的批示：“吸取教训，坚决关井”，以及在河南省平顶山市大营镇一矿“12·12”事故报告上的批示：“整顿煤炭行业刻不容缓”，是党中央、国务院坚决制止低水平重复建设，搞好重点行业和重点企业的重大宏观调控措施，也是实现安全生产的治本之策，必须坚决落实。当前，特别要警惕一些私营、个体矿主在关井前的掠夺式开采而酿成的事故，要对非法开矿的反复性、顽固性和隐蔽性有充分的思想准备和工作准备，采取坚决有力的措施加以解决。

（四）加强对新建、改建、扩建工程安全设施和主体工程的审查验收工作，从源头杜绝事故隐患。对存在重大隐患和未经安全审查验收的工程项目，要采取坚决措施责令整改。

重庆市綦江县彩虹桥垮塌是建国以来罕见的事故，教训十分深刻。1998年12月1日，朱镕基总理在辽宁省的沈阳至四平高速公路的青洋河大桥因严重的工程质量问题造成桥面坍塌，3辆大货车相撞死亡2人、重伤2人的“10·25”事故报告上批示：“车毁人亡，血的教训，不可就事论事。设计、施工、监理均在一个系统，相互包庇，如何不出质量问题”。质量不仅是企业的生命，质量也关系到国家财产和人民生命的安全，绝对马虎不得。我们要向质量要安全，向管理要安全。

（五）大力加强安全生产宣传教育。要通过开展安全培训和形式多样、生动活泼的宣传教育活动，进一步提高各级领导、企业经营者和广大职工的安全意识和必要的安全技能。今年5月份，要在全国开展好以“安全·生命·稳定·发展”为主题的第九次安全生产周活动，并以周促月，以月促年，唤起全社会对安全生产工作的关注和支持。围绕10月1日国庆节和12月20日澳门回归日，开展企业安全生产百日无事故活动，以良好的安全生产形势迎接建国五十周年大庆和澳门回归。

（六）确保安全生产监督管理队伍人心不散、队伍不乱、工作不断，切实加强预防性安全监督。多年来，各地区、各部门的安全生产监督管理队伍，以搞好安全生产、保障人民生命财产安全为使命，团结协作，深入厂矿监督检查，甚至冒着生命危险查处事故，为安全生产辛勤工作，体现了崇高的敬业精神，不愧是稳定全国安全生产形势的主力军。机构改革和政府职能的转变，对我们各级各部门的安全监督管理队伍提出了更高的要求。需要强调的是，无论怎样改，在社会主义市场经济中，政府对安全生产的监督只能加强，不能削弱，安全生产监督管理队伍和手段只能加强，不能削弱。各地区、各部门必须确保安全监督管理队伍不散、人心不乱、工作不断、力度不减。

春节将至，春运来临，3月份又要召开全国人大、政协会议，各地区、各部门的领导和安全监督管理队伍要加强现场监督检查，确保民航、铁路、公路交通、水运的安全。我们要根据朱镕基总理关于“要加强消防检查工作，隆冬季节，要防患于未然”的指示精神，切实加强化学品管理和易燃易爆危险品生产、储存、运输、使用的安全监督检查。加强大型商场、批发（交易）市场、宾馆、饭店、娱乐场所、大型仓库、加工厂等营业场所的安全监督检查。全面加强锅炉、压力容器、压力管道以及电梯、起重机械、客运索道、游乐设施、厂内机动车辆、防爆电器等特种设备的安全监督检查。加强交通运输、煤炭、电力、石油、化工、林业、建筑等部门及其企业的安全监督检查。只要坚决贯彻江总书记等中央领导同志关于安全生产工作的一系列重要指示精神，各级政府切实加强领导，各部门团结一致，通力合作，各企业认真抓好落实，坚决遏制重特大事故的发生，减少人员伤亡，安全生产就一定会出现新的局面。

24. 国家经贸委副主任石万鹏在全国煤炭工业工作会议上的讲话（摘要）

1999 年 9 月 1 日

近一个时期以来，我们煤炭行业连续发生事故多起，特别是小煤矿重大瓦斯爆炸事故不断，造成了很大的损失，也在社会上造成了不良的影响。对此，国务院领导同志多次批示，要求我们把重大事故遏制住。作为煤矿企业，无论什么时候，什么情况下，都要坚持“安全第一”的方针，把安全管理放在一个重要位置。最近，国务院总理、副总理做了多次批示，比较近的一次就是，朱镕基在河南平顶山煤矿特大瓦斯爆炸事故上的批示，这是我们委上报的事故简报上批的：整顿煤炭行业刻不容缓。我在开安全工作会议的时候，他们又告诉我，邦国副总理在 1 月 4 日，又对辽宁铁法矿务局 1 月 3 日的两个车辆相碰的事故作了一段很中肯的批示，他是这样批的：请宝明同志阅，这是一起完全可以避免的事故，请予以严查，煤炭行业近期事故不断，关键是领导安全意识和管理问题，安全第一，安全责任制的问题要在工作会议上反复的强调，以遏制事故上升的势头。所以前天宝明同志讲话里面也对这个问题一再讲。所以这个安全工作是十分关键的，现在这个期间，过年前夕，也是一个最容易忽视安全、最容易发生事故的。那么到过年了，很多工作要做，工作又紧张，再加上我们一旦疏忽，就要造成事故。所以这一点，务必要大家注意到。这次机构改革，煤矿安全管理的职能转到国家经贸委，但是国家煤炭工业局作为全国煤炭工业的主管部门。在煤矿安全生产上仍负有行业管理的职能。我在这说句公道话，宝明他们几位也是非常难的。十个部门改成局以后，人员减少的太多，所以这个事情他们一再向经贸委党组反映说我要求增加一部分同志来专门管理安全。但是最后中电办批准的是 5 个司局，其中就没有管安全的。但是，因为我是知道煤矿的安全工作，对煤炭来讲是最关键的。你不管安全，将来你怎么弄？所以我们和华仁同志一再跟宝明他们几位讲，无论如何宝明你在当前最困难的条件下，也得抽几个人抓安全工作，宝明和党组还是不错的，觉得这工作我们要抓，但是你得有人，没人怎么办？最后，从机构编制来讲没有增加，但是这个工作还要做，对他们来讲还是很难的，但是这个工作就要求我们在座的同志们一定要负起责任，经贸委管安全，但许多工作还要靠委管国家局来干。希望你们加强这方面的工作。我前天在重庆全国安全工作会议也讲了这个问题，讲了很大一段，现在看来最难的工作都交给经贸委了。机构改革，就安全的工作。我是知道这是非常难的。出事故以后，你有多少部长都要陷到这个事故里头，所以在经贸委，我们党组讨论的时候，我是坚决反对接这个安全工作，你该交谁交谁。你劳动部以前不是争着喊着要抓安全吗？我们经贸委过去管安全，楞从我们手里拿过去了。机构改革你们又给推出来了，非让我们经贸委抓。我跟华仁讲，这个工作千万不能接。我也知道这个工作一接，肯定是我的，肯定华仁交给我。因为我是管生产的。我知道这个难度。华仁也表示，坚决不能接。可是到最后国务院拍板的时候，还是拍给我们。我们那就接吧，这工作难度相当大。你没有人哪行？劳动部过去是三个局管这个事，现在划给我 20 个人来抓这项工作。所以这次在会上很多省市的同志就说了，过去那么多人管，一个部的部门力量那么大。现在经贸委你只是一个司，你管得了吗？管不了到时候发生事故你负什么责任？在讨论时，大家提出来，说是这项工作既然国务院提出来了，你还得做，不做怎么行哪？我也知道这个任务是非常艰巨的。我到调度局当局长的前夕，我陪着叶青同志到贵州，就是火车脱轨掉在山下的那个事故，大概是 89 次，我们俩去的。调查了 20 天，叶青难为的不行，我们也难为的不行。专家经过论证，最后向国务院汇报，还是不了了之。事故分析不了了之。所以对事故这个问题，我认为，关键在于预防，真正说事后处理，那是个鸦鸦乌的事。现场都没了，事故发生完了，那还要恢复通车，都没了，你在那儿怎么分析。有人不同意你的观点你照常定不了案。所以我觉得安全工作，对我们煤炭来讲至关重要。最后华仁同志批示：首先要抓好煤炭的安全。我给他补充了一段，要抓好煤炭的安全，要抓好交通工作的安全。交通工作的安全在过年前夕，也是相当关键的，沉船、碰车，还有飞机，飞机一旦掉下来，这个事故比什么都大。现在大家知道，上海两次未遂的大事故。虽然没有造成很大人身伤亡，但是已经是事故的隐患了。已经报废了一架飞机了，飞机起飞以后，起落架再收，再收不回来了，同时也放不下去，就是在那儿吊着，后来飞机盘旋当中，盘旋两三个小时。其中，给美国波音公司打电话，看怎么处理，各种办法都教给咱们了，甚至飞机上吊下人来在轮子上敲都敲不下来。最后怎么降落，采取的措施是非常英明的。把所有的油都放光，上海的虹桥机场铺满了塑料，靠“肚皮”擦地下来了。原来估计，不爆炸也起火，所以消防队都布满了，那是非常紧张的，结果下来以后，只伤了几个人，这个事故处理可以说处理得非常好。但是问题并不见得没有。这要出现一场大事故，后果是不堪设想的，要惊动世界了。所以，我就说安全工作作为我们指导思想，第一是煤炭，第二是交通。所以在座的同志们对安全工作务必要注意。特别是在春节期间，在组织生产当中，要注意，提高警惕，加强现场管理，及时消除事故隐患，坚决防止重大瓦斯、煤尘事故的发生。我到了重庆，华仁同志专门给我打电话，说总理叫你在会上特别强调一下煤矿的安全。我也知道，今天下午，宝明同志还要专门开会来布置，这一点我就不多讲了，希望大家能够认真贯彻国务院这个精神，做好安全工作，今年为改革脱困作出贡献，发生事故，什么改革脱困都成了泡影。

25. 国家经贸委主任盛华仁在全国安全生产工作紧急电视电话会议上的情况通报

1999 年 12 月 1 日

现在，我通报一下今年安全生产形势和近期发生的重大事故情况。

今年前 9 个月，各地区、各部门和广大企业深入贯彻江泽民总书记等中央领导同志关于安全生产工作的重要指示精神，坚持“安全第一，预防为主”的方针，开展预防性的各种安全大检查，加快安全生产法规、制度建设工作，增强安全生产宣传教育力度，克服当前工作面临的各种困难，努力做好安全生产工作，全国安全生产保持了良好态势，工矿企业职工伤亡事故比去年同期有所下降，对保障中华人民共和国成立 50 周年大庆、经济健康运行和社会稳定做出了贡献。

据统计，今年 1 月至 10 月，全国工矿企业共发生职工伤亡事故 8585 起、死亡 8211 人、重伤 2990 人，分别比去年同期下降 19.65%、20.16% 和 19.36%。其中矿山企业发生职工伤亡事故 3078 起、死亡 5201 人、重伤 582 人，分别比去年同期下降 32.61%、25.78% 和 38.99%；非矿山企业发生职工伤亡事故 5507 起、死亡 3010 人、重伤 2408 人，分别比去年同期下降 9.97%、8.14% 和 12.56%。其他各类事故也有所降低。

但是，进入 10 月份以后，各地连续发生多起重大、特大事故，仅一次死亡 10 人以上的事故就达 19 起、死亡 613 人，分别比去年同期增长 5.56% 和 54%，给国家和人民生命财产造成了严重损失，影响极坏。其中比较突出的是：

10 月 3 日，贵州省兴义市马岭河峡谷风景区索道发生吊箱坠落事故，死亡 14 人，受伤 22 人；

10月4日，辽宁省阜新县东梁镇民政煤矿发生瓦斯爆炸，死亡24人；

10月9日，广东省广州市白云区竹料镇一私营海绵加工厂发生火灾，死亡15人；

10月10日，山西省浮山县东张乡红卫铁矿发生井下火灾，死亡14人；

10月18日，新疆维吾尔自治区伊犁地区运输集团公司一卧铺客车在天山公路坠入湖中，死亡21人；

10月20日，内蒙古自治区包头市河滩沟综合煤炭公司2号井发生瓦斯爆炸，死亡15人；

10月26日，广东省增城市石滩镇一个体皮具厂发生火灾，死亡20人，重伤4人；

同日，河南省伊川县白窑五矿发生瓦斯爆炸，死亡11人；

10月29日，新疆维吾尔自治区米泉市铁厂沟村煤矿发生中毒事故，死亡16人；

11月1日，山西省榆次市沛霖乡东沟煤矿发生瓦斯爆炸，死亡21人；

同日，四川省广元市境内108国道高速公路一立交桥垮塌，死亡10人，受伤15人；

11月8日，黑龙江省哈尔滨市道里区钢铁街宿舍发生煤气中毒，死亡12人，受伤2人；

11月11日，黑龙江省鸡西市鸡东煤矿二井发生瓦斯爆炸，死亡11人；

11月13日，山西省大同市南郊区张家村小东沟煤矿发生瓦斯爆炸，死亡13人；

11月18日，广西壮族自治区一大客车在梧州境内坠入河中，死亡13人，受伤23人；

11月21日，黑龙江省方正县红旗煤矿发生瓦斯爆炸，死亡12人；

11月24日，山东省海运集团烟大汽车轮渡股份有限公司所属“大舜”轮发生海难事故，乘客、船员共302人，现经抢救，获救生还者22人，已确认死亡178人，其余正在搜寻和打捞之中；

11 月 25 日，河北省磁县冀南煤焦联营总公司煤矿发生瓦斯爆炸，死亡 33 人；

11 月 28 日，重庆江津市兴发汽车运输有限公司一农用客车坠入河中，死亡、失踪 17 人，受伤 23 人；

此外，11 月 12 日，江苏省南京火车站发生火灾，候车大厅被烧毁，死亡 1 人；11 月 15 日，吉林省长春市欧亚商都发生火灾，直接经济损失 860 余万元。

发生以上事故的主要原因：一是有些领导干部不重视安全生产，对干部、群众不进行安全教育，忽视和放松安全管理，各级安全生产责任制不落实；二是安全措施不到位，片面追求经济效益，不注重安全投入，尤其是一些煤矿，“一通三防”措施欠账很多；三是有些生产指挥者违规指挥、操作者违规操作，冒险蛮干；四是不少设备、设施存在严重的事故隐患，有的带病运转，甚至不具备基本的安全生产条件等等。总的来看，绝大部分属于责任事故。我们应当深刻汲取这些惨痛教训。

对当前这种严峻的安全生产形势，必须引起各级领导同志的高度重视。要坚决贯彻党中央、国务院关于安全生产的一系列重要指示，立即采取有力措施，遏制事故上升势头，确保安全生产，努力创造稳定的安全形势和良好的社会环境，迎接澳门回归和元旦、春节的到来。

26. 国家经贸委主任盛华仁在第 71 次总理办公会议上关于全国安全生产情况的汇报

2000 年 7 月 7 日

这几天，我们认真学习了江泽民总书记 6 月 30 日关于广东省江门市烟花厂特大爆炸事故的重要批示和中央几位领导同志的重要批示，并重温了江总书记今年 3 月 12 日对萍乡爆炸事故的重要批示，传达学习了罗干同志 7 月 1 日主持召开的研究广东省江门市烟花厂爆炸事故有关问题的会议纪要，深受教育。在深入学习的基础上，初步分析了上半年的安全生产形势。总的看，上半年安全生产形势仍然十分严峻，尤其是近一时期，重大、特大事故频繁发生，使人民群众生命和国家财产蒙受重大损失，在政治上也产生了不良影响。国家经贸委作为综合管理全国安全生产的部门，深感责任重大。根据江总书记和其他中央领导同志的指示精神，我们对事故频发的原因和特点进行了分析。现将有关情况和建议汇报如下。

一、全国安全生产的基本情况和事故原因分析

党中央、国务院历来十分重视安全生产工作，遵照江泽民总书记的重要批示，曾多次发出有关安全生产的重要文件，并多次召开全国安全生产电视电话会议，对安全生产工作做出部署。各地区、各部门和广大企业在党中央、国务院的领导下，认真贯彻“安全第一、预防为主”的方针，做了大量工作，取得了一些成绩。在国民经济快速发展的情况下，从 1995 年以来，我国每年各类事故造成的死亡人数基本稳定在 10 万多人。

今年上半年，全国各类事故的伤亡人数尚未统计出来。但据初步统计分析，事故起数和伤亡人数同比均有所下降。今年1月至5月，全国工矿企业共发生职工伤亡事故1686起，死亡4172人，同比分别下降60%和8%；国有大中型企业的伤亡事故明显减少。截至7月3日，全国共发生一次死亡10人以上的重（特）大事故61起，死亡1169人，同比分别下降19.25%和13.5%。今年春节和“五一”放假期间，回乡和旅游人数骤增，春运期间客运高达16.16亿人次，“五一”期间达2.04亿人次，由于各地区、各部门重视安全，都未发生重大事故。

但是，安全生产形势依然相当严峻。在4月7日党中央、国务院召开的全国安全生产电视电话会议上，我们曾汇报过从年初到开会前的33起重大事故的情况。4月7日到现在，又发生了重大、特大事故28起，主要有：

4月15日，山西省古县永乐乡煤矿（乡镇企业）发生特大瓦斯爆炸事故，死亡43人；

4月22日，中国粮油进出口公司青州分公司发生特大火灾事故，死亡38人；

5月31日，贵州省六盘水市钟山区兴华煤矿（乡镇企业）发生瓦斯爆炸事故，死亡21人；

6月7日，广西壮族自治区境内湘桂线一无人看守道口发生火车与农民拖拉机相撞事故，死亡11人；

6月22日，四川省合江县榕山建筑公司（乡镇企业）所属“榕建”号短途客船在长江合江段发生特大沉船事故，死亡130人；

6月22日，湖北省武汉航空公司发生坠机事故，死亡49人；

6月30日，广东省江门市烟花厂（属于土特产进出口公司所有，由港商租赁经营）发生特大爆炸事故，伤亡共195人，其中死亡33人、失踪6人；

6月30日，重庆市垫江县爆竹厂（私营企业）发生爆炸事故，死亡10人；

6月30日，新疆通用航空有限公司一架运五飞机在塔城地区进行治蝗作业时发生坠机事故，2名飞行员死亡；

7月2日，山东省青州市石油化工助剂厂（实际上是小型炼油厂，属青州市农口办的）发生空油罐爆炸事故，死亡 10 人；

7 月 2 日，云南省宣威市田坝煤矿（国有煤矿）发生瓦斯爆炸事故，死亡 12 人；

7 月 3 日，福建省郑和县一辆厢式农用车（个体经营）发生重大车祸，死亡 14 人，受伤 10 人。

以上事故，特别是 6 月 22 日以来的 10 天内连续发生 8 起重大、特大事故，在社会上造成了极其恶劣的影响。

分析近年来发生的各类伤亡事故，有如下一些特点：

1. 绝大多数事故属于责任事故。主要是违章指挥、违章作业，疏于管理、监督不力造成的。最突出的如山东烟台去年“11・24”特大海难事故，就是一起在恶劣的气象和海况条件下，船长决策失误和操纵不当，烟大公司及其上级单位安全管理存在严重问题而导致的重大责任事故。江西省上栗县的“3・11”特大爆竹爆炸事故也是如此。

2. 发生伤亡事故最多的是乡镇、私营、个体和“三来一补”企业，约占事故总数的 80% 以上。据统计，今年上半年乡镇煤矿死亡 1961 人，占全国煤矿死亡人数的 72%；乡镇煤矿百万吨死亡率高达 17.67，同比增长 25%。一些企业业主在事故发生后，往往逃之夭夭，把大量善后工作、赔付责任推给当地政府。

3. 农民工、外来工成为伤亡事故的主体，约占伤亡事故总数的 80% 以上。这一群体普遍缺乏安全知识和自我保护意识，是事故的最大受害者，而他们中的一些人又往往是事故的直接责任者。

4. 交通事故和发生在饭店、酒楼、娱乐等公共场所的重大、特大事故明显增多。据公安部提供的数字，今年 1 月至 3 月发生交通事故 123193 起，同比增长 24.2%，死亡人数达 22924 人，同比增长 10.1%。另据不完全统计，去年以来，发生在公共娱乐场所一次死亡 10 人以上的重大、特大事故就达 6 起，死亡 141 人。河南省焦作市“3・29”天堂录像厅特大火灾事故死亡 74 人，主要原因是个体经营者严重违法违规经营，深夜播放非法音像制品，为逃避检查关闭通道，失火后又不及时报警；有关执法人员徇私舞弊，明知其违规经营，还发给营业执照。

5. 因工程（设备）质量低劣和伪劣产品而引发的重大、特大事故明显增加。如重庆市綦江县彩虹桥垮塌事故，阜新发电有限责任公司电机烧毁事故等都属于这类事故。

6. 违法违规开采矿产资源，特别是小矿山超层越界开采，在油（气）田和输油（气）管道上偷油、偷气，而引发的事故明显增多。

发生各类事故的直接原因虽各不相同，但综合起来分析，其主要原因：一是不少领导干部和企业经营管理者对党中央、国务院有关安全生产的指示精神并没有认真贯彻，思想上没有引起高度重视，组织上、制度上和管理上没有采取相应措施，有的甚至麻木不仁，置若罔闻，中央的精神没有真正落实到基层；二是有的企业非法生产经营，片面追求经济效益，有的基层政权领导人和执法部门干部甚至还入干股、拿好处，正如江总书记批评的那样，要钱不要命。尤其是一些乡镇、私营企业根本不具备基本的安全生产条件，不少设备、设施存在严重的事故隐患，带病运转；三是有些企业没有认真贯彻执行现有的安全生产法规，存在严重的违章指挥、违章作业、违反劳动纪律的“三违”现象；四是安全生产法规建设跟不上形势发展需要，现有法规对大量涌现的非国有企业约束不力；五是安全生产管理监督不力，管理监督力量严重不足；六是执法不严，事故发生后有关责任人没有得到严肃处理，其他人也没有从中吸取教训，以致同类事故屡查屡教不止。

我们认为，认真分析当前安全生产的新情况、新特点和事故原因，采取相应的有力的对策措施，对做好社会主义市场经济条件下的安全生产工作，是十分重要的。

二、江总书记重要批示和党中央、国务院重要指示的贯彻执行情况

去年“11·24”特大海难事故和今年“3·11”特大烟花爆竹爆炸事故发生以后，党中央、国务院于去年 12 月 1 日和今年 4 月 7 日先后两次召开全国安全生产电视电话会议，对加强安全生产工作做出了重要部署；中央办公厅下发了

《关于印发江泽民同志关于安全生产重要批示的通知》，国务院办公厅下发了《关于加强烟花爆竹生产经营安全监督管理和清理整顿的紧急通知》和《关于江西省上栗县“3·11”特大爆炸事故情况的通报》，中办和国办联合下发了《关于做好今年“五一”节期间安全工作的紧急通知》等4份有关安全方面的文件。我委根据上述文件精神，对做好安全生产工作提出了具体要求。各地区、各部门传达、学习和贯彻江总书记的重要批示和党中央、国务院关于安全生产工作的有关文件，主要做了以下几项工作。

（一）开展了两次安全生产大检查

按照党中央、国务院的部署，去冬今春和今年4月至5月，各地区、各部门普遍开展了两次安全生产大检查，由主要领导同志带队，采取全面检查与重点抽查相结合、检查与整改相结合的办法，取得了一定成果。如河南省查出各类事故隐患18.7万处，现场整改或限期整改18.2万处，责令3026个单位停业整顿，焦作市区的一个多年想搬但始终没能下决心搬迁的油库这次坚决关闭了。江西省重点对1.07万个烟花爆竹厂和作坊进行了清理，发现隐患9810处，取缔烟花爆竹作坊和非法销售点6304个，发出整改和停业整顿通知书7185份。黑龙江省查出隐患13万多处，整改率达90%以上。贵州省查出火灾隐患1.5万多处，当即责令整改3800处，限期整改1.17万处。国防科工委、铁道部、交通部和国家民航总局等部门的负责同志都结合各自行业特点进行了安全生产检查，对查出的事故隐患提出了限期整改的意见。

在各地区、各部门自查的同时，中央办公厅、国务院办公厅、国家经贸委组成4个督查组，于4月18日至5月初对北京、山西、内蒙古、辽宁、黑龙江、江西、福建、河南、广东、广西、重庆、贵州等12个省（区、市）的安全生产工作进行了督促检查；国家经贸委还对四川省和西南航空公司的安全生产工作进行了检查。结合检查中发现的问题，国家经贸委及时下发了《石油天然气管道安全监督与管理暂行规定》和《关于尾矿库闭库安全验收工作的通知》。此外，国家经贸委、公安部、交通部联合召开会议，研究了公路“三超”和事故多发路段改造等问题，制定了相应措施。

（二）对特大事故进行了调查处理

为贯彻中央指示精神，我们受国务院委托，加快了对重大、特大事故的调查处理，对9起特大事故处理已作出批复。“11·24”特大海难事故，经过半年多的事故善后处理、沉船打捞和原因调查等大量工作，目前已基本处理完毕，待国务院批复后即可公布结果。6月24日，我们按规定对江西省上栗县“3·11”特大爆竹爆炸事故进行了批复，国务院办公厅还专门下发了通报。河南省焦作市天堂录像厅“3·29”特大火灾事故调查处理工作即将结束。目前，我们正会同有关部门抓紧对近期发生的几起特大事故进行调查处理，争取早日作出处理和批复。由于特大事故伤亡人员多，事发突然，若处理不当，很容易造成社会不稳定，需要做大量艰苦、细致的工作。“11·24”特大海难事故死亡人数达282人，事发后有2600多名遇难者家属聚集烟台，在党中央、国务院的直接领导下，善后工作认真、周到、稳妥，确保了社会稳定。

（三）广泛开展了安全生产宣传教育活动

国家经贸委和全国总工会针对安全工作中存在的问题，联合在企业中开展了“安康杯”活动，并在全国开展了以“掌握安全知识，迎接新的世纪”为主题的全国安全生产周宣传活动。各地区、各部门和广大企业充分利用各种新闻媒体，并通过在公共场所发放宣传材料、出动流动宣传车、举行群众性文艺演出等多种宣传形式，宣传安全生产知识。一些地区和部门的领导同志也亲自参加现场咨询和安全生产宣传教育。广大企业组织职工学习安全知识，查找事故隐患，营造了浓厚的安全生产氛围。为贯彻江总书记关于加强中小学生安全教育的指示，在安全生产周期间，我们会同有关单位专门开展了“中国儿童安全健康成长计划”活动，针对少年儿童意外伤害严重的现状，在宣传媒体上开设专栏、制作专题节目，建立培训基地，培养学生的安全意识和处理应急事件的能力。所有这些，对普及安全生产知识，提高全民安全生产意识起到了积极作用。

（四）建立了煤矿安全监察管理机构

针对我国煤矿伤亡事故严重的实际情况，借鉴国外的成功经验，经国务院批准，我们组织实施了煤矿安全监察体制改革方案。目前，国家煤矿安全监察局和

19个省级煤矿安全监察局，以及68个煤矿安全监察办事处的组建工作已基本完成，并实行垂直领导。国家煤矿安全监察员队伍（核定编制2800名）已基本建立。由于这两年已关闭了非法和不合理开采的小煤矿3.6万个，又加强了对煤矿安全监察管理工作，今年上半年，全国煤矿因事故死亡2730人，同比下降8.3%。其中，原国有重点煤矿死亡212人，同比下降45.78%，百万吨死亡率0.941，同比下降6.2%。与此同时，我们加快了煤矿安全生产法规建设，《煤矿安全监察条例（草案）》已上报国务院审批。

在安全生产方面虽然做了不少工作，也见了成效，但要从根本上扭转安全生产的被动局面，有两个问题需要引起重视：

第一，安全生产管理体制极不适应工作需要。长期以来，我国安全生产工作的重点主要放在国有企业，特别是国有大中型企业，国有企业的重点又在工矿企业和交通运输企业。随着改革的深入和经济的快速发展，各类非国有经济成分大量增加，企业总量、就业人员、各类运输工具、饭店、酒楼、公共娱乐场所等大量增加，农民工和外来工大量增加，造成私营、个体经济组织和乡镇企业中的伤亡事故大量增加。而现行的安全生产管理体制又存在着职能交叉、责任不明和监管缺位、无人负责的问题，不利于对安全生产的综合协调和监管，加上一些部门和基层政权的领导干部疏于管理和监督，安全监管力度明显削弱，现有安全生产监督管理体制与现实经济状况不相适应的矛盾越来越突出。

第二，安全生产监督力量极不适应工作需要。过去，各产业部门都有健全的安全监管机构和相应的监管人员。机构改革后，许多产业部门已被撤销，委管各国家局不再承担安全监督管理职能，国家经贸委要综合管理全国安全生产工作，行使国家监督职权，负责调查处理全国重大事故，而目前只有一个内设的安全生产局，编制只有21人；各省（区、市）经贸委要综合管理本省（区、市）的安全监督管理工作，据了解，这次机构改革后只设一个5~10人的安全监察处；一些地市目前只剩1名安全监察员。由于安全监督力量大大削弱，现有的人员光调查处理事故都跑不过来，更谈不上经常性的监督检查，不少地区的安全生产监督管理工作已经出现断档。现有安全监管力量严重不足与安全工作面广量大不相适应的矛盾越来越突出。

三、几点建议

为使江总书记关于安全生产的多次重要批示和党中央、国务院关于做好安全生产工作的一系列指示精神真正落到实处，最重要的是各地区、各部门的主要领导要真正从思想上高度重视安全生产工作，按照“三个代表”的要求，从讲政治、保稳定、促发展的大局出发，以对国家、对人民高度负责的精神抓好安全生产工作。同时，要在组织上、制度上、管理上采取有效措施。我们建议：

（一）再开展一次全国性的安全生产大检查。7月1日，罗干同志主持召开的研究广东省江门市烟花厂爆炸事故会议后，国家经贸委、公安部、监察部和全国总工会已组成4个工作组，分赴广东、湖北、四川、重庆进行安全生产检查，重点督促事故调查处理工作。各地区、各部门也应立即进行一次全面的认真的安全生产大检查，检查的重点：一是交通运输、煤炭、电力、石油、化工、建筑等行业；二是生产、经营和存放烟花爆竹等易燃易爆物品以及有毒、有害等危险物品的企业及场所；三是锅炉、压力容器、电梯、索道等危险设备和设施；四是各类学校、体育场馆、医院、商场、车站、码头、机场、文化娱乐场所、旅游风景区、宾馆饭店等公共场所。各地区、各部门主要负责人应亲自负责领导这次安全生产大检查，真正达到查清事故隐患、落实整改措施的目的，并将检查结果在7月底以前报国务院。同时要组织新闻媒体积极配合这次安全生产大检查，在全国形成一个浩大的舆论声势。吸取以往安全生产检查的经验教训，这次安全生产大检查面要广，要深入，绝不能留死角，绝不能一查了之。对检查不到位，整改不力而造成重大、特大事故的，要从重处理。

（二）从严从快查处重大事故。总的看，我国过去对重大、特大事故的处理存在着失之于轻、失之于宽的问题。在当前安全生产形势严峻，一些地区、部门和企业对安全生产工作屡教不止、置若罔闻的情况下，要尽快扭转重大、特大事故频发的势头，对已经发生的重大、特大事故，要在抓紧查清事故原因的基础上严肃查处有关责任人。不仅要从严从快追究事故直接责任者的责任，还要按隶属关系处分主管部门和地方政府的负责人，该处分的处分，该法办的法办，并予以公开曝光，绝不姑息迁就。对执法部门疏于执法或未能有效履行职责而发生事故的，也应严肃处理有关责任人。同时，要尽快建立健全重大、特大事故责任追究制度。只有这样，才有可能使各级政府和有关部门真正从已经发生的重大、特大事故中吸取教训，把安全生产工作摆上重要议事日程，把安全生产责任制落到实处。

（三）结合产业结构调整，下决心整顿和关闭不符合安全生产条件的生产经营单位。这既是制止低水平重复建设，整顿经济秩序的需要，也是实现安全生产的治本之策。整顿、关闭的重点：一是不符合安全生产条件的烟花爆竹厂、打火机厂、小炼油厂、小煤矿等小厂、小矿；二是不符合安全消防规定的加油站，对私人加油站要认真整顿，加强人员培训，经培训合格后方准经营，并实行严格的代销制度；三是不符合安全消防规定的各类公共娱乐场所；四是无证非法制造和经营的车、船等交通运输工具。同时，要从车辆制造、改装、载重量核准、路上查禁、港口验放、船上系固等多方面对车辆“三超”问题进行综合治理。鉴于农用车发展迅猛，相应事故增多的现状，对农用车必须制定严格的管理办法和上路规定，在既考虑到农民购买力又保证交通运输安全的情况下，从产业政策、技术标准等方面作出明确规定。

这次整顿关闭不符合安全生产条件的生产经营单位，由各级地方政府负责，国务院有关部门要按照分工，各负其责，加强监督。

（四）加强安全生产法制建设。我国现有的安全生产方面的法律、法规大部分是在计划经济体制下制定的，有些已不能适应市场经济形势的需要，安全生产执法主体和执法对象都发生了很大变化；大量非公有经济企业普遍存在着安全生产意识差，设备老化，事故隐患不能得到及时整改等问题。对此，现有的法规显得约束无力，建立健全适应新形势需要的安全生产法规体系成为当务之急。目前，急需出台一部综合性的基本的安全生产法(《职业安全法》)。我委已于1999年底向国务院上报了《关于报送〈中华人民共和国职业安全法（草案）〉的请示》，建议尽快修改后出台，并抓紧修改、制定相关的配套法规，明确安全生产的执法主体，明确各有关部门的职责，解决安全生产谁都管理、谁都不承担责任的问题。同时，要加强安全生产法制教育，以适应社会主义市场经济条件下的安全生产工作需要，依法管理安全生产工作。

（五）强化和健全统一高效、职责明确的安全监督管理机构，充实和加强安全监督管理力量。国家经贸委综合管理全国安全生产工作已运行两年了。我们深深感到，目前安全生产工作的机构设置、职能配置和运行机制不能适应实际工作需要，在安全生产监督管理工作上力不从心。总结我国安全生产工作的经验教训，借鉴国外做法，我们建议，将我委现有的内设安全生产局改组为委管的国家安全生产监察局，各省（区、市）经贸委在这次机构改革中也对应建立委管安全生产监察局（副厅级），并赋予新设的安全生产监察机构相应的综合、统一管理安全生产工作的职权，进一步理顺关系，充实力量，解决目前安全生产管理体制不顺、力量薄弱等问题。

考虑到安全生产工作涉及方方面面，需要有一个高层次的权威机构，以协调各部门的工作。根据各地区、各部门的意见和要求，建议国务院成立安全生产委员会（非常设机构），由国务院主管安全生产工作的副总理任主任，国家经贸委和各有关部门为成员单位，国务院安全生产委员会下设办公室，办公室设在委管国家安全生产监察局。国务院安全生产委员会的主要职责是：定期分析全国安全生产形势，研究安全生产中的重大问题，理顺和协调有关部门的关系，进一步明确各部门职责。各省（区、市）现有的安全生产委员会应继续保留，以利共同抓好安全生产工作。

安全生产是一项长期性的艰巨工作，必须标本兼治，常抓不懈。在以江泽民同志为核心的党中央领导下，只要以对国家、对人民负责的高度政治责任感，坚持“安全第一、预防为主”的方针，把安全生产监管体制理顺，把监管队伍建设好，把工作做深、做细、做实，就一定能够开创我国安全生产工作的新局面。

27. 国家经贸委主任盛华仁在全国安全生产工作电视电话会议上的情况通报

2000 年 7 月 12 日

同志们：

现在，我通报一下今年上半年安全生产情况，特别是近期发生的重大、特大事故情况。

一、今年 1—5 月份，全国工矿企业职工因事故死亡 4172 人，同比下降 8%。其中，国有大中型企业的伤亡事故明显减少。今年春节和“五一”放假期间，回乡和旅游人数骤增，春运期间客运高达 16.16 亿人次，“五一”期间达 2.04 亿人次，由于各地区、各部门重视安全工作，未发生重大事故。

二、1—5 月份，全国共发生火灾 55371 起，同比下降 29.0%；死亡 1331 人，同比上升 24.9%。上半年发生特大火灾事故 29 起，死亡 205 人。

三、1—5 月份发生道路交通事故 196873 起，同比上升 18.4%；死亡 37302 人，同比上升 9.7%。

四、上半年发生船舶交通事故 233 起，同比下降 27.6%；死亡和失踪 295 人，同比上升 34.1%。

五、上半年发生铁路行车重大事故 7 件，同比减少 4 件；发生险性事故 27 件，同比增加 2 件。1—5 月份全路共发生路外伤亡事故 5417 件，死亡 3591 人，重伤 1605 人。

六、上半年民航系统发生飞行事故 5 起，死亡 54 人，报废飞机 5 架。

今年以来，各地区、各部门和广大企业贯彻落实江泽民总书记和党中央、国务院关于安全生产工作的一系列重要批示和指示精神，在全国范围内开展了两次安全生产大检查，广泛开展了安全生产宣传教育活动，对一些重大、特大事故进行了调查处理，组织实施了煤矿安全监察管理体制改革等，取得一定成效。但是，从上半年的情况来看，安全生产形势仍然相当严峻。截至7月9日，全国共发生一次死亡10人以上的重大、特大事故65起，死亡1318人。其中，一次死亡30人以上的特大事故9起，死亡524人，同比上升33.67%。特别是入夏以来，一次死亡10人以上的重大、特大事故屡屡发生，同类重大恶性事故多次重复发生。

从年初到4月7日党中央、国务院召开全国安全生产电视电话会议前，发生重大、特大事故32起，我们已经作了通报。从4月7日以后到现在的三个月时间内，又发生重大、特大事故33起，主要有：

4月15日，山西省古县永乐乡煤矿（乡镇企业）发生特大瓦斯爆炸事故，死亡43人，伤1人；

4月22日，中国粮油进出口公司青州分公司发生特大火灾事故，死亡38人，伤20人；

5月31日，贵州省六盘水市钟山区兴华煤矿（乡镇企业）发生瓦斯爆炸事故，死亡21人，伤2人；

6月7日，广西壮族自治区境内湘桂线一无人看守道口发生农民拖拉机与火车相撞事故，死亡11人，伤13人；

6月11日，贵州省德江县一个体经营的客渡船在乌江翻沉，死亡22人，失踪19人，伤32人；

6月22日，四川省合江县榕山建筑公司（乡镇企业）所属“榕建”号短途客船在长江合江段发生特大沉船事故，死亡130人；

同日，武汉航空公司一客机从恩施飞抵武汉时发生坠机事故，死亡49人；

6月30日，广东省江门市土特产进出口公司所有、由港商租赁经营的烟花厂发生特大爆炸事故，死亡35人，失踪2人，伤121人；

同日，重庆市垫江县一私人经营的爆竹作坊发生爆炸事故，死亡10人；

还是同日，新疆通用航空有限公司一架运五飞机在塔城地区进行治蝗作业时发生坠机事故，2 名飞行员死亡；

7 月 2 日，山东省青州市石油化工助剂厂（实际是小型炼油厂，属青州市农口办的）发生空油罐爆炸事故，死亡 10 人，伤 1 人；

同日，云南省宣威市田坝煤矿发生瓦斯爆炸事故，死亡 12 人，伤 13 人；

7 月 3 日，福建省郑和县个体经营的一辆厢式农用车发生重大车祸，死亡 14 人，伤 10 人；

7 月 6 日，四川省乐山市犍为县一农用三轮车翻车，死亡 10 人，伤 6 人；

7 月 7 日，广西壮族自治区柳州市一公共汽车坠入柳江，已经打捞到尸体 79 具，现仍在继续搜寻；

同日，山西省保德县一辆面包车坠入黄河，死亡 17 人，失踪 2 人，伤 13 人；

7 月 9 日，甘肃省金川有色公司发生井下火灾事故，死亡 17 人，伤 1 人；

同日凌晨，北京市首钢电力厂发生管道爆裂事故，死亡 6 人。

以上事故，特别是 6 月 22 日以来的半个多月连续发生 12 起重大、特大事故，在社会上造成了极其恶劣的影响。

尤其需要指出的是：在江总书记对江西省萍乡市“3・11”特大烟花爆竹爆炸事故作出重要批示以后，7 月 6 日江西省彭泽县一个体烟花爆竹作坊再次发生爆炸事故，死亡 7 人，重伤 2 人（均为十多岁的学生）。7 月 8 日辽宁省辽阳市庆阳化工厂发生炸药爆炸事故，两个车间被炸毁；7 月 10 日陕西省渭南市饲料添加剂厂 3 个环氧乙烷贮罐发生爆炸并引起了大火，虽人员伤亡不多，但情节十分严重。

从半年多来发生的各类伤亡事故看，有以下一些特点值得我们高度重视。

1. 绝大多数事故属于责任事故。主要是违章指挥、违章作业，疏于管理、监督不力造成的。最突出的如大家早已知道的山东烟台“11・24”特大难海事故，就是一起在恶劣的气象和海况条件下，船长决策失误和操纵不当，烟大公司及上级单位安全管理存在严重问题而导致的重大责任事故。江西省萍乡市的

“3 · 11” 特大爆竹爆炸事故也属于这类性质的重大责任事故。

2. 发生伤亡事故最多的是乡镇、私营、“三来一补” 企业和个体工商户，约占事故总数的 80% 以上。据统计，今年上半年乡镇煤矿死亡 1961 人，占全国煤矿死亡人数的 72%；乡镇煤矿百万吨死亡率高达 17.67，相当于重点煤矿的 20 倍，同比上升 25%。一些业主在事故发生后，往往逃之夭夭，把大量善后工作、赔付责任推给当地政府。

3. 农民工、外来工成为伤亡事故的主体，约占伤亡事故总数的 80% 以上。这一群体普遍缺乏安全知识和自我保护意识，是事故的最大受害者，而他们中的一些人又往往是事故的直接责任者。

4. 交通事故和发生在商场、饭店、酒楼、娱乐等公共场所的重大、特大事故明显增多。据公安部提供的数字，今年截至 7 月 9 日，发生一次死亡 10 人以上的特大交通事故 30 起，同比上升 7.1%；死亡 503 人，伤 502 人。上半年公共场所发生特大火灾 15 起，占特大火灾总数的一半以上。最严重的是河南省焦作市 “3 · 29” 天堂录像厅的特大火灾事故，死亡人数达 74 人。主要原因是个体经营者严重违法违规经营，深夜播放非法音像制品，为逃避检查关闭通道，失火后又不及时报警；有关执法人员徇私舞弊，明知其违规经营，还发给营业执照。

5. 因工程质量低劣而引发的重大、特大事故时有发生。如贵州马岭河峡谷观光缆车高空坠落事故，阜新发电有限责任公司 20 万千瓦发电机组发生轴系断裂事故等都属于这类事故。

6. 违法违规开采矿产资源，特别是小矿超层越界开采，在油（气）田和输油（气）管道上偷油、偷气而引发的事故明显增多。应当注意的是，最近广西百色一金矿和河南中原油田先后发生氰化钠、伽马源等有毒有害物品被盗的事件，这些有毒有害物品一旦散落到社会，将造成难以预料的严重后果。它充分反映了管理上存在着严重问题。现在虽然案件已破，被盗物品已全部追回，但不能不引起我们高度警觉。

各类事故的直接原因虽不相同，但综合分析，其主要原因是：一些领导干部和企业经营管理者对党中央、国务院有关安全生产的指示贯彻不力，思想上没有引起高度重视，组织上、制度上和管理上没有采取相应措施，党中央、国务院的指示精神没有真正落实到基层；有的企业非法生产经营，片面追求经济效益，尤其是一些乡镇、私营企业和个体工商户根本不具备基本的安全生产条件，不少设备、设施存在严重的事故隐患，带病运转；不少企业没有认真贯彻执行现有的安全生产法规，存在严重的违章指挥、违章作业、违反劳动纪律的“三违”现象；安全生产法规建设跟不上形势发展需要，现有法规对大量涌现的非国有企业约束不力；安全生产管理职责不清，监督不力，管理监督力量严重不足；执法不严，有关事故责任人没有得到严肃处理，也没有从中吸取教训，以致同类事故屡查屡禁不止。

认真分析当前安全生产的新情况、新特点和事故原因，对我们做好社会主义市场经济条件下安全生产工作具有重要意义。我们必须从已发生的伤亡事故中深刻吸取教训，举一反三，认真学习、坚决贯彻江泽民总书记关于安全生产的一系列重要批示，按照党中央、国务院的部署，采取有力措施，预防和减少伤亡事故，坚决遏制重大、特大事故，以对国家、对人民高度负责的精神，切实做好安全生产工作。

28. 国家经贸委副主任李荣融在吴邦国副总理主持召开的会议上关于贯彻落实全国安全生产电视电话会议情况的汇报

2000 年 9 月 5 日

今年以来，江泽民总书记等中央领导同志多次对安全生产作出重要批示，党中央、国务院先后 2 次召开了全国安全生产电视电话会议。对此，各地区、各部门主要领导同志高度重视，党政领导班子及时组织学习，层层召开会议传达贯彻，把安全生产工作与“三讲”教育及“回头看”结合起来，作为坚持“三个代表”重要思想的具体体现，做了大量工作。通过各地区、各部门的共同努力，据统计，7、8 月份全国一次死亡 10 人以上的重大事故共发生 16 起、死亡 307 人，与去年同期相比，事故起数和死亡人数分别下降了 25% 和 19.9%。绝大部分省市事故呈下降趋势。现将各地安全生产检查情况，以及国务院安全生产督查组两次赴 10 个省、4 个行业的督查情况报告如下：

一、安全大检查的基本情况

(一) 态度坚决，行动迅速

3 月份以来，各地区、各部门根据党中央、国务院要求，连续多次组织安全生产大检查，许多省（区、市）委、省（区、市）政府和行业部门的主要领导亲自部署、亲自带队，采取了“拉网式”和“地毯式”等各种形式的安全检查，检查的深度、广度和效果都超过往年。如四川省在省委、省政府统一安排下，省级有关部门派出 54 个检查组到基层开展安全检查，全省各市、县共组织检查组 3443 个，参加检查人员 31882 人，共取缔非法生产烟花爆竹厂（坊）2092 家、非法销售点 3338 个，查处违法人员 1287 人。7 月份，湖北省武汉市委、市政府主要领导为贯彻 6 月 30 日江泽民总书记批示精神，又亲自部署，亲自挂帅，组织检查组 300 多个，全市各区、各部门、各单位参加检查的人数近 2 万人，责令停业整顿的企业（作坊）3370 家，其中采石场 487 个、烟花爆竹企业和家庭作坊 1015 家，查封小加油站、小油库、小铁矿 12 家，拆除“土锅炉”33 台。

据不完全统计，截至 6 月 30 日，全国共检查烟花爆竹生产经营单位 8.1 万家，发现隐患 3.2 万起，发出整顿通知书 1.8 万份（其中责令停业整顿 10289 份），督促整改 1.2 万起，经整顿仍不符合安全要求而吊销许可证 3457 起；清理取缔烟花爆竹非法生产加工厂点 2.1 万个，非法经营点 1.5 万个，收缴烟花 316 万余个、爆竹 26.9 亿余头、黑火药 6.2 万公斤、生产原材料 63.5 万公斤。今年上半年，全国烟花爆竹爆炸事故与去年同期相比，事故起数、死亡人数和伤亡人数分别下降了 23.9%、15.1%和 39.8%，尤其是清理整顿期间的 4 月至 6 月，事故起数和死亡人数同比下降幅度分别为 46.5%和 40.4%。

（二）边查边改，强化安全生产管理

从各地区、各部门安全生产检查的情况看，安全检查比较注重实效，边检查边整改、以检查促落实，以检查促进企业提高安全生产管理水平。如中国石油天然气集团公司查出隐患 23512 项，已整改 21916 项，关停不符合安全生产条件的场所 18 个；对股份制企业和存续企业安全管理中脱节问题，他们重点研究，重点解决，并在炼化企业全面开展领导干部承包要害部位和“二级管理、三级监控”工作，推行施工风险管理，制定应急预案和安全措施。中国石化集团公司今年落实隐患治理资金 1.8 亿元，带动企业配套整改资金 4 亿多元，对检查出来的事故隐患，及时研究，限期解决。特别是 7 月份国务院安全生产督查组对湖北省和中石化所属企业提出整改意见后，湖北省委、省政府分别召开安全生产专题会，将督查组的意见整理成材料及时印发各部门、各企业，并要求对照检查，落实整改。目前，受检查的武汉、宜昌、荆门三市市委都进行了专题学习和研究，并认真开展监督工作，15家企业的大部分隐患已经整改；中石化所属的4家企业已制定了整改计划，将于9月中旬检查验收。

与此同时，各地通过检查，不断完善规章制度，提高安全生产的管理水平。如广东省已要求全省建立各级企业安全生产档案，制定了《广东省各级人民政府安全生产责任制考核办法》，并修订颁发了《广东省各级人民政府安全生产领导职责》，省安委会最近又下发了《关于加强烟花爆竹安全管理工作的通知》，提出了8项具体措施，以达到标本兼治的目的。中国民航的大多数航空公司、机场、空管等单位都进一步健全和完善了运行管理手册及人员培训计划，建立了企业内部安全奖惩制度，安全管理工作正在逐步走向规范化、科学化。

（三）舆论宣传声势大，培训教育有成效

全国安全生产电视电话会议后，中宣部专门召开会议，要求首都主要新闻单位加强安全生产方面的宣传报道，电视台、报社积极呼应，及时报道了江泽民总书记关于安全生产工作的批示精神和党中央、国务院关于安全生产工作的部署，对江西萍乡“3·11”特大爆炸事故、河南焦作“3·29”特大火灾事故、四川合江“6·22”特大水上沉船等事故公开曝光。上述重大、特大事故的69名责任人给予了党纪政纪处分，25名直接责任人和职务犯罪责任人被司法机关依法追究了刑事责任后，在社会上引起了很大的震动，深刻教育了广大干部群众。一些企业的领导深有感触地说，江总书记心系人民安危，关心安全生产工作，并把安全生产工作提高到反腐败的高度，作为企业的领导干部不抓好安全生产就是失职，就不是一名称职的干部。一些地区和企业的领导干部汲取事故教训，举一反三，采取措施防止发生重大事故，思想认识和工作作风有了很大转变。

各地区、各部门领导重视安全生产宣传和培训教育，注重提高全民安全生产意识，工作力度也明显加大。许多省（市）领导发表电视讲话，刊登文章，利用安全生产宣传周组织各种丰富多彩，生动活泼的宣传活动。国家经贸委和全国总工会在企业开展了“安康杯”活动，国家经贸委、劳动保障部和全国总工会联合开展了“安全生产与工伤保险知识竞赛”活动等。仅深圳市就有百万员工参加了安全知识竞赛，从5月份以来，全市共发放《企业员工安全知识读本》

约50万册。江西省为提高员工安全生产素质，举办学习班、培训216期，参加学习培训近万人。四川省安委会印发了《关于进一步加强安全生产宣传培训的紧急通知》，编印了《典型事故案例》等培训教材，并组织宣传培训。通过这些活动，在全国初步形成了一个学习安全知识的热潮，提高了职工安全素质，收到了良好效果。

二、目前安全生产工作中存在的主要问题

当前安全生产工作中取得了一些成绩，但是“冰冻三尺，非一日之寒”，安全生产工作仍存在着一些不可忽视的问题。

（一）少数地区、部门和企业的领导疏于管理，安全生产责任心不强。督察组在检查中发现，一些地方、部门和企业的领导对安全生产工作停留在以会议贯彻会议、以文件贯彻文件上，不是认真研究本地区、本部门、本单位安全生产问题，形式主义严重，满足于开会布置和口头传达，没有把安全生产放在党、政领导班子的重要议事日程上。在实际工作中没有具体措施和要求，在贯彻实施中缺少组织保障，安全生产检查流于形式，事故隐患长期得不到治理，屡查不改。

部分企业撤并了安全生产管理机构，有些企业根本没有安全生产管理人员。有些企业虽有一些制度，但形同虚设，难于落实。安全生产责任制在一些县，尤其是乡（镇）、村两级不落实，安全生产工作仍处于失控失管状态，有的签了安全责任书，也只是流于形式。

（二）一些企业安全生产条件欠账多，投入严重不足。一些国有企业设施、设备老化陈旧，但因资金紧张，无力更新改造，对一些亟待解决的重大事故隐患，虽有改造方案却难以实施。北京国有企业存在的22项重大事故隐患，多数因企业亏损无力整改。哈尔滨和沈阳市大部分燃气管线是日伪时期建的，管线老化，时常发生燃气泄漏、管线断裂事故。中国兵器工业集团反映：多数企业在安全生产方面本身就先天不足，安全生产设施配备参差不齐，加上经济效益差，安全技术改造资金缺口大，安全欠账过多。中国航空工业集团反映：集团公司所有企业大部分是在“三线”时期建厂，先天不足很严重，许多企业的厂龄都已接

近三四十年，虽然有过一些改造，但设施、设备老化，大量的危房、危险管线等重大隐患无法根治。中国航天工业集团反映：航天机电集团公司老企业多，亏损企业多，安全资金欠账多，存在着许多安全重大事故隐患。

在督查中发现，安全设施老化、功效降低、技术落后，发挥不了应有的防护作用的现象很多；电器设备缺壳少盖、绝缘不良，高速运转部位无防护罩等，可以说是中小企业生产设备、设施的通病；一些企业只顾赚钱，根本舍不得在安全设施和设备上投入，导致事故隐患大量存在。

（三）安全生产法规不健全。我国现有的安全生产方面的法律、法规大部分是在计划经济体制下制定的，安全生产执法主体及其调整对象都发生了很大变化，已不能适应市场经济形势的需要；大量国有企业的改制、下放、脱钩，使原有的一些部门规章也失去了应有的作用，而红头文件根本到不了大量的小企业，大量非公有制企业成为监督的空白点。由于安全生产监督管理工作缺少法律依据，少数外商投资企业拒绝监督检查，而地方政府怕影响外商投资，有时睁一只眼，闭一只眼，得过且过。

（四）各级领导对安全生产管理工作存在一定畏难情绪、一些私营企业和个体工商户“要钱不要命”，企业安全管理水平低，职工素质差，重大事故随时都有可能发生，致使各级领导对安全生产管理工作产生畏难情绪，认为安全生产工作不好管，也难管好，分管安全生产工作如履薄冰，如同坐在火山口上，随时都有被处分的可能，都不想分管安全工作。

（五）安全生产监督管理体制不顺，安全生产监督力量薄弱。由于各省（区、市）安全生产监督管理机构调整时间长，改革迟迟不到位，严重影响了安全监督管理人员的工作积极性，思想不稳定，一些安全监督管理人员为尽早给自己找出路，纷纷调离原岗位，致使省级以下安全监督管理人员大量流失，有些地市安全管理人员仅剩 1 人，有些县甚至连 1 名专职安全管理人员都没有，出现了安全工作无人管，伤亡事故无人统计上报的局面。由于安全监督力量大大削弱，现有的人员仅调查事故都难以应付，更谈不上经常性的监督检查。

（六）安全培训教育亟待加强。由于企业经营管理者及职工缺乏安全知识，安全意识差，致使违章指挥、违章作业、违反劳动纪律的现象时有发生。一些企业未按国家有关规定对特种作业人员进行培训，易燃易爆、建筑施工等危险岗位大量聘用外来工，而他们文化水平低，缺乏自我保护意识和能力，企业又不进行上岗前安全培训，在生产现场，职工不戴安全帽、不穿工作服、工作鞋，易燃易爆场所不穿防静电工作服现象时有发生。

三、下一步的主要工作

今年后四个月的安全生产工作要继续深入贯彻江总书记的批示和全国安全生产电视电话会议精神。邦国副总理 7 月 12 日的讲话对此已经做了全面部署。我这里再强调以下几点：

（一）一丝不苟地开展好全国性的安全生产大检查。当前，特别要防止松劲情绪，防止走过场，重在检查效果。关键是看各级领导对安全生产工作重要性的认识是否提高了；检查出的重大事故隐患是否认真整改了；安全生产的规章制度是否健全了；那些不符合安全、消防等规定的公共娱乐场所是否关闭了；那些不符合运输安全要求的个体船运营组织是否取缔了；那些不符合基本安全生产条件的小烟花爆竹厂、小打火机厂、小炼油厂、小化工厂、小煤矿等小厂、小矿是否关闭和淘汰了。

（二）尽快建立统一高效、职责明确的安全生产监察管理机构，确保安全生产监督管理工作正常开展。按照国务院要求，我委已经修改了国家安全生产监察管理体制改革方案，并与中编办进行多次磋商。总的框架是：组建国家安全生产监督管理局，保留国家煤矿安全监察局，一个机构，两块牌子。与此同时，各省、地、市建立相应的安全生产监督管理机构并充实加强监督管理力量，实行分级管理。已建立的统一、垂直的煤矿安全监察体制继续实施。我委一定配合中编办，认真组织实施好安全监察管理体制改革方案，解决目前安全监督管理体制不顺、力量薄弱等问题。

尽早召开国务院安全生产委员会第一次会议，充分发挥安全生产委员会的综合协调作用，进一步明确各级政府、各部门职责，共同抓好安全生产工作。

（三）加强安全生产监督管理力度。针对我国假日经济的发展和第四季度生产特点，近期着重抓好以下工作：1. 国庆节和元旦期间要做好民航、铁路、道路和水上安全运输工作和旅游场所安全工作，同时做好节日期间的安全生产工作；2. 第四季度任务紧，事故多，企业为赶进度而容易忽视安全生产工作，要加强对企业安全生产工作的宣传力度，有针对性地开展安全生产监督检查工作；3. 随着煤炭价格开始回升和冬季用煤量的大量增加，各类小煤矿将会死灰复燃，秋冬季又是烟花爆竹的生产旺季，一些私营个体烟花爆竹企业将会冒险生产，为此，必须加大对各类小煤矿和烟花爆竹生产经营的监督检查力度；4. 目前，已经出现将不具备基本安全生产条件的小烟花爆竹厂、小打火机厂等易燃易爆企业向西部地区和贫困地区转移的动向，各个地区务必引起高度重视，并加强监督检查。

（四）大力推进安全生产法制建设，完善安全生产法律、法规体系。在社会主义市场经济的新形势下，必须使用法律法规来管理和规范企业的安全生产。最近，我委会同国务院法制办对我委上报国务院的《中华人民共和国职业安全法(草案)》又进行了修改。我委将继续配合国务院法制办做好进一步的修改工作，力争尽快提交总理办公会讨论。同时，各地区、各部门要抓紧修改、制定相关的配套法规，尽快建立健全重大、特大事故责任追究制度，解决事故查处不力和不平衡的问题。

（五）加强教育和培训工作，进一步推进安全生产责任制的落实。以安全生产法制教育为重点，抓好企业经营管理者的安全培训工作；要把非公有制企业和乡镇企业法人代表的安全培训和安全管理资格纳入规范化管理，做到培训合格后上岗。特种作业人员必须经过专业培训，持证上岗。企业招聘新职工必须经过三级安全教育，在职职工，特别是换岗的职工必须进行安全教育和培训。要强化企业的严格管理，在建立健全安全生产规章制度的基础上，狠抓落实，彻底改变那种有章不循、管理不严、纪律松弛的状况。

（六）实施积极的安全生产扶持政策，加大安全生产投入。今年整体上看，企业经济效益有较大幅度提高，要督促企业加大对安全生产措施的投入，着力点放在“预防为主”，变被动为主动。国家对社会性的重大事故隐患治理给予技改贴息扶持。对重点行业的国有大企业给予技改项目重点支持，改善企业劳动条件，提高企业抗灾能力。要加大对安全生产科学技术研究和创新的投入，针对重大事故隐患开展安全评估和技术研究。发挥国家安全生产专家组和有关科研单位和大专院校的积极性，做好“十五”期间安全科研项目的立项工作。建议尽快制定工伤保险条例，扩大工伤保险覆盖面，特别是解决目前一些私营企业发生事故，政府承担无限责任的状况，建立工伤保险同事故预防相结合的机制，提高企业安全管理水平。

（七）继续抓好并加快重特大事故批复和结案工作。对已经发生的重大、特大事故，在抓紧查清事故原因的基础上要严肃查处有关责任人，并适时公布于众。山东省烟大公司“11·24”特大海难事故、武汉航空公司“6·22”空难事故、四川合江“6·22”特大沉船事故、广东江门“6·30”烟花爆竹事故、广西柳州“7·7”公共汽车坠江事故和北京市东方化工厂“6·27”爆炸事故等要力争尽早结案，并通过这些案例教育，举一反三，使各级领导把安全生产工作摆上重要议事日程，把安全生产责任制落到实处。

安全生产工作是一项长期性的艰巨任务，必须标本兼治，常抓不懈。在以江泽民同志为核心的党中央领导下，我们要以对国家、对人民负责的高度政治责任感，坚持“安全第一、预防为主”的方针，进一步把安全生产工作做深、做细、做实，为国民经济快速、健康、持续发展做出贡献。

第 四 部 分

补 录

1. 王震副总理在全国安全生产会议上的讲话

1975 年 2 月 23 日

（根据记录整理）

早几天，国务院开会时，几位常务副总理问过，毛主席讲："生产要搞上去，人口要非控制不可。"每个会议都要讲，是传达毛主席的指示，这是讲的第一点。顾秀莲同志讲了话没有？

这个会开得很好，简报也看了，宝华同志的总结我完全同意。

事故这样多，这样严重，死亡的人这样多，情况十分严重，值得我们警惕。公安部于桑同志做了很好的讲话。安全生产这个问题，事故严重有几方面的原因：第一是阶级敌人的破坏，另一方面是我们领导干部包括企业的干部责任心不强，还有一方面，是无知鲁莽。宝华同志讲，没有科学技术知识，对科学技术采取了愚昧无知的粗野的态度。这三点，敌人破坏，是没有警惕性，第二是没有无产阶级的革命责任感，第三是落后，愚昧无知，对现代的科学技术采取鲁莽态度。这三点概括起来，是违背毛主席的革命路线的。毛主席指示，要我们又红又专，"红"，是高度的政治路线觉悟，革命的事业心和责任感。"专"，是精通本行业的科学技术业务。

同志们，我们现代化的工业、交通运输，要有相应的科学文化、科学技术和熟练的技巧。要强调红，也要强调专的方面，我们要讲点化学、力学、物理学，等等，如像最近的地震，谷牧同志说，建筑工程要有抗震系数，有些人对科学技术采取了鲁莽的态度，这不是革命的态度，不是无产阶级的态度。毛主席在天安门上讲过，要把我们的国家建成一个强大的、具有现代工业、现代农业、现代国防、现代科学技术文化的繁荣昌盛的国家。

资产阶级的派性，也值得我们提高无产阶级的警惕性。那些搞资产阶级派性的人，对于安全生产，国家财产是不顾的，甚至采取有意无意的破坏，值得我们警惕，派性是资产阶级的派性，我们要加强无产阶级的党性。否则，就会危害我们的安全生产，危害我们的工作，甚至造成重大事故，是值得我们警惕的。

通过贯彻十届二中全会和四届人大精神，贯彻毛主席关于加强无产阶级专政理论问题的学习，将会巩固和加强无产阶级专政，加速生产高潮的跃进。要减少各种事故，企业管理水平要提高，科学技术要发展，下一次召开这样的会议，事故将会大大减少，生产也会大大发展。

2. 余秋里副总理在全国安全生产会议上的讲话

1975年2月23日

（根据记录整理）

同志们，同意宝华同志的总结，我谈一点意见，这次会议开得很短，也开得比较好，这次会议所以开得好，是大家认真学习了毛主席关于“学习无产阶级专政理论问题的重要指示”；关于“还是安定团结为好”的重要指示；关于“一九七五年要把国民经济搞上去的指示”。并且学习了十届二中全会和四届人大的各项文件，这就是政治挂帅，这样就使我们的会议有了理论的根据，有了中央指示的根据。

关于无产阶级专政理论问题的学习，要与我们的实践相结合起来，毛主席最近关于理论问题的重要指示，现在全党全军全国人民都在学习毛主席的指示，对马克思主义关于无产阶级专政的理论做了深刻的阐述，指出了当前学习无产阶级专政理论的极端重要性，应该引起我们的高度重视。要充分理解毛主席指示的重大现实意义和深远的历史意义。昨天人民日报、红旗杂志发表了马克思、恩格斯、列宁关于无产阶级专政的部分论述，我们做经济工作的同志，要特别认真学好马克思、列宁、毛主席的重要著作，在经济战线上工作的同志弄清这个问题是非常迫切重要的。这对巩固无产阶级专政和发展社会主义的经济基础，意义特别重大，所以我们要更加自觉地学习，通过学习来贯彻执行党的基本路线和政策，搞好“批林批孔”，抓革命，促生产，要把无产阶级专政理论问题的学习，深入到我们每个基层单位中去。

我们是社会主义的无产阶级专政的国家，要把安全生产看作是保护人民的重大问题，这是和资本主义、修正主义国家根本不同的。在我们国家人是第一个可宝贵的，毛主席说：人民的国家是保护人民的，我们在生产中搞好安全工作，这是无产阶级专政的国家对人民保护的一个方面，不管安全生产是资产阶级的东西，起码是老爷作风。这句话可能重一些，不太好听。在我们国家里，工人阶级是领导阶级，我们要依靠工人阶级和广大贫下中农来建设我们的国家，如果我们不珍惜人民，不注意在生产过程中的安全，就是对人民不负责任。现在在这方面的成绩是主要的，但还却有一些人，在社会主义建设中对工人阶级，对广大贫下中农不关心他们的生命安全，这和毛主席领导下的社会主义国家是格格不入的。我们是反对这种思想，这种作风的。当然我们有了好的作风要继续发扬，但是对于错误的东西，要认真吸取教训，总结经验，既教育干部，又教育群众。不这样，我们安全生产工作，尽管有多少措施，规定了多少条文，还是不能做到安全生产。不揭露一些事实，不足以教育人民，首先是教育领导。在生产过程中，有些伤亡事故，遇到这样和那样的问题，有的是由于操作不熟练，主要是政治工作，思想工作做得不好，没有提到路线斗争和阶级觉悟上来解决问题，有些事故，我觉得是可以避免的。比如：炼钢厂几十吨重的钢水包一家伙掉下来，这是在职责范围、工作范围内的事情。这种事情，近来常有发生，像汽车撞汽车、火车撞火车，我都亲自看到过，有的船，不仅触礁，而且开到岸上去了。飞机撞飞机这两年没有了，前两年有。但是飞机撞了电线杆，把高压线撞坏了的事还有。这是什么问题，这有什么奥妙莫测呢？（谷牧同志插话，飞机掉下来的有。）有的汽车开到“安全岛”上去了，有的撞坏了岗亭，这都不是行驶车辆范围的地方，很大的桥又有栏杆，中间有行车线，为什么就把汽车开到桥下去了呢？这些问题，不能原谅自己。我总认为，要经常教育，要检查，要做好思想政治工作，把好的经验总结推广，把失职的事情揭露，把操作技术不熟练的同志组织起来，要进行训练、帮助、学习技术，在岗位上要严守岗位。现在有的火车站，扳道岔的睡觉起来迷迷糊糊，造成火车撞火车，汽车撞汽车，船撞船，飞机撞高压线都要教育。还有触电问题，人家说，摸不得，他非要摸一下不可。有些同志不信邪，你不让她摸，他偏要摸，自己一摸死了，别人去救他又死了，这些是教育问题。对于一个领导来讲，不关心群众的安全，对人民是要负责任的，有些事是明明知道的，不采取措施，这是老爷作风。对于劳动人民，安全措施，劳动保护，我们是有直接责任的。过去我们打仗都要总结，打胜了要总结，打了不好的仗，伤亡大了，伤亡少了都要总结，历来作战都是这样。向自然界作斗争，要像指挥战斗一样，要不断总结，从实践中总结经验，指导生产，不断吸取经验教训，才能减少和避免事故。

毛主席十分重视安全生产，重视人民的健康。早在解放初期，毛主席就说："在实施增产节约的同时，必须注意职工的安全、健康"；制定了保护劳动人民的安全生产方针，充分体现了党对劳动人民的关怀。对于保护人民的生命和健康，这是无产阶级专政的社会主义国家与资本主义、修正主义国家的根本区别的标志之一。对于安全生产问题，决不能同政治割裂开来，它是为人民的，为建设社会主义强国做贡献的，所以，对人民的生命安全与健康，在社会主义建设中是个政治问题，不是一般性的管理问题，要对人民的生命财产负责，对人民要高度的热情、爱护，安全生产要同无产阶级专政紧密联系起来，公安部于桑同志前天在会上讲得好，安全保卫工作是为无产阶级专政和社会主义建设总路线服务的。有些事故是阶级敌人的破坏，阶级敌人总想破坏社会主义建设。近几年来发生的重大事故，严重的设备事故，有些就是阶级敌人破坏的，所以，搞好安全生产，严防阶级敌人的破坏，是政治上的大事，是为了多快好省的建设社会主义。不仅在生产上要安全，而且对于人民的健康我们也是要十分重视的，工业生产中有害物质不少，特别是井下，尖端部门，化学工业部门，有害物质很多，如果操作条件不好，密封条件不好，设备搞不好，不仅直接影响生产，而且有损于劳动人民的健康，这个问题不要我们说，大家都懂。矽肺病很厉害，数字大，但要不再扩大了，人们都懂得，像矿山生产中砷中毒，汞中毒，氯化氢中毒，以及有害灰尘，都危害人们的健康，解决这些问题，要我们发动群众，依靠群众，在操作上，在设备流程上，认真地加以解决，我认为是可以的。我们很多企业，用仪表操作，电子操作，完全是密封流程，无产阶级“文化大革命”中，工人对我们教育、批我们这些人，如果在生产中不注意，批我们活该！批判我们是应该的，要接受群众的批评，这个教育，不仅对自己个人有好处，对我们全体，对整个企业都有教育意义，安全生产搞不好，对社会主义建设事业就会带来损失。所以，我们做经济工作的同志，应当从政治上，理论上来看待安全生产问题，不能把安全生产降低到可抓可不抓的事，这是我们正常的工作，是我们阶级兄弟的需要，是对人民负责的需要，是对国家建设的需要，这是从政治上讲。

从科学态度上讲，安全生产必须坚持建立和健全合理的生产制度，建立健全这些制度，要在发动群众的基础上，变为群众自觉的行动，才能为人们所接受。因为建立合理的制度，是反映我们生产指挥上的科学态度，实行安全生产，就是尊重科学，这是对待客观事物唯物主义的态度。管卡压是错误的，是要批判的，但是在对待客观事物的规律性，现在有些做法，在生产工艺上是不许可的。客观上事物的规律，客观形成的东西我们要认真对待，如果不认真对待，就要吃亏的、碰钉子的，如开汽车速度限制开几十公里，就开几十公里，机电应该多少转速，电压应该多高就多高，常常讲，电是五十周波，如降到四十多，就会大烧电机，就会发生事故，所以不能违反。有毒有害气体要采取密封流程，违反了客观规律就要碰钉子，就是对人民不负责任，对革命事业不应造成损失。

安全生产制度，是建立在自然的客观规律的基础上，是客观存在的。我们要求人们遵守这些制度，因为这是根据自然规律制定的。在煤矿采煤，要抽风送风，排放瓦斯，如果不注意就生产不下去，就要发生瓦斯爆炸，就不安全，造成事故。再如矽尘，如不做适当处理，控制在一定浓度范围内，就要得职业病，这些都是科学，我们要遵照毛主席指示，破除迷信，敢想敢干，但是毛主席又指示，要尊重科学，否则要发生事故，既要伤人，又破坏设备。自然规律是客观存在的，不能违反，即使是少数的违反，也会造成生产指挥上的混乱，会引起正常秩序的破坏。它会使我们的企业遭到破坏，所以，这就要求我们在发动群众，依靠群众的基础上，建立健全合理的必要的制度，特别是对于经验少的同志要进行安全知识教育，我们认为企业对没有经验的同志要进行教育。开汽车的一定要领得执照，不然不能开车，经常看到有人在故宫旁边练车，树立了木杆，有人检验，国庆节前后都在练。一个工厂有几百工序组成一个生产流程，如果没有一整套生产指挥系统，操作要求，那样怎么会不发生伤亡事故，设备怎么不受损失，生产怎么会正常呢？要通过教育，使安全生产制度，成为大家共同遵循的准则。对于国家统一规定的措施、规程标准，不合理的要经过群众讨论，搞得合理，合理的大家要自觉遵守，工业生产上不严格遵守规定，不严守岗位责任制，个人在操作中的误差，都可以对企业造成重大的损失，这关系到工人阶级，贫下中农和人民群众的安全，我们不能满足于现状，问题是我们要很好抓，现在已到时候了，关键还在我们领导。为了把我们安全生产搞好，通过理论问题的学习，“批林批孔”，提高广大职工的自觉性。来同大自然作斗争。在这个斗争过程中，始终要注意两个阶级，两条道路，两条路线和改造世界观斗争，要认真地对职工进行教育，建立和健全一套适合科学规律的制度来指挥生产，严防阶级敌人的破坏，干部要上第一线，这次会上介绍清水和煤矿八个党委成员，四个上前线，跟班作业，就会关心群众生命安全，凡是事故少，设备状况完好，生产又好的，当然本质是抓了路线，抓了阶级教育，职工觉悟高，但是领导上前线这一点很重要，能去的第一手资料，和工人同样操作、同劳动，才能坚守岗位责任制，在生产过程中堵塞漏洞，才能使生产搞得好，有些问题不能小看，去年进厂维修的车辆，上万辆，我认为不正常，其中原因很多，有的是生产制造中的问题，有的是操作问题，有的是维护问题，还有生产指挥不好，没有按操作规程办事，使可以避免的事故没有能避免，这个数字可能不准确。我看过二七车辆厂，有的车辆损破比较大，要引起我们很大的重视。不仅在时间上浪费了，而且影响我们国家的生产，可以减少的材料消耗没有减少，反而增加了维修材料，使正常周转的车辆没有达到应有的数目要求，当然现在一年比一年好，尽管车辆损坏降低到了历史最低水平，但应当精益求精，把设备搞得更好，把伤亡事故大大降下来，能够避免的事故要避免，当然在科学试验过程中，由于没有经验，有些是不可避免的，但是大量的事故是可以避免的。领导上没有做好工作，没有避免，总之，我们把安全生产应该提到对人民负责的高度上来认识，这是对群众的态度问题。

3. 谷牧副总理在全国安全生产会议上的讲话

1975年2月23日

(根据记录整理)

没有准备讲什么，宝华同志一再讲，讲些感想也好。讲感想，真是有点感想，那就讲一点感想吧！

昨天晚上，翻了一下简报，好多基层同志有很好的发言，没有来得及看，只看了几期简报，我同意刚才宝华同志总结中讲的，总的情况是好的，安全生产情况一年比一年好。中央发了（70）71号文件后，很多省市认真贯彻了这个文件，这次会议反映了一些先进单位，执行了中发（70）71号文件的情况，如刚才总结中提到的，天津钢丝绳厂的“三不放过”，就是事故原因分析不放过，事故责任者和群众没有受到教育不放过，没有防范措施不放过。辽宁的同志有个发言也讲得很好，搞好安全生产关键在于领导，如沈阳阜新海州露天煤矿运输段作业条件比较差，经常发生事故，中央（70）71号文件下达后，党总支认真组织了学习，对照检查运输段的工作，首先从领导思想上进行检查，认真分析事故原因，认识到安全生产不在条件在路线，不在客观在主观，不在群众在领导，领导思想重视不重视，是搞好安全生产的关键。领导重视，路线对头，就能发动群众，积极创造安全生产条件，消除事故隐患。还有上海市的安全生产经验，也说明关键在于领导。

总的印象，安全生产的情况在改进，一年比一年好，这是主导的方面，但是从另一方面，讲感想主要是对另一方面。看了一些材料，形成这么一个印象，我们这个国家安全生产还是不大好，伤亡事故情况比较严重，《重大事故十例》这个材料中反映的许多事故，并不是由于不可抗拒的科学技术上的其他因素，明显的是由于领导上的失职，工作没有做好，造成阶级兄弟的伤亡，造成国家财产的损失。有一点看法，不知对不对，对于严重事故的处理，总的来说很不严肃，说实话，我看了《重大事故十例》以后有点生气。我们管工业的，对于这些问题不能无动于衷。如《十例》中的第一例，湖南的例子，明明井下瓦斯没有检查清楚，制度上又有未开风机不能往井下送电的规定，但是，没有开风机就往井下送了电；一个工区副主任，逼着工人下井，造成死亡二十九人，伤十八人，这明显是对工人阶级弟兄不负责任（王震副总理插话：这是犯罪），我看是犯罪行为，而且这件事情一直到现在没有处理。

再讲讲建工系统的一个材料，辽宁的同志讲，沈阳自来水公司，新建六层楼职工宿舍，施工过程中没有安全措施，领导迫使工人登高作业，工人提出高空风大，登高作业有危险，应装安全网，当时库房里也有，但施工负责人就是不给装上，一名工人从六楼上摔下来，当即死亡，这算什么？毛主席说："世界一切事物中人是第一个可宝贵的"，对阶级兄弟就是这种态度，明明是仓库里有安全网不装上，让工人上六层楼摔死，这件事故也没有处理。简报反映，有的同志说："这样的领导干部不顾工人死活，如不及早转变，就会变成走资派"，这样的评论我也不满意，我不知他现在是什么派，我看这是个封建把头，是资产阶级的代理人，总不是个马克思主义者吗！否则哪能办这种事呢？当然应按毛主席说的，不但要看干部的一时一事，而且要看干部的全部历史和全部工作。我看这个同志在这件事故的态度很不好。毛主席过去讲过，张春桥同志最近在修改宪法的报告中也讲，有些单位形式上是社会主义所有制，实际上领导权并不掌握在马克思主义者和广大工人手里，我不管他是什么派，这样的人应当马上处理。

我不是惩办主义者，也不赞成对工人搞管、卡、压那一套，主要是靠耐心的思想政治工作，靠群众的监督，但必要的纪律还是要的。毛主席带头要我们唱《三大纪律八项注意》，无产阶级如果没有纪律那能行吗？《重大事故十例》简报的评论，包括最后怎么处理，没有体现出我国无产阶级政权，党组织对待工人阶级高度的责任心和严肃负责的态度。还有一个例子，《十例》中的第八例，天津第二棉纺织厂，去年一至十月共发生火警167次，平均两天一次。还有，没有在《十例》上的，铁道部平均每天两次大事故，重大事故。宝华同志讲的，我们和资本主义的区别在哪里？很大的标志是对工人阶级安全生产的态度，资产阶级唯利是图，对工人残酷剥削压迫，这是资产阶级本性所决定了的。我们有些单位，对事故的态度，拿来同资产阶级比不恰当，但是对事故不负责任、失职，伤亡的还是阶级兄弟。我看有些事情，资产阶级办企业他也不那么样办。像十一个月里发生那么多次火警，他也不这么办，那样干他的企业怎么办下去呀！准备关门。我看有些同志对社会主义的财产，对国家财产满不在乎，我看资产阶级也是不会那么干的。

我总觉得，听到一些管生产的同志讲，他们接触到的事故，听起来很离奇，北京的一些大事故，像东方红石油化工总厂、首钢的事故，开始我认为是阶级敌人的破坏，管线上的阀门该开的不开，该关的不关，这样当然要发生大事故，乍听起来好像是阶级敌人的破坏，但查来查去，不是破坏事故，是管理制度不严，是我们教育不够，是领导失职，有些事故，都是无头案。写来的事故报告，总是正在查明处理中，或者简单交代几句，领导上没有管好，要负责任。

简报中还有这么一段，宁夏石炭井矿的采煤队，一九七〇年40天内发生两起重大事故，死亡14人，不但没有严肃处理，反而将队长提为矿上生产指挥的副主任，工人们强烈反映："现在领导上的无产阶级思想淡薄了"，这一段批评，很值得我们深思。

每一个事故应当怎么处理，当事人是什么样的干部要调查研究，按党的政策处理。从简报上看，总的反映是事故处理不严肃。我想是不是我老一套的管、卡、压又出来了？昨天我看了一下中央（70）71号文件，这是伟大领袖毛主席批示照办的，我看了以后，有这个勇气，在这里"感想"一翻。

71号文件中讲，"关键的问题是有些领导干部怕字当头，不敢抓安全生产，也有些领导干部，骄傲自满，忘乎所以，漫不经心，他们对人民的生命财产，采取不负责任的官僚主义态度。对阶级敌人的破坏活动麻痹大意，丧失警惕，特别是中央和省、市、自治区的主管部门在事故发生前，既不进行安全生产教育，事故发生后，又不认真检查原因，总结经验，采取有效防范措施，也不向中央作出检查处理的报告，以致事故不断发生。”措施的第四条中讲，“要严格组织纪律，今后对一切违反安全生产制度，不遵守劳动纪律，工作不负责任，以致造成的重大事故，必须分别情况，追究责任，情节严重的以党纪国法论处”。

最后我再讲一点，安全生产虽然逐年好转，但有些事故严重，情节恶劣，不能怪下面，责任在领导，是从我们开始的。从北京我们主管工业方面看，我和王震、秋里三人，还有申健同志，你们也是管工业生产的，这个责任就在我们身上，不是在下面的企业，不进行很好的教育，没有一套严格的管理制度，不能采取有力措施。我看简报有一段提到有的领导同志说，搞安全生产大检查会冲击“批林批孔”，真是岂有此理。

主要责任，要追查到我身上，广大群众就有权利批判我们，责备我们，我有这样的建议！宝华同志说，今年上半年要开展一次大检查，我同意那几条措施，建议各省、市、自治区来开会的同志，回去后要向省委挂个号，说我们在北京开了一个非常重要的会议，要省委、革委会和领导同志听你们的汇报，我们计委、建委、工交办的同志，在大检查前，再组织重新学习一下中央（70）71号文件，这个文件非常好，对现在的情况完全适用。

现在正在学习十届二中全会和四届人大的文件，学习毛主席关于无产阶级专政理论问题的重要指示，进一步提高觉悟，争取在今年出现一个国民经济新高潮，新的跃进局面，希望大家共同努力，在安全生产上做出更好的成绩来。

开了这次会议，也算是一个措施，交流了经验。今后，建议各省、市、自治区、革委会的同志认真研究一下，进一步提出我们省、市、自治区，加强安全生产的意见，争取在一九七五年做出更好的成绩来。我不是说假话，我昨天看了这次会议的文件，心情很不舒服，安全生产的管理情况，实在不能使人满意，安全生产的情况不好，是个什么问题，是个路线问题，是对阶级兄弟的关心问题，也是我们整个企业管理水平很低的反映，在某些方面，必要的制度，没有很好地建立和健全起来，该管的没有管，该处理的没有处理，这是管理水平的反映，水平太低，不能责怪下面，只能由我们负责。工业主管部门坐在这里的，包括你们省、市管工业的同志。我们对工业生产没有管理好。

党和毛主席从来对阶级兄弟的安全与健康很关心的，有过多次指示，特别是经过第九次、第十次路线斗争以后，现在的事故情况这么严重，我们不能漠不关心，应当有一个转变，以后再发生这样的事故，每一件都要严肃追查到底。

为什么不对职工教育，应该建立的制度，为什么不建立起来，应该下这个决心，到会的同志，是否在这点上有共同的认识，争取在一九七五年有一个很大的转变，从我们北京主管部门开始，否则新的跃进跃不起来。一次事故，伤亡十人、二十人，情绪几个月转不过来，生产怎么能搞上去？要下决心，整顿安全生产工作。最近中央要开会，要加强铁路秩序的整顿，其中有一条就是铁路的安全问题。

同志们，回去后，要争取省、市委的支持，争取在新的高潮中把安全生产搞得更好一些。伤亡数字逐年在减少，今年的成绩要争取比去年更好一些。

宝华同志在会议结束时的讲话

同志们：三位副总理的讲话很重要，要组织讨论。同志们回去以后，要向省、市、自治区党委汇报。会议纪要已经讨论过，再做一次修改后，带回去作为汇报、传达、贯彻的参考，会议将报请国务院批转。

各地在传达讨论时，要吸收当地中央所属的企业、事业单位包括军工单位参加。会议开到这里结束，请大家一道唱《三大纪律八项注意》歌。